U0255506

“十三五”国家重点图书出版规划项目
中国特色畜禽遗传资源保护与利用丛书

新杨黑羽蛋鸡配套系

严华祥　编著

中国农业出版社
北　京

图书在版编目（CIP）数据

新杨黑羽蛋鸡配套系 / 严华祥编著．—北京：中国农业出版社，2019.12

（中国特色畜禽遗传资源保护与利用丛书）

国家出版基金项目

ISBN 978-7-109-25918-8

Ⅰ．①新… Ⅱ．①严… Ⅲ．①卵用鸡－饲养管理 Ⅳ．①S831.4

中国版本图书馆 CIP 数据核字（2019）第 203839 号

内容提要：新杨黑羽蛋鸡配套系是贵妃鸡和洛岛红鸡组成的特色高产高效蛋鸡配套系，于 2015 年育成并通过国家畜禽资源委员会审定。本配套系适应性强，生产效率高，已经在全国各地推广饲养。本书阐述了新杨黑羽蛋鸡配套系的育种历程、特征特性、器官参数、经济性状选择技术、蛋品质控制技术、饲料营养和环境控制技术、致病性微生物净化技术和生产管理技术等内容。本书集成新杨黑羽蛋鸡研究成果，既有理论性，又有实践性，可作为畜禽育种和养殖技术员、教学和科研人员的参考书。

中国农业出版社出版

地址：北京市朝阳区麦子店街 18 号楼

邮编：100125

责任编辑：周锦玉　　文字编辑：刘飕雨

版式设计：杨　婧　　责任校对：沙凯霖

印刷：北京通州皇家印刷厂

版次：2019 年 12 月第 1 版

印次：2019 年 12 月北京第 1 次印刷

发行：新华书店北京发行所

开本：720mm×960mm　1/16

印张：19.25　　插页：4

字数：339 千字

定价：130.00 元

丛书编委会

出版说明

我国是世界上畜禽遗传资源最为丰富的国家之一。多样化的地理生态环境、长期的自然选择和人工选育，造就了众多体型外貌各异、经济性状各具特色的畜禽遗传资源。入选《中国畜禽遗传资源志》的地方畜禽品种达 500 多个、自主培育品种达 100 多个，保护、利用好我国畜禽遗传资源是一项宏伟的事业。

国以农为本，农以种为先。习近平总书记高度重视种业的安全与发展问题，曾在多个场合反复强调，“要下决心把民族种业搞上去，抓紧培育具有自主知识产权的优良品种，从源头上保障国家粮食安全”。近年来，我国畜禽遗传资源保护与利用工作加快推进，成效斐然：完成了新中国成立以来第二次全国畜禽遗传资源调查；颁布实施了《中华人民共和国畜牧法》及配套规章；发布了国家级、省级畜禽遗传资源保护名录；资源保护条件能力建设不断提升，支持建设了一大批保种场、保护区和基因库；种质创制推陈出新，培育出一批生产性能优越、市场广泛认可的畜禽新品种和配套系，取得了显著的经济效益和社会效益，为畜牧业发展和农牧民脱贫增收作出了重要贡献。然而，目前我国系统、全面地介绍单一地方畜禽遗传资源的出版物极少，这与我国作为世界畜禽遗传资源大国的地位极不相称，不利于优良地方畜禽遗传资源的合理保护和科学开发利用，也不利于加快推进现代畜禽种业建设。

为普及对畜禽遗传资源保护与开发利用的技术指导，助力做大做强优势特色畜牧产业，抢占种质科技的战略制高点，在农业农村部种业管理司领导下，由全国畜牧总站策划、中国农业出版社出版了这套“中国特色畜禽遗传资源保护与利用丛书”。该丛书立足于全国畜禽遗传资源保护与利用工作的宏观布局，组织以国家畜禽遗传资源委员会专家、各地方畜禽品种保护与利用从业专家为主体的作者队伍，以每个畜禽品种作为独立分册，收集汇编了各品种在管、产、学、研、用等相关行业中积累形成的数据和资料，集中展现了畜禽遗传资源领域最新的科技知识、实践经验、技术进展与成果。该丛书覆盖面广、内容丰富、权威性高、实用性强，既可为加强畜禽遗传资源保护、促进资源开发利用、制定产业发展相关规划等提供科学依据，也可作为广大畜牧从业者、科研教学工作者的作业指导书和参考工具书，学术与实用价值兼备。

丛书编委会

2019年12月

序言

我国是世界畜禽遗传资源大国，具有数量众多、各具特色的畜禽遗传资源。这些丰富的畜禽遗传资源是畜禽育种事业和畜牧业持续健康发展的物质基础，是国家食物安全和经济产业安全的重要保障。

随着经济社会的发展，人们对畜禽遗传资源认识的深入，特色畜禽遗传资源的保护与开发利用日益受到国家重视和全社会关注。切实做好畜禽遗传资源保护与利用，进一步发挥我国特色畜禽遗传资源在育种事业和畜牧业生产中的作用，还需要科学系统的技术支持。

“中国特色畜禽遗传资源保护与利用丛书”是一套系统总结、翔实阐述我国优良畜禽遗传资源的科技著作。丛书选取一批特性突出、研究深入、开发成效明显、对促进地方经济发展意义重大的地方畜禽品种和自主培育品种，以每个品种作为独立分册，系统全面地介绍了品种的历史渊源、特征特性、保种选育、营养需要、饲养管理、疫病防治、利用开发、品牌建设等内容，有些品种还附录了相关标准与技术规范、产业化开发模式等资料。丛书可为大专院校、科研单位和畜牧从业者提供有益学习和参考，对于进一步加强畜禽遗传资源保护，促进资源可持续利用，加快现代畜禽种业建设，助力特色畜牧业发展等都具有重要价值。

中国科学院院士
中国农业大学教授

2019年12月

前言

我国蛋鸡产业的快速发展是从引进良种开始的。尤其是从20世纪90年代开始，我国通过引进消化吸收项目引进了欧美发达国家几乎所有的蛋鸡品种。上海曾经是我国主要的良种蛋鸡种源地之一，1994—1998年上海市华申曾祖代蛋鸡场曾供应全国约70%的种源。通过引进消化吸收项目，并应用欧美发达国家的技术路线，上海自主育成了新杨褐壳蛋鸡、新杨白壳蛋鸡等蛋鸡品种，产品与发达国家品牌同质。中国人追求美食，喜欢地方鸡种（俗称草鸡或土鸡）所产鸡蛋和老母鸡的风味和口味，但是地方鸡种的规模化生产效率较低，产品质量不稳定，选育进展缓慢。在国内外已育成的高产蛋鸡品种不能满足消费者需要的背景下，培育具有我国地方鸡种特点且生产效率较高的蛋鸡品种成为我国蛋鸡产业育种领域的重要工作之一。

2007年起，在上海家禽育种有限公司的组织下，新杨黑羽蛋鸡育种工作从寻找符合市场需求的品种配套组合开始，开展了贵妃鸡、仙居鸡、崇仁麻鸡、浦东鸡、东乡绿壳鸡、白耳鸡、元宝鸡、白来航鸡、洛岛红鸡、洛岛白鸡等10个品种14个品系间的杂交试验，发现将贵妃鸡和洛岛红鸡作为候选品种，能够生产出鸡蛋品质较好、抗病力较强、肉质较好和产蛋性能较好的商品代蛋鸡。与欧美发达国家的育种相比，培育新杨黑羽蛋鸡的技术难点在于育种目标性状多，没有现成的技术路线可以借鉴，具有特色性状的鸡品种产蛋量较低，提高性能难度大。

在新杨黑羽蛋鸡配套系于2015年4月通过国家畜禽遗传资源委员会新品种审定后，笔者在上海市农业科学院和上海家禽育种有限公司的支持下，继续开展了对新杨黑羽蛋鸡的进一步选育和生产技术集成工作。为了总结新杨黑羽蛋鸡育种和技术集成的经验，培训一线育种和生产技术人员，增强新杨黑羽蛋鸡生产技术的示范效应，笔者编著了本书。本书介绍了新杨黑羽蛋鸡的培育过程、特征特性、生长发育和肠道菌群参数、育种和主要生产技术要点、饲养管理等内容。以笔者公开发表的论文和报告为依据，以生产经验和试验数据为基础，按照“中国特色畜禽遗传资源保护与利用丛书”的编写要求，经过1年多时间撰写、提炼和修改，集成蛋鸡产业技术，理论与实际相结合，内容新颖丰富，希望本书能为新杨黑羽蛋鸡生产技术人员提供参考，也可作为大专院校、科研院所和畜禽育种企业的科研和技术人员的参考资料。

除了笔者本人外，参加新杨黑羽蛋鸡配套系育种工作的人员还有谢承光、杨长锁、杨桃、陆军、杨检、李建平、冯美荣、阮玉琦、徐志刚、蔡霞、王晓亮、姚俊峰、张江和王敏等，新杨黑羽蛋鸡育成审定后，笔者的研究生颜瑶和张名凯对新杨黑羽蛋鸡的生长发育、肠道寄生菌群和鸡蛋品质等参数进行了大量测量和研究工作。安徽省农业科学院詹凯研究员和刘伟博士协助开展了新杨黑羽蛋鸡与其他蛋鸡品种的饲养对照研究。江苏夏巍生态农业有限公司夏兆鑫董事长在新杨黑羽蛋鸡中试和生产技术集成方面给予了重要帮助。在此对以上人员表示衷心感谢。

由于作者水平有限，书中错误和不足之处在所难免，敬请广大读者批评指正。

严华祥

2018年6月于上海

目录

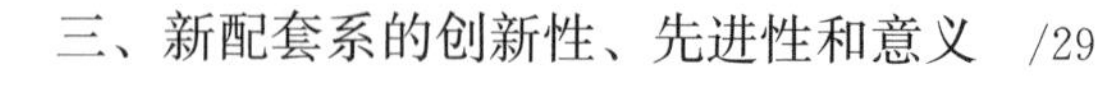

第一章
育 种 历 程

第一节　蛋鸡品种和配套系

20世纪八九十年代是中国农业发生巨变的转折时期，也是中国蛋鸡产业从传统的“房前屋后”零星蛋鸡饲养向规模化的舍内蛋鸡饲养转变的时期，饲养品种、饲料营养和禽病防治都发生了巨大变化。我国引进了欧美发达国家育种公司的高产蛋鸡品种并进行模仿性蛋鸡育种。与我国地方鸡种相比，国外培育品种产蛋率高、蛋重大、饲料转化率高，可规模化饲养，生产成本低。“良种”成为国外畜禽品种的代名词，我国建立了国家级和省市级的良种繁育基地，并建立了曾祖代场—祖代场—父母代场—商品代场的蛋鸡繁育体系。

一、引进蛋鸡品种

改革开放以来，尤其是20世纪90年代后我国从国外主要蛋鸡育种公司引进了几乎全部的高产蛋鸡配套系。北京、上海和广东等地先引进，之后山东、辽宁、河北、江苏、陕西、宁夏等地相继引进祖代蛋鸡。

（一）引进蛋鸡品种和配套系的特点

1. 生产性能优秀　与国内地方鸡种相比，引进的蛋鸡品种和配套系具有开产早、产蛋量高、无就巢性、饲料转化率高、适应性强、多种气候条件下均可规模化饲养等特点，能够满足市场日益增长的规模化生产需要，具有较高的生产效率和较强的市场竞争力。

2. 同质化程度高　引进的蛋鸡品种中，白壳蛋鸡品种主要来源于白来航

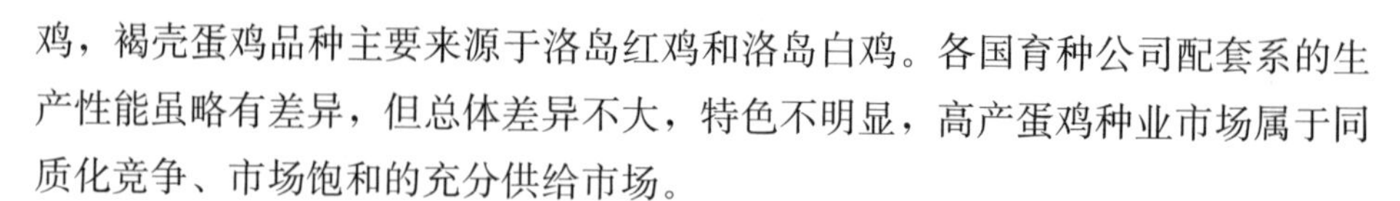

鸡，褐壳蛋鸡品种主要来源于洛岛红鸡和洛岛白鸡。各国育种公司配套系的生产性能虽略有差异，但总体差异不大，特色不明显，高产蛋鸡种业市场属于同质化竞争、市场饱和的充分供给市场。

（二）欧美国家主要蛋鸡育种公司

我国主要从美国、加拿大、英国、德国、法国、荷兰和以色列等国家进口高产蛋鸡品种和配套系。欧美蛋鸡育种公司为我国蛋鸡产业发展提供了种源和技术支持，提升了我国蛋鸡产业技术水平。近年来，我国祖代蛋鸡进口来源国主要有美国、荷兰、德国和法国。

1. 美国育种公司　美国是为我国提供高产蛋鸡品种和配套系较多的国家。早在1979年，广东省广州市黄陂鸡场就引进美国辉瑞公司的尼克白配套系，为我国白来航鸡育种做出了贡献。目前，美国海兰国际育种有限公司的海兰鸡占我国引进祖代蛋鸡的50%以上，其中海兰褐是我国蛋鸡生产性能的跟踪品种。

2. 荷兰育种公司　荷兰是蛋鸡育种开展较早、育成品种较多、蛋鸡各品种生产性能较先进的国家。1984年北京市中日友好养鸡场饲养的来自荷兰优利布里德公司的海赛克斯白鸡创下国内蛋鸡生产性能最高纪录。目前，荷兰汉德克家禽育种有限公司提供宝万斯白、宝万斯粉、宝万斯高兰、宝万斯褐、宝万斯尼拉、迪卡贝特、迪卡红、海赛克斯白、海赛克斯褐等蛋鸡品种。

3. 德国育种公司　德国罗曼蛋鸡曾经在我国高产蛋鸡市场占主导地位。1993年上海市建立了上海市华申曾祖代蛋鸡场，饲养罗曼曾祖代、祖代和父母代蛋鸡。20世纪90年代是上海家禽种源农业最辉煌的时期，经过上海市华申曾祖代蛋鸡场面向全国的推广，罗曼蛋鸡曾占有中国高产蛋种鸡市场70%以上的份额。目前，我国进口德国罗曼家禽育种有限公司的罗曼白、罗曼粉、罗曼褐、尼克白、尼克红和尼克粉等蛋鸡配套系。

4. 法国育种公司　法国蛋鸡品种较早进入我国。北京市种禽公司于1987年引进法国伊莎公司的巴布可克B-300曾祖代鸡，为京白系列蛋鸡育种做出了重要贡献。近年来，法国哈伯德伊莎家禽育种有限公司提供伊莎褐、伊莎新红、伊莎金彗星、伊莎白、雪佛褐巴布考克B-380、星杂579、星杂288等蛋鸡配套系。

二、地方鸡种

地方鸡种不属于严格意义上的蛋鸡品种，即使高产的地方鸡种年产蛋量也仅有200多枚，与国外蛋鸡品种年产蛋量300多枚有显著差距，但是我国地方鸡种所产鸡蛋口味独特，深受消费者欢迎。

（一）地方鸡种特点

地方鸡种经过长期隔离饲养，具有独特的体型外貌、肉质和鸡蛋品质。

1. 肉质和蛋品质好　这与长期选择有关。地方鸡种都经过了数百年甚至数千年的选育和积淀，不适合人们消费习惯的地方鸡种未能保留下来，而肉质和蛋品质好的鸡种得到保留并传播开来。

2. 生长发育和产蛋性能遗传变异大　农民自发的育种工作主要是体型外貌的选择，这使得地方鸡种的体型外貌相对一致，如黑羽、麻羽、黄羽等。但由于没有进行系统的现代遗传育种工作，表型选择难度较大的生长发育指标和产蛋指标变异系数较大。这个特点限制了地方鸡种的规模化生产水平，因此地方鸡种适合于饲养密度较低的饲养方式，不适合高密度饲养。

（二）地方鸡育种

随着国外蛋鸡品种的大量引进和推广，中国地方鸡品种的繁育和生产受到极大冲击，造成地方鸡种的生产规模较小，市场竞争力较低，地方鸡遗传资源需要通过国家建立保种场才能保存。

《中国禽类遗传资源》收录了我国地方鸡种108个，各鸡种之间地理距离远，体型外貌差异较大，大部分鸡种蛋用型的市场占有率较低。传统“土鸡蛋”“草鸡蛋”在市场上越来越少，市场上大部分“土鸡蛋”“草鸡蛋”是新培育的小蛋型高产蛋鸡所产鸡蛋。受市场竞争力较低的限制，地方鸡的育种经费不足，有限经费主要用于保种和遗传资源研究，用于开展蛋用型育种研究的人力和财力较少。

三、国内培育蛋鸡品种和配套系

通过引进消化吸收项目，我国蛋鸡生产和育种得到了较大发展。在更多、更快的发展理念指导下，我国利用国外蛋鸡配套系和品种素材，先后培育了京白、华星、罗莎、新杨褐、农大3号、京红、京粉、荣达等蛋鸡配套系，其中新杨褐、农大3号、京红、京粉、荣达等蛋鸡配套系通过国家畜禽遗传资源委员会审定。

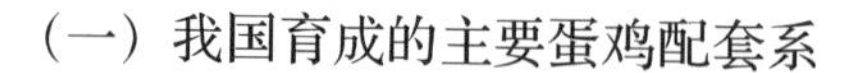

（一）我国育成的主要蛋鸡配套系

1. 京白系列蛋鸡　由北京市华都种禽有限公司选育，包括京白 938、京白 988、精选京白 904 等三个白壳蛋鸡配套系，京白 939 和京白 989 两个粉壳蛋鸡配套系，种禽褐和种禽褐 8 号两个褐壳蛋鸡配套系。北京市华都种禽有限公司改制后，除了京白 939 以外大部分配套系都逐渐退出市场，京白 939 被转让给河北大午农牧集团。大午农牧集团继续开展育种工作，为大午蛋鸡育种提供了技术平台和育种素材。

2. 农大系列蛋鸡　农大 3 号是中国农业大学培育的矮小型蛋鸡配套系，包括褐壳蛋鸡和粉壳蛋鸡，后被转让给中农榜样蛋鸡育种有限公司，以粉壳蛋鸡为主要育种目标和推广方向。2005 年，农大 3 号蛋鸡配套系通过国家畜禽遗传资源委员会审定，主要特点是饲料消耗量小，为农业部主要推广的蛋鸡配套系。如今，农大 3 号的主要市场被中农榜样蛋鸡育种有限公司新育成的农大 5 号替代。农大蛋鸡的成功揭开了我国特色蛋鸡育种的序幕，表明开展具有中国特色的蛋鸡育种研究和生产是中国蛋鸡寻求突破的必由之路。

3. 新杨系列蛋鸡　是上海家禽育种有限公司（前身是上海市新杨种畜场）培育的蛋鸡配套系，包括新杨褐壳蛋鸡、新杨白壳蛋鸡、新杨粉壳蛋鸡、新杨绿壳蛋鸡和新杨黑羽蛋鸡，其中新杨褐壳蛋鸡于 2000 年通过国家畜禽遗传资源委员会审定，新杨绿壳蛋鸡和新杨白壳蛋鸡于 2010 年通过国家审定，新杨黑羽蛋鸡于 2015 年通过国家审定。目前新杨褐壳蛋鸡、新杨白壳蛋鸡、新杨粉壳蛋鸡退出了市场，新杨黑羽蛋鸡在小型粉壳蛋鸡市场具有较强的竞争力。

4. 峪口系列蛋鸡　由北京市华都峪口禽业有限责任公司培育，包括京红1号、京粉 1 号和京粉 2 号等，其中京红 1 号和京粉 1 号于 2009 年通过国家畜禽遗传资源委员会审定。峪口系列蛋鸡是我国引进消化吸收、创新再创造的成功案例。公司在引进美国海兰公司祖代鸡的同时，走自主发展道路，坚持市场推广和峪口品牌服务；能够主动消化吸收海兰公司的育种和生产技术，创新市场开发和技术推广，创造性地开展高产蛋鸡的育种和生产技术集成。京红 1 号在与国外蛋鸡品种的竞争中不断完善，取得较强的市场竞争力。京粉系列也不断取得骄人业绩。

（二）我国育成蛋鸡配套系面临的挑战

1. 市场竞争压力大　京白系列蛋鸡、新杨褐壳蛋鸡等在 2000 年之前培育的配套系已经基本退出市场，这些蛋鸡配套系当初在与进口蛋鸡品种争夺市场份额时，在技术服务和产品质量等方面时常受到市场质疑。京红1号蛋鸡配套系继承了海兰褐蛋鸡的技术服务优势和推广优势，取得了较好的成绩，成为农业农村部主推品种，目前却依然承受着来自国外蛋鸡品种的强大竞争压力。

2. 终端产品要符合市场需求　推动蛋鸡育种进步的是市场需求。在2000年以前，我国蛋鸡育种主要利用欧美国家的蛋鸡育种技术育成类似产品，虽然通过审定，但在市场竞争中始终落后于国外品种。2000年后，农大3号率先取得突破，作为节粮型矮小蛋鸡品种生产小型鸡蛋，符合消费者需求。虽然与进口品种相比仍存在一些不足，但取得了较大的市场份额，鸡蛋售价也较高。没有通过审定、农民自发育种的花凤鸡在江苏东台地区曾经超过4 000万只，目前依然在江苏、安徽等省有数百万存栏。这些都充分说明市场需要的品种具有强大的生命力。蛋鸡品种既要满足蛋鸡养殖者高效生产的需求，还需要满足终端消费者对鸡蛋品质的需求，只有同时满足这两个需求，才能在市场竞争中存活下来，并逐步发展壮大。

第二节　蛋鸡配套系制种新模式

上海家禽育种有限公司从2007年酝酿培育类似花凤鸡的蛋鸡品种，一度将新培育的配套系对外宣传为“新杨花凤”，经历了7年多的反复研究和推广，创造了我国蛋鸡育种的配套系新模式。

一、制种新模式的创造背景

上海家禽育种有限公司从国有企业改制而来，积累了丰富的蛋种鸡经营和市场推广经验，并拥有一定的市场份额，具备育种技术团队、各项基础设施和设备，在培育新杨黑羽蛋鸡配套系之前曾培育了新杨褐壳蛋鸡配套系、新杨绿壳蛋鸡配套系和新杨白壳蛋鸡配套系，但是市场推广存在一定困难。

（一）新杨褐壳蛋鸡配套系

新杨褐壳蛋鸡配套系于1994年开始培育，曾用名“伊丽莎”，2000年通过国家畜禽资源委员会审定［批准文号（09）畜禽新品种字02号］，是我国第一个经过国家审定的褐壳蛋鸡配套系。该配套系四系配套，父母代羽速自别雌雄，商品代羽色自别雌雄。但通过审定后，新杨褐壳蛋鸡并没有取得预期的市场份额，尽管新杨褐壳蛋鸡的生产性能与国外蛋鸡品种的生产性能相比并不落后（在 2003 年、2008 年与海兰褐一起进行生产性能测定比较，在商品代鸡场的表现与海兰褐没有显著差异）。

2003—2004 年，上海市新杨家禽育种中心、上海市华申曾祖代蛋鸡场和上海市华青曾祖代肉鸡场同时企业改制，3 个单位的遗传资源合并，组建上海家禽育种有限公司。上海家禽育种有限公司销售的父母代种鸡包括海兰褐、罗曼褐和新杨褐，但实际销售的主要是海兰褐和罗曼褐，新杨褐几乎销售不出去。

（二）花凤鸡

在高产蛋鸡强大的市场竞争压力下，城市消费者对“土鸡蛋”“草鸡蛋”的需求并没有因高产鸡蛋占优势而消失。2001 年市场上出现了以高产蛋种鸡为母本、低产蛋鸡为父本的仿土鸡蛋，蛋重 50g，粉壳，江苏盐城市东台县的花凤鸡占有率最高。

花凤鸡配套模式最初为贵妃公鸡配罗曼父母代母鸡，一般生产模式是孵化厂从上海奉贤种禽场购买贵妃公雏作父母代种公雏，从上海市华申曾祖代蛋鸡场购买罗曼褐父母代母雏作父母代种母雏，孵化厂委托农户饲养种鸡，回收种蛋，孵化后销售商品代母雏，产品名称“花凤”。这种配套模式成活率高、蛋重合适，一度有 20 多个孵化厂经营花凤鸡。东台市花凤母鸡存栏量曾达到 4 000多万只。但随着上海种鸡场改制以及东台孵化厂经济实力的增强，花凤鸡的配套模式发生改变。2004 年以后这种模式逐步发生变化，父母代种公雏购买于多个贵妃鸡生产场，种母雏来源于多个褐壳蛋鸡品种，除罗曼褐，还有海兰褐、新杨褐、海赛克斯褐、伊莎褐等褐壳蛋鸡品种；2010 年以后配套模式进一步发生变化，种公雏来自贵妃鸡与其他鸡种的杂交后代，含贵妃鸡血统 25%～75%，一些孵化厂自主选育公雏；种母雏是商品代褐壳鸡母雏，主要是海兰褐壳蛋鸡。由于疫病净化和选育不足，花凤鸡生产性能下降，体型外貌的遗传稳定性较差。

新杨黑羽蛋鸡配套系制种新模式课题就是从研究花凤鸡开始的。如何规范花凤鸡的配套系制种体系，如何比花凤鸡更受市场欢迎，如何能够生产出更加优质的鸡蛋成为研究的重点目标。

（三）特色蛋鸡选育

上海家禽育种有限公司沿用新杨褐壳蛋鸡配套系的选育思路，为了达到更高产蛋率和产蛋数，从 2002 年开始培育粉壳、白壳和绿壳 3 个特色蛋鸡选育配套系。新杨粉壳蛋鸡的制种模式与海兰灰和罗曼粉的制种模式相似，培育了 2 个配套系，市场中试发现新杨粉壳蛋鸡生产性能不突出，市场接受难。其中新杨白壳蛋鸡主要用于胚胎蛋生产，与海兰白、罗曼白等白壳蛋鸡配套系竞争，但当时国内海兰白、罗曼白祖代鸡数量小，不能完全满足需要。而新杨绿壳蛋鸡配套系羽毛白色、生产绿壳蛋，产蛋率明显高于地方鸡种，绿壳率达 99%以上，满足绿壳蛋鸡生产的需求。

2009 年公司申请新杨绿壳蛋鸡配套系和新杨白壳蛋鸡配套系审定，并于 2010 年通过国家审定。但是新杨白壳蛋鸡审定后没有能够进一步扩大市场，新杨绿壳蛋鸡市场份额也仅稍有增加。

（四）育种技术路线

通过此前的新杨系列蛋鸡配套系选育，上海家禽育种有限公司的蛋鸡育种形成了成熟的技术路线。新杨黑羽蛋鸡育种沿用了技术路线如图 1-1。

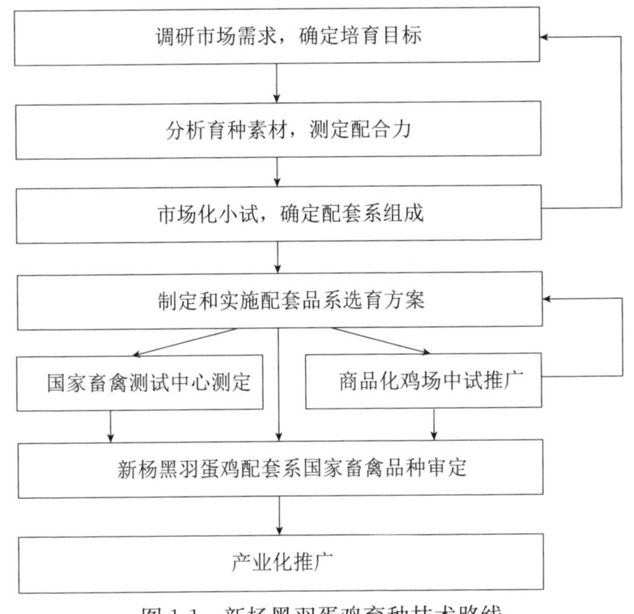

图 1-1　新杨黑羽蛋鸡育种技术路线

二、市场需求分析

（一）市场需要小蛋型粉壳鸡蛋

高产褐壳蛋鸡能够在较高密度的规模化条件下生产更多鸡蛋，但总体上来讲其鸡蛋品质与传统鸡蛋相比存在差距，特别是口味不如传统鸡蛋，许多人愿意花高价购买传统地方鸡种所产的鸡蛋。造成高产褐壳蛋鸡鸡蛋品质较差的原因主要有以下几种。

1. 饲养环境控制要求较高　空气质量、饲养密度、健康状况都影响鸡蛋质量。由于褐壳蛋鸡高密度生产受气候条件影响较大，且高产蛋鸡生产的空气质量通常比饲养规模小的地方鸡种差，蛋品质因此受到影响。

2. 育种目标差异　蛋鸡鸡蛋品质受遗传基因控制。高产蛋鸡起源于欧美国家，欧美国家消费者对食品的口味要求与中国消费者存在较大差异，因此高产褐壳蛋鸡多存在原始品种选择方向上的差异。

3. 遗传漂变　长期选择导致决定优质鸡蛋品质的基因发生遗传漂变，甚至造成优质鸡蛋基因丢失。

随着经济发展和人民生活水平的提高，传统的鸡蛋供不应求。由于地方鸡种的产蛋量普遍较低，一方面优质鸡蛋的需求量不断上升，另一方面农民饲养地方鸡种的积极性却不断下降。在这样的背景下，农大 3 号小鸡蛋和江苏东台农民自发育成并投入生产的花凤鸡蛋在市场上广受欢迎。这类小鸡蛋的外形与我国地方鸡种的鸡蛋相似，都是粉壳蛋，鸡蛋蛋黄较大，蛋重 50g 左右，小鸡蛋的口味也比高产褐壳鸡蛋好。

（二）市场需要老母鸡淘汰时售价高的品种

我国蛋鸡生产的一个显著特点是以老母鸡为代表的淘汰鸡销售额决定了鸡场饲养周期的利润。一般市场条件下，鸡蛋销售额与鸡蛋生产成本接近，鸡场利润就是老母鸡的销售额。

我国地方鸡种羽毛颜色普遍为黄羽、麻羽或黑羽，因此人们常将鸡的肉质与羽毛颜色联系起来。我国黄羽肉鸡能够在肉鸡产业中占有一席之地，除了肉质较好外，主要原因就是羽毛颜色美观，与地方鸡种相似。

老母鸡市场价格由低到高的顺序依次是：白来航白羽鸡（海兰白）＜农大

3 号＜海兰灰＜花凤＜海兰褐＜黄羽鸡。地方鸡种的老母鸡价格比品种蛋鸡高5～20 元/只。消费者对羽色接近土鸡、肉质好的老母鸡需求越来越高，肉质越好的老母鸡市场附加值越高。

（三）配套系制种新模式目标

1. 有色羽　商品代蛋鸡羽毛颜色基本一致，主要羽毛颜色可以选择褐色、黄色、黑色或麻羽等。

2. 蛋重小　产蛋后期蛋重平均 55g 以下，平均蛋重 50g 左右。

3. 产蛋数多　商品代蛋鸡 72 周龄日产蛋数大于 290 枚。

4. 粉壳蛋　蛋壳颜色为粉壳。

5. 耗料少　产蛋期饲料消耗不高于 100g/只。

三、选择候选育种素材

根据新杨粉壳蛋鸡配套系的育种目标，选择新杨现有的纯系蛋鸡品系，并引入国内的一些品系资源，主要选择洛岛红纯系蛋鸡、洛岛白纯系蛋鸡、贵妃鸡、崇仁麻鸡、仙居鸡作为配套系组成的品系。经过杂交预试验，剔除羽色不符合育种目标的组合后，设计开展目标品系间的配合力测定方案。

1. 父本素材　父本既可以是高产蛋鸡，也可以是地方特色蛋鸡，主要根据母鸡群体数量决定。在以地方鸡种生产为主导的育种场，特色蛋鸡的母鸡群体大，父本选择不同品种的高产蛋鸡较容易开展杂交配种工作。在以高产蛋鸡种生产为主导的育种场，高产蛋鸡的母鸡群体大，父本选择不同品种的特色蛋鸡较容易开展杂交配种工作。上海家禽育种有限公司具有大量的高产蛋鸡品种资源和生产群体，因此选择地方鸡种的不同类型特色蛋鸡作父本素材。

2. 母本素材　选用的高产蛋鸡是公司育种和生产的已有品种，素材来源广泛，品种品系较多，包括洛岛红、洛岛白和白来航，分别来源于新杨褐壳蛋鸡配套系、新杨白壳蛋鸡配套系、海兰褐壳蛋鸡祖代和海兰白壳蛋鸡祖代。

开展两轮观察商品代鸡生产性能的配合力测定和一轮父母代鸡生产性能的配合力测定。根据配合力测定结果制订配套系品系组合。

四、确定父本

（一）以贵妃鸡为父本

配合力测定前开展了杂交试验，通过以贵妃鸡、浦东鸡、仙居鸡和崇仁麻鸡为父系的杂交试验，发现贵妃鸡作为父本最为合适，商品代毛色符合市场预期，生产蛋壳颜色为粉色；而其他杂交组合商品代出现白羽或深褐色蛋壳，不符合市场要求。

（二）小体型贵妃鸡品系

经过多轮杂交试验发现，以贵妃鸡作为亲本对后代的体型影响较大。选择体重为 1.4kg 的快羽贵妃鸡组成父本群体与体重约 2kg 的母本配种后后代体重 1.75kg，符合市场需求，老母鸡销售价格高。快羽鸡则便于与母本配种后进行快慢羽自别雌雄。

（三）贵妃鸡起源及其研究

贵妃鸡起源于法国，为 Houdan 鸡最初作为观赏禽从国外引进国内，中文商业名称为贵妃鸡，具体引进的时间不详。

在欧洲鸡品种志上，Houdan 鸡（乌当鸡）的鲜明特征是具大球冠，羽毛白黑相间；以观赏用途为主，肉质鲜美；主产于法国巴黎以西的 Houdan 镇。贵妃鸡羽色、脚趾等特征与法国的现存 Houdan 鸡相似，但现在法国饲养的 Houdan 鸡体重与中国饲养的贵妃鸡有显著区别，Houdan 鸡成年体重 2～2.5kg，而国内贵妃鸡成年体重 1.4～2kg。

贵妃鸡被引入中国后饲养规模扩大，分布于福建、广东、江苏和上海，主要用于优质肉鸡生产，商品代 120～160 日龄上市。贵妃鸡作为蛋用型鸡主要用于父母代父本，很少直接用于商品代鸡生产。

上海市农业科学院和上海家禽育种有限公司合作申请了以贵妃鸡为父本的黑羽鸡配套系的制种模式，2016 年获得专利授权。国内对贵妃鸡遗传资源和生理生化特性的研究比较多，最早开展研究的是福建农学院，后来广东湛江海洋大学、中国农业科学院、江苏省家禽科学研究所、中国农业大学、河南农业大学也开展了相关研究。广东湛江海洋大学杜炳旺教授成立了中国贵妃鸡繁育研究中心，进行贵妃鸡繁育、生产和配套系推广的研究；中国农业科学院和江苏省家禽科学研究所开展了贵妃鸡的保种和杂交生产研究工作；中国农业大学和河南农业大学运用贵妃鸡进行杂交育种，并分别取得了合成系育种专利。

（四）蛋用型贵妃鸡育种素材来源

新杨黑羽蛋鸡配套系的贵妃鸡来源于上海奉贤特禽场和江苏省家禽科学研究所。

1. 上海奉贤特禽场来源　2007—2010 年从上海奉贤特禽场引进公鸡和种蛋，开展小群饲养和配合力杂交试验。奉贤特禽场的贵妃鸡在 2000 年以前就有饲养，是江苏盐城市东台市花凤鸡父本的主要来源。2007 年从上海奉贤特禽场引进 10 只成年种公鸡开展杂交试验，2008 年从该场引进种蛋并在上海家禽育种有限公司华青基地孵化出 300 多只混合雏，2009 年生产出 G 系初始选育群体（G1 世代）3 000 多只。

2. 江苏省家禽科学研究所来源　2010 年 2 月从江苏省家禽科学研究所扬州翔龙禽业有限公司引进贵妃鸡种蛋，在上海家禽育种有限公司华青基地孵化和饲养测定。江苏省家禽科学研究所的贵妃鸡来源于广东湛江海洋大学杜炳旺教授的研究群体。

从上海奉贤特禽场和江苏省家禽科学研究所引进的贵妃鸡素材，体型外貌、生长发育指标和生产性能没有显著差异。2011 年 1—3 月 2 个来源的贵妃鸡分别进行配种和家系孵化，后合并两个来源的贵妃鸡血缘，形成 G 系第三世代。

五、确定母本

通过配合力测定确定最佳的配套系组成，开展了两轮配合力测定，品系组合见表 1-1。以贵妃鸡与洛岛红和洛岛白分别开展配合力测定，结果（表 1-2 至表 1-5）显示，与洛岛红杂交的后代为有色羽，市场接受程度高，而蛋壳颜色和产蛋量没有显著差别，确定以洛岛红为母本。

（一）配合力数据

贵妃鸡分别与洛岛红系列的三个品系杂交。杂交结果显示，后代的羽色和蛋色没有差异，但体重、成活率和蛋重略有差异，且三系配套的父母代母鸡易于饲养，优于二系配套，因此尝试开展三系配套测试。以贵妃鸡与 2 个洛岛红品系及其杂交组合开展了配合力测定，结果显示贵妃鸡与杂交组合后代的抗逆性能更好。至此，确定新杨黑羽蛋鸡为三系配套，贵妃鸡（G系）为父本，二个洛岛红慢羽系（RA系和RB系）分别为母本父系和母系。

表1-1 配合力测定试验的品系组合

批次	种公鸡品种	种母鸡品种品系
第一批次商品代鸡性能测定	贵妃鸡G系	洛岛红鸡A系
	贵妃鸡G系	洛岛红鸡RA系
	贵妃鸡G系	洛岛红鸡BA系
	贵妃鸡G系	洛岛白鸡HCD系
第二批次商品代鸡性能测定	贵妃鸡G系	洛岛红鸡RA系
	贵妃鸡G系	洛岛红鸡RB系
	贵妃鸡G系	洛岛红鸡RAB系
	贵妃鸡G系	洛岛红鸡RBA系
	贵妃鸡G系	贵妃鸡G系
	洛岛红鸡RA系	洛岛红鸡RB系

（二）洛岛红鸡品种起源

洛岛红鸡原产于美国罗得岛（Rhode island），位于罗得岛州（全称是罗得岛与普罗维登斯庄园州，The State of Rhode Island and Providence Plantations）。1904年《美国家禽标准》中收录了该品种，原属于蛋肉兼用型品种，由红色马来斗鸡、褐色来航鸡和九斤黄鸡杂交育成。洛岛红蛋用型鸡经过数十年选育，具有纯合的金色羽基因，成为现代褐壳蛋鸡的父本，与银色羽母本品种组成配套系，生产的商品代雏鸡可以羽色自别雌雄。现在中国国内的主流褐壳蛋鸡如海兰褐、罗曼褐、伊莎褐和京红1号等配套系的父本都是起源于洛岛红鸡。

标准品种洛岛红鸡是蛋肉兼用型，体重2.5kg。经过数十年蛋用型鸡的选择，洛岛红鸡的体重逐渐下降，新杨黑羽蛋鸡配套系母本的洛岛红鸡体重1.95～2kg。

尽管依然被称作洛岛红鸡，但由于经过了长期选择，新杨黑羽蛋鸡配套系中使用的洛岛红鸡在遗传上与标准品种或其他育种公司保存和选育的洛岛红鸡存在较大差异。

表 1-2 配合力测定孵化结果

批次	母鸡系列	种公鸡×种母鸡	入孵种蛋（枚）	受精种蛋（枚）	出雏鸡数（只）	羽毛颜色	胫色	受精率（%）	受精蛋孵化率（%）
1	洛岛红	G×A	1 500	1 386	1 281	黑羽	黑	92.4	92.4
	洛岛红	G×RA	1 500	1 392	1 289	黑羽	黑	92.8	92.6
	洛岛红	G×BA	1 500	1 401	1 301	黑羽	黑	93.4	92.9
	洛岛白	G×CD	3 000	2 808	2 633	白羽	黑	93.6	93.8
2	洛岛红	G×RA	3 000	2 789	2 567	黑羽	黑	93	92
	洛岛红	G×RB	3 000	2 794	2 515	黑羽	黑	93.1	90
	洛岛红	G×RAB	3 000	2 804	2 654	黑羽	黑	93.5	94.7
	洛岛红	G×RBA	3 000	2 734	2 580	黑羽	黑	91.1	94.4
	贵妃鸡	G×G	1 500	1 398	1 220	黑白花	黑白	93.2	87.3
	洛岛红	RA×RB	3 000	2 810	2 599	褐色	黄	93.7	91.5

注：①同列数据后不同肩标字母表示差异显著（$P<0.05$）；表中 A 是新杨褐壳蛋鸡配套系的 A 系，BA 是新杨褐壳蛋鸡配套系的 B 系公鸡配 A 系母鸡，CD 是新杨褐父母代母鸡；RA 是新杨褐壳蛋鸡配套系的 B 系鸡，RB 是海兰褐父本，RAB 是 RA 公鸡配 RB 母鸡的后代，RBA 是 RB 公鸡配 RA 母鸡的后代。②2 个批次分别于 2009 年 6 月 6 日和 2010 年 10 月 30 日出雏。

表 1-3 2009 年 6 月 6 日出雏批次配合力测定鸡群的生产性能汇总

种公鸡×种母鸡	育雏母鸡数（只）	18 周龄母鸡数（只）	18 周龄体重（kg）	成年鸡羽色	50%开产日龄	高峰期产蛋率（%）	36 周龄入舍鸡产蛋率（%）	36 周龄体重（kg）	36 周龄蛋重（g）	0～18 周龄成活率（%）	18～36 周龄成活率（%）
G×A	600	549	1.35 ± 0.11^{b}	黑麻	158	88.40	75.6	1.72 ± 0.15^{b}	53.2 ± 4.5^{b}	95.5	98.5
G×RA	600	561	1.29 ± 0.08^{c}	黑麻	156	90.50	81.2	1.65 ± 0.11^{c}	49.2 ± 3.5^{c}	96.8	99.3
G×BA	600	564	1.31 ± 0.10^{bc}	黑麻	154	90.60	79.5	1.69 ± 0.14^{bc}	49.9 ± 4.2^{b}	97.5	99.3
G×CD	1200	1113	1.31 ± 0.12^{bc}	白羽黑斑	159	90.20	78.4	1.71 ± 0.16^{b}	51.2 ± 4.3^{bc}	97.2	98.4

注：同列数据后不同肩标字母表示差异显著（$P<0.05$）；表中 A 系是新杨褐壳蛋鸡配套系的快羽品系，BA 是新杨褐壳蛋鸡配套系的 B 系公鸡配 A 系母鸡，RA 是新杨褐壳蛋鸡配套系的 B 系鸡，CD 是新杨褐壳蛋鸡配套系的父母代母鸡。

表 1-4　2010 年 10 月 30 日出雏批次配合力测定鸡群的生产性能汇总

种公鸡×种母鸡	育雏母鸡数(只)	18 周龄母鸡数(只)	18 周龄体重(kg)	成年鸡羽色	50%开产日龄	高峰期产蛋率(%)	36 周龄入舍鸡产蛋率(%)	36 周龄体重(kg)	36 周龄蛋重（g）	0～18 周龄成活率(%)	18～36 周龄成活率(%)
G×RA	1 200	1 158	1.27±0.09[c]	黑麻	151	91.0	80.5	1.69±0.14[b]	49.4±4.1[c]	97.0	99.2
G×RB	1 200	1 137	1.26±0.1[c]	黑麻	151	89.5	78.6	1.65±0.12[c]	49.1±3.8[c]	95.6	97.3
G×RAB	1 200	1 124	1.28±0.09[c]	黑麻	148	90.8	80.8	1.68±0.13[bc]	49.6±3.2[c]	97.0	99.2
G×RBA	1 200	1 101	1.28±0.10[c]	黑麻	149	89.2	79.2	1.67±0.15[bc]	49.5±4.5[c]	96.2	98.9
G×G	500	467	1.08±0.06[e]	黑白花	162	72.5	61.10	1.36±0.13[e]	43.5±3.0[d]	93.40	97.80
RA×RB	1 200	1 145	1.42±0.08[a]	褐	155	94.5	88.20	1.88±0.15[a]	59.7±4.6[a]	95.42	97.80

注：同列数据后不同肩标字母表示差异显著（$P<0.05$）；表中 G 是贵妃鸡，RAB 是 RA 公鸡配 RB 母鸡的后代，RBA 是 RB 公鸡配 RA 母鸡的后代。

表 1-5　父母代母鸡配合力测定鸡群的生产性能汇总

种公鸡×种母鸡	18 周龄母鸡数（只）	50%开产日龄	高峰期产蛋率（%）	36 周龄入舍鸡产蛋率（%）	36 周龄体重（kg）	36 周龄蛋重（g）	0～18 周龄成活率（%）	18～36 周龄成活率（%）	42 周龄入舍母鸡产蛋量（枚）
RA×RA	1 056	153	92.8	85.8	1.89±0.14	59.7±4.0[a]	96.0	98.2	124.9
RB×RB	1 178	158	91.6	88.6	1.87±0.12	59.2±3.8[ab]	94.6	97.3	116.7
RA×RB	1 145	151	93.6	91.8	1.90±0.13	58.8±3.0[b]	97.0	98.2	126.1
RB×RA	1 125	158	92.5	88.2	1.91±0.15	60.1±4.1[a]	97.2	97.9	123.4

注：同列数据后不同肩标字母表示差异显著（$P<0.05$）；表中 RA×RA 表示 RA 公鸡配 RA 母鸡，RB×RB 是 RB 公鸡配 RB 母鸡，RA×RB 表示 RA 公鸡配 RB 母鸡，RB×RA 是 RB 公鸡配 RA 母鸡。

（三）配套系母本素材来源

新杨黑羽蛋鸡的母本洛岛红鸡来源于罗曼蛋鸡和海兰蛋鸡。利用上海市华申曾祖代蛋鸡场和上海市新杨种畜场进口的罗曼和海兰祖代蛋鸡获得了洛岛红鸡的素材，先后建立了5个洛岛红鸡品系。2000年培育成功的新杨褐壳蛋鸡配套系父本的2个品系都是洛岛红鸡。2004年以后上海家禽育种有限公司引进了美国海兰公司的海兰褐壳蛋鸡、海兰粉壳蛋鸡和海兰银褐蛋鸡祖代鸡都包含洛岛红鸡的遗传因素。新杨黑羽蛋鸡使用的2个洛岛红鸡品系是经配合力测定后选择的品系。

1. 母本父系　是新杨褐壳蛋鸡配套系B系的母本父系，代号RA系，为纯慢羽品系，金色羽，黄皮肤。新杨褐壳蛋鸡配套系于2000年育成，其父系母本RA系每个世代的选育都以产蛋量为育种目标，体型外貌、生长发育和生产性能水平遗传稳定。经过长期选择，RA系抗逆性强，一致性好且产蛋性能、鸡蛋品质和饲料转化效率都具有高产蛋鸡的特点。

2. 母本母系　母本母系来源于海兰褐祖代父系，简称RB系。海兰褐蛋鸡父系初生雏鸡有快羽，也有慢羽。上海家禽育种有限公司在2007年12月和2008年11月进口的两批海兰褐祖代鸡父系公母鸡（公鸡用HA表示，母鸡用HB表示）都是慢速金色羽鸡，来源于洛岛红鸡。2008年公司自留种继代时，用2007年引进的HA配种HB，生产HAB1。2009年4月用2008年引进的HA配种HB，生产HAB2，同时育雏HAB1公鸡配种HAB1母鸡的后代HAB1。比较HAB1与HAB2的体型外貌、生长发育和产蛋性状，没有显著差异；混合HAB1和HAB2，组建RB品系，形成RB系的第一世代。该系闭锁选择世代数较少，饲养数量较大；与RA系相比体重和蛋重较小。RA系和RB系杂交后代具有较明显的杂种优势。

第三节　纯系鸡选育

在新杨黑羽蛋鸡配套系育种中，品系选育是长期、关键性的重点工作。纯系选育是在现有品系的基础上根据配套系的要求进一步提高生产性能。

一、建立家系和系谱

在世代留种时建立新的家系信息，记录配种的种公鸡标记和种母鸡标记，同一世代内严格固定配对的公鸡和母鸡，避免配错。如公鸡发生死亡，则更换新的公鸡，但要将更换公鸡后3～7d的种蛋计入混合蛋。如更换公鸡前的种蛋受精率低于30%，混合蛋计入新公鸡家系；如果更换公鸡前的种蛋受精率大于30%，混合蛋用于生产祖代鸡，不计入任何家系。

（一）个体标记

个体标记就是出雏时要记录每个个体的父亲和母亲信息。人工授精按家系标记区别，收集种蛋时在种蛋上标记全同胞信息。种蛋孵化时，按标记的家系入孵，同一个混合家系（多个全同胞家系）的种蛋集中在一个孵化盘或相邻的孵化盘中，同一种母鸡的种蛋放置在一列。落盘时，同一全同胞家系的种蛋集中在同一个或绑定的两个网袋内。出雏时，将同家系的鸡集中在一起进行计数、雌雄鉴别和信息标记。1日龄佩戴翅号，记录家系信息、孵化状况和个体信息。13～16周龄转群产蛋鸡舍后佩戴塑料肩号，上笼后记录个体的笼位、翅号和肩号。进行个体性能测定时，按个体标记号记录性能数据。

（二）建立统计信息

出雏后汇总全同胞信息，包括系谱、同胞和全同胞家系孵化率，每个世代的家系信息编入同一个Excel文件，统计并分析品系的近交状况和生产性能遗传进展。

品系统计信息受生产环境和鸡群健康状况的影响，记录个体统计信息和品系统计信息时需要备注清楚，在世代间生产指标出现较大差异时需要区别是环境差异造成的还是育种进展，并适时利用非正常生产机遇发现优势基因，例如通过分析亚健康或发病期间家系的生产性状，发现抗病力强的家系；通过分析炎热期间家系的生产性能，发现抗热家系。

二、选择性状

（一）主要测定性状

选择的基础是个体性能测定和群体性能记录。通过测定了解配套系各品系和各代次的性能表现，发现配套系表现与市场需求的差距。性能测定方案包括确定需测定的具体性状及测定的时间和方法。测定性状主要包括体型外貌、生长发育性状、生产性能性状。

1. 体型外貌　主要测定羽色、羽速、蛋色、胫色、趾数、冠型和胡须。

2. 生长发育性状　需有利于淘汰鸡销售，同时有较好的均匀度以提高生产效率。生长发育性状主要测定 42～63 日龄体重、18 周龄体重和 36 周龄体重。

3. 生产性能性状　包括产蛋性能和孵化性能。产蛋性能主要测定开产日龄、18～25 周龄产蛋数、25～44 周龄产蛋数、36 周龄蛋品质（蛋壳强度、蛋重、哈氏单位、蛋形指数）、45～49 周龄产蛋数和 54～68 周龄产蛋数。产蛋性能测定需结合人工记录和电子记录。孵化性能主要测定精液量、精子活力、受精率、出雏数和雏鸡健康状况。

（二）主要选择性状

根据各品系的特点和在配套系中的作用，实施各自的选育方法。对于体型外貌、生长发育性状和精液质量，采用个体独立淘汰法选择；对于产蛋性能，采用个体育种值选择；对于留种前总产蛋数性状，根据系谱信息和同胞信息估计个体育种值选择。选育方案见表 1-6 和表 1-7。

1. 体型外貌　G 系的体型外貌选择五趾和胡须，淘汰不是五趾和没有胡须的个体和全同胞家系。为提高生长发育一致性，在开始的第 1～4 世代的主要育种目标定为体重，在第 5 世代以后重点选择公鸡精液量和母鸡产蛋性能。选择性状根据品系特征和选育目标情况进行适时调整，不影响配套系主要特征的性状可以不进行选择，例如 G 系的球形凤头大小特征。

RA 和 RB 系的体型外貌选择重点是初生雏鸡的羽色和羽速。其中，初生雏羽色确保 RA 系和 RB 系自别雌雄准确性，并确保祖代鸡生产父母代时，准确选择父母代母雏。RA 系初生雏鸡慢羽羽速确保祖代鸡生产父母代时，父母代母雏是慢羽，这样在父母代鸡生产商品代雏鸡时，决定着商品代雏鸡的自别雌雄准确性。

2. 生长发育性状　RA 系和 RB 系都是高产蛋鸡，与 G 系的体重相差较大。RA 系和 RB 系的选择目标是降低体重和蛋重，提高产蛋率和雌雄鉴别率。选择性状的选择要根据市场目标和中试反馈作调整，如 RB 系的生长发育指标，根据反馈，需要降低体重，即制订 RB 系的体重向下选择的方案。

3. 生产性能　G 系的选择重点是精液量，其中精液量选择留种率为 20%左右。同时提高体重均匀度，提高贵妃鸡的蛋用性能。洛岛红 RA 系和 RB 系的选择重点是进一步降低蛋重和体重，保持并提高 RA 系和 RB 系的后期产蛋性能。

表 1-6　G 系的主要性状选育方案

选择性状	测定时间	选择方法	选择时间
早期体重	49～63 日龄	独立淘汰法	14～16 周龄
开产前体重	18～19 周龄	独立淘汰法	19 周龄
开产日龄	22～25 周龄	独立淘汰法	24～26 周龄
产蛋数	22～44 周龄	指数选择法	30～70 周龄
鸡蛋品质	36 周龄	独立淘汰法	30～70 周龄
精液量	26～28 周龄	独立淘汰法	28 周龄
孵化率	留种出雏	独立淘汰法	留种出雏

表 1-7　RA 和 RB 系的主要性状选育方案

选择性状	测定时间	选择方法	选择时间
体型外貌	留种出雏	家系选择法	留种出雏
早期体重	49～63 日龄	独立淘汰法	49～63 日龄
开产前体重	17～18 周龄	独立淘汰法	18 周龄
开产日龄	18～23 周龄	家系选择法	23 周龄
产蛋量	18～44 周龄	家系选择法	45 周龄
鸡蛋品质	36～50 周龄	独立淘汰法	36～49 周龄
精液量	26～45 周龄	独立淘汰法	26～49 周龄
孵化率	留种出雏	独立淘汰法	留种出雏

三、世代群体数量

（一）父本群体数量

父系是 G 系，各世代的选育测定群体数量见表 1-8，G 系公鸡测定的数量多，主要目标是提高G系的生长发育一致性和精液品质。2012年G系的生长发育一致性有了较大提高，重点开始选择性成熟，从2014年开始综合选择，用于父母代生产的G系公鸡也来自育种群体，以提高商品代的生产性能和健康水平。

表1-8　G系各世代的选育群体数量（只）

世代	中选个体数		出雏数		观测鸡数	
	公	母	公	母	公	母
3	63	504	1 700	1 650	310	1 615
4	63	504	1 869	1 800	320	1 689
5	70	560	1 912	1 850	360	1 750
6	63	504	1 878	1 808	320	1 625
7	60	480	2 590	2 532	312	1 982

G系公鸡与父母代中试公鸡来自同一个群体，增加了G系的选择基础群体，提高了G系的选择压。G系来自观赏禽，规模化生产水平较低，因此开展了生长发育水平一致性的选择，降低群体的体重变异。其蛋用性能水平与国内地方鸡种处于相同水平，需要加强蛋用性能的选择，不断提高产蛋量。

（二）母本各世代群体数量

母系分别是RA系和RB系，其中RA系是母系父本，RB系是母系母本。RA和RB品系各世代的选育测定群体数量见表1-9和表1-10。个体性能测定公鸡超过200只，母鸡超过1 800只。RA系和RB系都来自洛岛红鸡，具有相似的体型外貌，在世代留种时，通过1日龄断趾、佩戴翅号标记区分2个品系。RA系和RB系都是高产蛋鸡品系，蛋用性能基础好，通过持续的蛋重和蛋形选择，使其符合配套系的育种目标。

表1-9　RA系各世代的选育群体数量（只）

世代	中选个体数		出雏数		个体测定鸡数	
	公	母	公	母	公	母
16	60	480	2 185	2 119	220	1 620
17	60	480	2 622	2 522	280	1 650

（续）

世代	中选个体数		出雏数		个体测定鸡数	
	公	母	公	母	公	母
18	65	520	3 360	3 253	300	1 800
19	64	512	3 610	3 523	300	1 745
20	65	520	3 656	3 591	303	1 762

表 1-10　RB 系各世代的选育群体数量（只）

世代	中选个体数		出雏数		个体测定鸡数	
	公	母	公	母	公	母
1	65	520	2 230	2 160	310	1 810
2	65	520	2 267	2 182	316	1 880
3	65	520	2 323	2 253	316	1 990
4	60	480	2 410	2 323	306	1 800
5	65	520	2 256	2 191	313	1 819

第四节　垂直传播疾病净化

重点关注的垂直传播疾病包括鸡白痢沙门氏菌病、鸡白血病和鸡毒支原体（MG）病，其中鸡白痢沙门氏菌病和鸡白血病通过普检淘汰阳性鸡净化，鸡毒支原体病通过疫苗免疫净化。

做好垂直传播疾病净化的关键是做好生物安全工作，包括鸡舍防鼠，设备设施及时标准化消毒，家系孵化保持种蛋干净卫生，育雏过程及时淘汰弱雏，饲养方法标准化，保持鸡群健康等。

一、鸡白痢沙门氏菌净化

（一）净化方法

详细的鸡白痢沙门氏菌净化方法参见第七章鸡场致病性微生物净化技术部分内容，其中检测关键点在于以下两点。

1. 转群后普检　在转群 2～3 周后即 16～18 周龄时，开展所有纯系鸡的全血平板凝集试验，阳性鸡或疑似阳性鸡一经发现，现场淘汰。如阳性率超过 0.5%，2 周龄后复检，直到检出率在 0.3%以下。

2. 留种前普检 在40周龄对纯系鸡开展全血平板凝集试验普检，阳性鸡或疑似阳性鸡一经发现，现场淘汰，至阳性检出率低于0.3%。

（二）净化结果

鸡白痢沙门氏菌的净化结果见表1-11。RA系和RB系的基础较好，在近5个世代，都保持了较低的阳性检出率。G系在第三和第四世代的阳性率高于2%，第六和第七世代检出阳性率下降到0.1%和0.2%，并保持在一个较低的水平。

表1-11 鸡沙门氏菌普检检出阳性率（%）

品系	第一世代	第二世代	第三世代	第四世代	第五世代
G系	3.2	2.3	0.5	0.1	0.2
RA系	0.2	0.2	0.0	0.2	0.1
RB系	0.3	0.2	0.1	0.1	0.2

尽管每个世代都开展鸡白痢沙门氏菌检测，但每个世代都会找到阳性个体。面对鸡白痢沙门氏菌，还需要进行长期的工作。

为了降低商品代鸡白痢沙门氏菌的发生，在父母代鸡同时开展鸡白痢沙门氏菌的普测和净化，使用育种群净化方法提高商品代鸡的生产性能。每年对每个批次的父母代鸡都开展一次鸡白痢沙门氏菌的普检，确保商品代阳性率在0.3%以下。这也是新杨黑羽蛋鸡在市场上保持领先优势的主要原因。

二、鸡白血病净化

（一）净化方法

详细的鸡白血病净化方法参见第七章鸡场致病性微生物净化技术部分内容，其中检测关键主要有以下两点。

1. 转群后抽检，性成熟后普检 转群个体笼后，使用肛拭子抽样检查白血病p27阳性率，并制订普检计划和种鸡早期选择计划。性成熟后普检。公鸡性成熟后检测精液，母鸡开产后检测蛋清。淘汰所有精液或蛋清白血病阳性或疑似阳性的个体。性成熟晚的个体淘汰。

2. 留种前普检 对中选种鸡开展白血病p27普检，淘汰任何精液或蛋清白血病阳性或疑似阳性的个体。

（二）净化结果

鸡白血病的净化结果见表1-12。各品系鸡白血病净化之初，白血病p27抗原阳性率都在10%以下，属于低感染鸡群。经过三个世代的净化，鸡白血病阳性率水平都降低至0.5%以下，并保持在较低的水平。

与鸡白痢沙门氏菌的净化一样，净化后鸡白血病处于一个持续低发生率的水平，依然需要每个世代进行严格的普检，以保障新杨黑羽蛋鸡的抗病水平。

表1-12　鸡白血病的普检阳性率（%）

品系	第一世代	第二世代	第三世代	第四世代	第五世代
G系	5.5	2.3	1.5	0.0	0.4
RA系	6.4	1.2	1.0	0.2	0.2
RB系	1.6	1.4	0.1	0.3	0.3

第五节　市场满意度和生产性能测试

一、小规模饲养试验

（一）育种场小规模饲养试验

育种场小规模饲养与同批次种鸡共同育雏、育成和产蛋观察。育雏期或育成期表型不符合市场需要的组合直接淘汰，如羽色为白羽、体重过大等，保留符合市场需求的组合继续进行产蛋期的饲养；在产蛋期发现蛋重过大或其他不符合市场需求的组合也不再继续饲养。

记录小试各项指标，与养殖户和鸡蛋销售商沟通，分析各组合是否符合市场需要。

（二）养殖户小规模饲养试验

在育种场测定的基础上，赠送给养殖户最佳杂交组合的商品代雏鸡，开展小试。每批鸡赠送100～300只，与公司的其他品种蛋鸡一起饲养，观察对比生产性能，调整配套系的育种目标。表1-13是委托小规模饲养试验的规模化鸡场。

表 1-13 小规模饲养试验委托生产观察的规模化鸡场

鸡场	所在地区
上海南汇汇绿蛋品有限公司	上海市浦东新区
上海浦东浦汇蛋鸡场	上海市浦东新区
上海杰祥禽蛋有限公司	上海市奉贤区
上海营房蛋鸡场	上海市奉贤区
上海瀛跃种禽场	上海市崇明区

二、规模化中试

（一）上海地区中试

经过 1～2 批次的小试后，引导上海地区养殖户大量订购商品代雏鸡进行规模化养殖试验。2012 年在上海开展了新杨黑羽蛋鸡规模化饲养中试。中试单位见表 1-14，上海主要的规模化鸡场都参与了新杨黑羽蛋鸡的中试。

在中试时，加强与养殖户的沟通，寻找更有利于养殖户的育种目标。中试过程中，新杨黑羽蛋鸡受到养殖户的一致好评，存在的主要问题是体重均匀度有待提高。

表 1-14 上海市部分鸡场的新杨黑羽蛋鸡中试数量（只）

单位	2013—2014 年	2014 年 1—9 月
上海凤晨蛋鸡养殖专业合作社	42 500	15 000
上海浦东浦汇蛋鸡场	49 000	10 000
上海南汇汇绿蛋品有限公司	24 000	7 500
上海归兴种鸡场	20 000	10 000
上海浦羽养殖专业合作社	14 000	10 000
上海秋禽畜禽养殖专业合作社	18 000	8 000
上海营房蛋鸡场	20 000	7 500
上海瀛跃种禽场	10 000	6 000
上海桃宝蛋品生产合作社	8 500	5 000
上海军安特种蛋鸡场	8 000	5 000
合计	214 000	84 000

(二) 外省市中试

2013 年在江苏中试，2014 年在安徽和山东中试。其中江苏的中试总量超过 100 万只，表 1-15 列出了部分年中试数量超过 10 000 只的中试单位及其中试数量。

表 1-15　江苏省部分鸡场的新杨黑羽蛋鸡中试数量（只）

单位	2013—2014 年	2014 年 1—9 月
东台市何永康蛋鸡养殖场	276 800	188 800
东台市鑫魏禽业发展有限公司	117 800	102 000
姜堰区曾辉养殖合作社	52 000	34 000
东台市绿之园禽业有限公司	54 000	28 000
东台市南沈灶夏高付养殖场	24 800	20 800
东台市富安尤红养殖场	35 200	17 800
姜堰区洪林张义生态养殖园	26 700	26 700
姜堰区张甸镇鲍防震养殖场	20 000	20 000
东台市新街镇秀华养殖场	27 000	10 000
合计	634 300	448 100

2014 年 1—10 月，安徽省六安市霍邱县邵岗乡杨士兵青年蛋鸡养殖场中试雏鸡 23.84 万只；山东沂南县苏村镇的孟凡华青年鸡场 2014 年中试雏鸡 10 万只。批次育雏超过 2 万只的生产大户不断出现。

三、生产性能测定

(一) 养殖企业生产性能调查

生产性能是新杨黑羽蛋鸡是否能够获得竞争力的主要指标。2014 年 7—9 月调查了主要中试鸡场的生产性能，涉及 100 多万只中试母鸡，并在 2 个中试饲养量比较集中的地区东台和姜堰各选择 1 个规模化鸡场进行了为期 1 个月的新杨黑羽蛋鸡与同类配套系品种的生产性能比较。从中试推广开始，育种团队一直关注新杨黑羽蛋鸡在各种条件下的生产性能。通过调查了解，在不同生产条件下，新杨黑羽蛋鸡均表现出优秀的生产性能。为获得翔实的生产性能数据资料，公司组织技术人员在江苏的 2 个规模化鸡场开展了生产性能测定，这

2个鸡场的共同特点是同时饲养了多个特色蛋鸡配套系。

东台市鑫巍禽业发展有限公司是国家级农业龙头企业，2013年起饲养新杨黑羽蛋鸡，已经饲养了4个批次，累计饲养新杨黑羽蛋鸡10多万只，其中3个批次已经获得育雏期生产成绩。

泰州增辉养殖专业合作社是一家规模化蛋鸡场，存栏蛋鸡8万只，同批次饲养3个品种的小型蛋鸡，50周龄后仅保留新杨黑羽蛋鸡继续饲养，其他2个品种在50周龄前因健康和产蛋性能低提前被淘汰。2014年8月上旬，育种团队调查了61周龄的新杨黑羽蛋鸡生产性能，连续记录了1栋鸡舍10天的总耗料量、总产蛋数，抽样测定了个体体重和个体总产蛋量。61～62周龄的生产性能见表1-16。

表1-16 泰州增辉养殖专业合作社新杨黑羽蛋鸡商品代生产性能

周龄	鸡数（只）	周死淘率（%）	体重（kg）	日耗料（g）	产蛋率（%）	碎蛋率（%）	蛋重（g）
61～62	12 696	0.08	1.5±0.1	92.9	73.6	0.19	53.0±4.3

在东台市鑫巍禽业发展有限公司同一栋鸡舍内，饲养包括新杨黑羽蛋鸡在内的3个特色蛋鸡品种。新杨黑羽蛋鸡商品代的主要生产性能指标和35周龄的蛋品质指标见表1-17和表1-18，显示新杨黑羽蛋鸡产蛋率高、耗料少、蛋品质好。

表1-17 鑫巍禽业商品代主要性能指标比较

品种	观察周龄	观察母鸡群体（只）	抽样体重（kg）	成活率（%）	耗料量[g/（只·d）]	存栏鸡产蛋率（%）
新杨黑羽蛋鸡	32～35	13 956	1.41±0.08	99.76	93.54	81.96
花凤鸡	32～35	17 566	1.41±0.10	99.79	94.72	79.72
品种C	32～35	11 816	1.40±0.08	99.71	94.29	77.86

表1-18 鑫巍禽业商品代蛋鸡35周龄主要蛋品质指标比较

品种	蛋重（g）	蛋白高度（mm）	哈氏单位	蛋壳强度（kg/cm^2）
新杨黑羽蛋鸡	44.7 ± 3.0^{a}	7.5 ± 0.9^{a}	90.7 ± 4.7^{a}	3.9±0.7
花凤鸡	45.0 ± 3.2^{a}	7.0 ± 0.9^{b}	88.0 ± 5.3^{b}	4.2±0.8
品种C	49.5 ± 2.9^{b}	7.6 ± 0.9^{a}	89.8 ± 5.1^{ab}	4.1±0.9

注：每列数据的肩标表示显著性水平，不同字母表示差异显著（$P<0.5$），相同字母表示差异不显著（$P>0.5$）。

（二）农业部家禽品质监督检验测试中心性能测定

在第二轮配合力测定和商品代养殖户小试的基础上，2012 年 5 月将第二轮配合力测定优势组合种蛋 1 500 枚，送农业部家禽品质监督检验测试中心（扬州）委托检验生产性能。

检测项目包括取样种蛋受精率，孵化率，健雏率，开产日龄，72 周龄产蛋数（HH、HD），72 周龄产蛋总重（HH、HD），0～18 周龄存活率，19～72 周龄存活率，0～18 周龄只耗料量，19～72 周龄只耗料量，产蛋期料蛋比，18 周龄、44 周龄、72 周龄母鸡平均体重，43 周龄蛋品质。

第六节　新品种（配套系）审定

按照新品种（配套系）审定的要求，在完成了配套系各品系的多世代选育、国家性能测定站测定和中试测定后，可以向国家畜禽遗传资源委员会申请新品种（配套系）的审定。新杨黑羽蛋鸡符合国家对蛋鸡新配套系审定的要求，遗传稳定，具有优秀的生产性能，符合产业需求。

一、遗传稳定性

新杨黑羽蛋鸡各纯系蛋鸡品系、父母代蛋鸡和商品代蛋鸡经过系统的选育，体型与外貌特征均能够稳定遗传，每个世代之间、每批次父母代之间和每批次商品代之间，都表现出高度的一致性。

（一）纯系蛋鸡的遗传稳定性

G 系、RA 系和 RB 系都经过了 6 个世代以上的闭锁群选育，主要性状稳定遗传。体型外貌特征保持稳定，体重、蛋重和产蛋量等主要经济性状的品系测定值变异系数都在 10%以内，在育种过程中，纯系鸡的遗传稳定性可以保持。G 系鸡羽毛颜色、胫色和五趾等体型外貌性状特征明显，与其他品系区别显著。G 系鸡蛋为粉白色，大小和颜色与高产蛋鸡的鸡蛋或其他地方鸡种鸡蛋有明显差别，很容易区分。G 系与洛岛红鸡配种后代为黑羽，与洛岛白、白来航配种后代为白羽，与东乡绿壳蛋鸡等黄羽鸡配种后代为黄麻羽，因此 G 系鸡在自留种配种时如果发生误配，很容易从后代雏鸡中挑选出来，不会因误配其他品种而导致G系鸡的遗传稳定性发生改变。RA系和RB系为洛岛红品种，金色羽，与洛岛白和白来航鸡有明显区别。RA系和RB系与洛岛白杂交后后代雏鸡毛色浅，与白来航杂交后后代全部为白色羽毛，与洛岛红快羽鸡杂交后后代有快羽雏鸡，与黄羽鸡杂交会显示黄羽鸡的黄麻羽特征。如果发生误配很容易通过后代雏鸡的毛色、羽速发现。RA系和RB系之间有可能发生误配，而难以区分。家系配种制度和品系标记制度，可以尽量避免RA系和RB系之间发生误配。RA系和RB系一旦发生误配，可能会改变基因频率，但对配套系的生长发育和产蛋性能没有显著影响。

（二）父母代和商品代蛋鸡的遗传稳定性

新杨黑羽蛋鸡的父母代父系为贵妃鸡，母系为洛岛红鸡，其固定的配套模式保证了父母代及其后代商品代的体型外貌和生产性能能够稳定遗传。G系和R系在引进到上海家禽育种公司之前，已经过长期选择，其体型外貌比较稳定，生产性能在不断提高。开展新杨黑羽蛋鸡育种以后，各品系没有新增外来血统，保证了配套系商品代的稳定性。因贵妃鸡和洛岛红鸡特有的外貌特征与其他品种有明显区别，一旦发生新杨黑羽蛋鸡父母代中混入其他品种鸡，很容易通过体型外貌区别开来。虽然不同群体的生产性能受饲养条件、饲料营养和鸡群健康状况影响可能有较大差异，但配合力测定和中试饲养结果表明新杨黑羽蛋鸡整齐度好。

（三）新杨黑羽蛋鸡的制种模式已经获得发明专利授权

发明专利名称为“一种黑羽鸡配套系的制种模式”（专利号为ZL201410357174）。该专利可以最大限度保护新杨黑羽蛋鸡的制种方法，避免未经系统选育过的贵妃鸡与洛岛红鸡配种冒充新杨黑羽蛋鸡，造成生产混乱。

二、与其他品种或配套系的区别

新杨黑羽蛋鸡商品代外貌特征类似于“土鸡”，蛋壳颜色与蛋重类似于“土鸡蛋”。该配套系的市场定位主要是弥补目前市场上主流粉壳蛋鸡存在的缺陷。配套系集成了蛋鸡“耗料少、产蛋多、蛋价高、不易生病、淘汰鸡价高”等生产者希望的蛋鸡新品种特点。

（一）体型外貌区别

配套系体型外貌特征包括毛色（黑麻羽）、头毛（毛头）、胫（黑色）、趾（五趾）和体重（成年 1.7kg）等都与国内“土鸡”概念一致，而又与国内的现存地方鸡种相区别。国内黑羽（麻羽）的鸡种没有毛头和五趾性状，有毛头和五趾性状的一般为黄羽鸡种。从国外引进的黑羽鸡种没有毛头和五趾特征。因此，新杨黑羽蛋鸡的体型外貌特征在国内外是独一无二的。

（二）鸡蛋外观区别

现代蛋鸡配套系以蛋壳颜色划分，主要分为褐壳、白壳、绿壳和粉壳蛋鸡；其中粉壳蛋鸡又称为浅褐壳蛋鸡，且不同品种之间蛋壳颜色差异较大。粉壳蛋鸡根据蛋重可分为大蛋型和小蛋型粉壳蛋鸡，根据羽色可分为有色羽和白色羽。褐壳蛋鸡如新杨褐、京红、海兰褐、罗曼褐；白壳蛋鸡如新杨白、海兰白；粉壳蛋鸡如京粉、农大 3 号、海兰灰、罗曼粉等，其中海兰灰和罗曼粉为大蛋型粉壳蛋鸡，农大 3 号为小蛋型粉壳蛋鸡。海兰灰、罗曼粉蛋壳颜色较浅，农大 3 号颜色较深，新杨黑羽蛋鸡粉壳颜色与地方鸡种一致，且蛋重小于海兰灰、罗曼粉和农大 3 号，产蛋前后期蛋重、蛋形变化较小，蛋形偏长（蛋形指数 1.33）。

（三）产蛋性能区别

配套系产蛋性能明显优于地方鸡种。地方鸡种 72 周龄产蛋量不足 250 枚，而新杨黑羽蛋鸡商品代 72 周龄产蛋量一般可达 280 枚以上，测定性能甚至达到 290 多枚。

（四）饲养效率区别

配套系生产使用国内常规笼具（包括叠层高密度笼具）、常规的高产蛋鸡饲料（这一点区别于农大 3 号），就可以获得一般的产蛋量（280 枚）。成年母鸡耗料量 90～95g/d（介于农大 3 号和京红之间），母鸡体型小，单位鸡舍饲养量可比京红、海兰褐等褐壳蛋鸡增加 20%～25%。

配套系还具有超过一般蛋鸡配套系的抗逆性能。3 年多的中试表明，与国内鸡种同场、同舍饲养时，新杨黑羽蛋鸡具有超过现有国内外高产蛋鸡品种的抗逆性，无啄癖，不易惊群。

（五）鲜蛋和淘汰鸡的价值区别

配套系的终端产品包括鲜蛋和淘汰鸡。新杨黑羽蛋鸡配套系不仅具有独特的体型外貌、鸡蛋外观和生产抗逆性能，还具有独特的内部品质，鸡蛋蛋白细腻，口味好；淘汰鸡羽毛齐全，黑羽、黑胫，外表美观。淘汰鸡屠宰后皮下脂肪少、皮薄、口味佳。

三、新配套系的创新性、先进性和意义

（一）配套系的创新性

新杨黑羽蛋鸡配套系利用国外引进鸡种作育种素材，开展配合力测定和纯系生产性能选育提高性能，创造了适合国内蛋鸡品种需求的配套系。本配套系的制种模式国际首创，具有创新性。

①配套系终端父本为贵妃鸡。新杨黑羽蛋鸡育种过程中，将观赏型鸡贵妃鸡品系培育为蛋用型鸡品系。利用贵妃鸡丰富的基因多态性资源，提高了该配套系的抗逆性。

②配套系母系为高产褐壳蛋鸡，饲料效率高，孵化率高，降低了商品代蛋鸡的生产成本，提高了商品代鸡的生产性能。

③将体型外貌和生产性能差异较大的2个品种组合在一起生产配套系，创造性地进行体重、鸡蛋品质和产蛋量选择，是家禽杂种优势理论的再创新。

（二）配套系的先进性

①配套系商品代鸡蛋和淘汰老母鸡的综合市场价格高、生产成本低，符合蛋鸡产业对特色蛋鸡的品种需求，易于推广。

②配套系商品代体型小，单位饲养面积比一般褐壳蛋鸡小20%，可提高饲养密度10%以上；饲料消耗减少10%以上，每枚鸡蛋的生产成本降低10%以上。

③无须特别的饲养笼具或专用的饲料配方，可常规饲养。

④开展了配套系纯系蛋鸡的鸡白痢沙门氏菌病、鸡白血病和鸡毒支原体病的净化工作，净化结果达到国家标准，提高了配套系各代次鸡的健康水平。

（三）配套系的意义

1. 产业意义　新杨黑羽蛋鸡的选育，可以有效弥补国内现有主流粉壳蛋鸡品种存在的缺陷或不足。中试推广结果证实了新杨黑羽蛋鸡适合目前国内粉壳蛋鸡市场的需要，无论在满足生产者还是消费者的需要方面，都提供了良好的蛋种鸡来源，既满足了市场对母鸡羽色的要求，又能提供优质口味的鸡蛋。新杨黑羽蛋鸡能够适应规模化生产条件，产蛋性能优于地方鸡种，能够提高优质口味鸡蛋的生产效率。商品代的抗逆性能强，为面对疾病挑战的蛋鸡场提供了蛋鸡品种解决方案。饲养于存在易感品种蛋鸡的地区、鸡场或鸡舍时，新杨黑羽蛋鸡更能够抵御环境变化导致的疾病，在其他品种死亡或产蛋率下降时，新杨黑羽蛋鸡不易出现死亡或死亡率较低，或可保持产蛋率稳定。

2. 科学意义　新杨黑羽蛋鸡为研究配套系育种和蛋鸡产蛋性状的分子标记研究提供了较好的素材。该配套系表现了强大的杂种优势。虽然不同品种杂交的大部分组合都有杂种优势，但新杨黑羽蛋鸡品种间的杂种优势更明显。除了成活率具有优势外，产蛋量和开产日龄的杂种优势更明显。配套系商品代的高峰产蛋率接近高产蛋鸡，开产日龄比两个亲本品种少 7～14d。

另外，新杨黑羽蛋鸡的贵妃鸡品系育种为贵妃鸡的品种保护和利用创造了有利条件。贵妃鸡来源于欧洲，但目前在欧洲的饲养量很小。国内贵妃鸡主要以肉用为主，新杨黑羽蛋鸡的选育为以贵妃鸡为亲本的配套系选育提供了较好的育种范例。

第七节　推广应用

一、市场推广

按照“素材筛选→配合力测定→中试→选育→审定→推广”5 个步骤，新杨黑羽蛋鸡配套系在 2015 年通过国家审定后，开展了广泛的推广应用工作，并取得较好的示范效果。

（一）推广应用的范围

2012 年以来，已经在上海、江苏、浙江、安徽、山东、湖北、河南和福建等 26 个地区推广应用，经历了不同季节和不同规模饲养条件的检测，证明新杨黑羽蛋鸡可以在高产蛋鸡和地方鸡种的生产条件下饲养，适合笼养、平养和散养等饲养模式。总体生产性能分析表明，任何一种饲养方式都可以取得比同类鸡种更好的生产水平或综合经济效益，且笼养产蛋率明显地高于平养和散养。

在炎热季节和寒冷季节，新杨黑羽蛋鸡的生产性能稳定、高产，一些鸡场中新杨黑羽蛋鸡商品代的生产性能高于普通高产蛋鸡。

（二）推广应用的条件

新杨黑羽蛋鸡可以在任何高产蛋鸡可以生产的条件下饲养，也可以在大部分地方鸡种可以生产的条件下饲养。在配合饲料饲养的条件下，表现出比其他饲养条件下更重的体重和更高的产蛋量。在较好的生产条件下，新杨黑羽蛋鸡能够表现出更好的生产性能。“好料产好蛋”同样适用于新杨黑羽蛋鸡，保证育成期营养，是新杨黑羽蛋鸡持续90%产蛋率的保障。

与其他畜禽品种生产一样，生物安全是保障新杨黑羽蛋鸡稳定生产的关键。尽管新杨黑羽蛋鸡比其他品种的抗逆性强，该品种蛋鸡依然需要较好的隔离条件。

二、生产技术集成示范

在推广过程中，集成了以下11项蛋鸡生产技术，以提高饲养管理水平。

1. 优质雏鸡全套技术　从新杨黑羽蛋鸡的选育、饲养、净化、孵化和雏鸡运输过程，提高雏鸡的品质。其中，饲养技术和净化技术适用于所有蛋鸡生产过程，孵化技术和雏鸡运输技术适用于所有种鸡生产过程，选育技术适用于上海家禽育种有限公司蛋鸡配套系的生产过程。

2. 鸡场建设技术　根据南方高温高湿的气候特点，在鸡场选址、鸡场布局、鸡舍建筑材料选择和饲养设备等方面考虑到夏季防暑降温的需求，主要适用于淮河以南地区。

3. 夏季蛋鸡饲养管理技术　夏季炎热，为减少新杨黑羽蛋鸡热应激，除了需要科学建设鸡场、调整饲料配方外，还需要在蛋鸡管理上给予特别的重视。夏季蛋鸡管理技术包括光照管理、防暑降温、及时清粪、洁蛋低温储存等。

4. 夏季饲料配制技术　根据夏季气温高、蛋鸡采食量低的特点，制订特别的配方满足蛋鸡营养需要。重点需要调整氨基酸、维生素和矿物质的水平。一些添加剂能够提高蛋鸡体液酸碱平衡能力，添加后有利于提高蛋鸡采食量，提高鸡的防暑能力。

5. 鸡场隔离技术　是鸡场生物安全的主要内容。在鸡场设计时，需要考虑鸡场的隔离条件；已建成鸡场需要根据生产中存在的问题改建鸡场隔离条件。鸡场隔离技术主要包括保持安全距离，隔离车辆、人员和野生动物，其中隔离野生动物的重点是防鼠。

6. 鸡场消毒技术　目的是消灭散布于鸡场内的致病性微生物，同时切断传播途径，防止致病性微生物的传播和感染。根据紧急程度，可将消毒分为预防性消毒、随时消毒、起始消毒和终末消毒。

7. 提高鸡免疫力技术　免疫力是机体的自我保护能力，是识别和消灭外来侵入的任何异物（病毒、细菌等），处理衰老、损伤、死亡、变性的自身细胞，以及识别和处理体内突变细胞和病毒感染细胞的能力，是机体识别和排除“异己”的生理反应。

鸡的免疫力与鸡的健康状况有一定关系，但并不表示健康状况好的鸡可以依靠自身免疫力抵抗所有疾病。在某些情况下还需要经过循序渐进的疫苗免疫，鸡在面对野毒时才能产生足够的保护力。目前鸡场检测鸡免疫力水平的手段比较少，主要是检测疫苗免疫的抗体，即根据抗体水平评估鸡抗特定微生物的能力。简单方便的抗体检测方法是平板红细胞凝集抑制试验，可以检测禽流感、新城疫和鸡减蛋综合征的抗体水平。

提高鸡免疫力除了科学的疫苗免疫外，更加重要的是做好鸡的饲料营养均衡控制和环境温度、湿度、光照等的控制。免疫和饲养管理“双管齐下”，才能取得较好的效果。

8. 水煮鸡蛋技术　壳蛋消费是新杨黑羽蛋鸡主要的消费方式，其中水煮鸡蛋是营养流失最少也是最方便的消费形式。饲养者每天消费水煮鸡蛋，能从中观察鸡蛋品质，掌握水煮鸡蛋的鸡蛋风味和口味，可以了解鸡蛋生产过程的问题，化解生产风险。水煮鸡蛋使用玻璃盖密封锅较好，敞口锅或盖不严也可以用于水煮鸡蛋。清洗蛋壳表面后放入锅中，放水深 0.5cm（敞口锅没过鸡蛋），水沸腾后密封锅 1～2min 关火，敞口锅 5min 关火。自然冷却剥壳，观察蛋壳、蛋白和蛋黄。蛋壳易碎说明蛋壳强度低，不利于运输；蛋白稀说明蛋清水分高；蛋黄发白说明色素沉积一致性差；蛋白、蛋黄有异味说明鸡不健康或采食了抗生素。

9. 生产小鸡蛋关键技术　为满足对小鸡蛋的市场需求，要从育成期开始控制蛋鸡体重，包括降低目标体重、提前延长光照时间、产蛋期控制饲料量、提高能量蛋白比等一系列措施。生产小蛋的关键是适时提前开产，并通过检测体重控制饲料喂量。

10. 鸡蛋存储技术　鸡蛋从鸡舍到餐桌需要少则 2d 多则 1 个月的时间，鸡蛋的科学储存可保证鸡蛋保持特有的品质。鸡蛋储存技术的关键是鸡蛋的消毒技术和温度、湿度控制技术。

11. 控制鸡蛋暗斑技术　鸡蛋暗斑是在鸡蛋表面的局部或者布满整个鸡蛋表面的一种浅黑色斑点。控制鸡蛋暗斑是一项综合技术，需要从配套系选择、饲料营养和鸡蛋储存方法上协同开展工作。

第二章
配套系来源和特征特性

新杨黑羽蛋鸡配套系包括纯系种鸡、祖代种鸡、父母代种鸡和商品代鸡。纯系种鸡是引进成熟品系后继续选择的系谱群。祖代种鸡包括父本公鸡和母鸡、母本公鸡和母鸡，其中父本来自父本品系，母本来自母本品系。祖代种鸡的主要特征与纯系种鸡完全一致，本章不重复描述，二者的差别是祖代种鸡的选择强度低于纯系种鸡。

第一节　配套系父本

一、体型外貌特征

（一）标准体型外貌

贵妃鸡（本书简称G系），黑白花羽色，初生雏快速羽。球形凤头，黑白胫，多趾，有胡须，体型小，产白壳或浅粉壳蛋。G系体型外貌见彩图2-1和彩图2-2。

球形凤头在鸡品种中较少见，国内具有这个特点的有江西泰和鸡和北京宫廷黄鸡。其中，泰和鸡为丝羽乌骨鸡，球形冠为白色丝羽；宫廷黄鸡为黄羽鸡，球形冠为黄色片羽。贵妃鸡球形冠为黑白花羽。

贵妃鸡的胫色在其他鸡品种中较少见，为黑色与白色相间，黑色表现为黑斑或黑点。而国内大多数品种鸡胫的颜色基本一致，呈黑色或黄色。贵妃鸡与黄胫鸡品种杂交后表现为完全黑色。

贵妃鸡的多趾特征表现为三种形式，第一种是双脚五趾；第二种是一只脚五趾、另一只脚四趾；第三种是有一只脚或双脚为六趾。多趾部分包括两种，一种是多趾与小趾相连接，另一种是多趾与跖骨相连。

胡须特征品种国内有江西泰和鸡、北京宫廷黄鸡和广东惠阳胡须鸡。贵妃鸡的胡须个体比例为70%，育种过程中曾经计划选育纯合，后来一些区域市场反应不喜欢全部胡须的群体，放弃了持续选育。

（二）体型外貌的世代变化

新杨黑羽蛋鸡配套系父本贵妃鸡与标准品种贵妃鸡相比，体型外貌在世代间存在变化。

1. 快羽　初生雏快慢羽在前4个世代出雏时，存在1%的慢羽或疑似慢羽。经过选育在第5世代后普检再未发现慢羽。

2. 蛋壳颜色　在前5个世代，存在约10%的浅褐壳蛋，在第7世代后，蛋壳颜色基本一致，都是较一致的浅粉壳蛋，近白色。

3. 五趾特征　五趾性状在引进之初的前3个世代，有约5%的个体不是五趾，表现为四趾或一只脚五趾一只脚四趾。通过2个世代的选择，表型达到完全五趾。应市场需求，从第6世代开始，不再选择五趾性状，而有意识地保留具四趾性状的个体，降低五趾性状的选择压，四趾表型的个体增加。

4. 黑胫　全部为黑胫纯合体。贵妃鸡黑胫表现与国内其他品种不同，表现为1日龄明显、成年后为白底黑点、50周龄后黑点逐渐消失。贵妃公鸡与洛岛红母鸡配种后后代母鸡全部为黑胫，且母鸡饲养到80周龄依然是黑胫。

5. 胡须　在前5个世代，存在约5%的个体没有胡须，在第6世代都有胡须，胡须的长度也已经基本一致。第8世代后，停止对胡须性状进行选择，后代中出现没有胡须的个体。

二、主要经济性状特性

贵妃鸡标准品种的生产性能较低，经过新杨黑羽蛋鸡配套系多个世代的蛋用性能选择，取得了在经济性状方面较大的遗传进展，具有较好的蛋用性能。通过5个世代的选择，主要经济性状如18周龄体重、公鸡精液量和开产日龄选育进展明显。

（一）生长发育指标

新杨黑羽蛋鸡配套系父本的选择策略是逐步提高贵妃鸡的体重，同时降低体重的变异系数。贵妃鸡体重及其世代进展见表 2-1，体重平均值逐渐提高，体重标准差逐步下降。

1. 平均体重　由于淘汰了早期发育较差的个体，49 日龄和 126 日龄体重每个世代都有所增加，5 个世代体重共提高约 50g。父本平均体重的提高与母本平均体重下降同步进行，保证商品代体重一致。

2. 体重均匀度　贵妃鸡生长发育的选择重点是均匀度。选择体重均匀度是比较难实现的育种目标，详见第四章第四节家系育种法部分内容。由于新杨黑羽蛋鸡的父本与母本的体重相差悬殊，保持贵妃鸡体重的均匀度才能提高新杨黑羽蛋鸡体重的均匀度。5 个世代选择 49 日龄体重的变异系数从 11%下降到 10%以下，126 日龄体重的变异系数从 15%下降到 8%。均匀度选择通过个体选择和后裔测定同时进行，效果较好。

表 2-1　G 系主要生长性状的各世代选育进展汇总

性别	检测性状	世代				
		3	4	5	6	7
公鸡	49 日龄体重（g）	468±62	497±52	506±45	511±38	518±50
	126 日龄体重（g）	1 278±126	1 295±95	1 305±78	1 312±81	1 302±76
母鸡	49 日龄体重（g）	458±52	469±49	475±46	477±43	487±46
	126 日龄体重（g）	958±147	978±98	989±91	1 002±94	1 015±80
	36 周龄体重（g）	1 295±162	1 332±132	1 355±123	1 351±103	1 360±102

（二）孵化指标

贵妃鸡标准品种的孵化指标较低，精液量少，孵化率低。通过多个世代选择，贵妃鸡的精液量和孵化率有了极显著的提高，孵化性能数据见表 2-2 和表 2-3。

1. 精液量　第 4 世代开始精液量的选择留种率低（20%），到了第 5 世代和第 6 世代开始有针对性地开展精液量的选择。在开始配种期、产蛋后期和自留种期间测定精液量。精液量选择需要多次测定，经过 3 次测定，精液量较低的公鸡直接淘汰。在繁殖性状方面精液量易于选择，直接选择有效。

2. 受精率　受精率选择在精液量和产蛋量选择的基础上进行，家系受精率和孵化率低的家系不参加纯系鸡的留种（但可以作为祖代鸡参与生产）。受精率与人工授精操作有一定关系，因此需要对人工授精人员进行培训和管理。通过对3～4批次测定公鸡个体受精率的测定，淘汰受精率低的家系。在自留种时，选择雏鸡数量多的家系是提高综合产蛋率、受精率和孵化率的有效途径。

3. 孵化率　贵妃鸡标准品种的孵化性能较低，可能与贵妃鸡的种蛋较小、孵化量较小或者没有找到合适的孵化程序有关。孵化能力是一项综合指标，涉及精子和卵子结合能力、胚胎的抗病能力和胚胎发育能力。通过对种蛋长期保存后孵化，可以发现孵化能力优秀的公鸡。表2-3是早期研究贵妃鸡孵化的试验数据，显示了在53周龄时，测定种蛋保存28d再孵化，可以获得满足自留种出雏的需要。延长种蛋保存时间，可以提高种鸡孵化率的选择效率。

表2-2　G系主要生产性状的各世代选育进展汇总

检测性状	世代			
	3	4	5	6
开产日龄	185.1±20.1	185.2±17.5	184.0±17.4	182.2±15.3
26周龄精液量（μL）	125±189	152±104	189±98	239±58
36周龄蛋重（g）	41.5±2.1	42.6±3.1	43.5±3.1	43.1±2.5
36周龄蛋形指数	1.43±0.26	1.43±0.15	1.42±0.12	1.41±0.11
308日龄产蛋量（枚）	75.2±15.6	73.1±20.5	75.4±8.0	79.9±7.9
受精蛋孵化率*（%）	75.2±7.5	76.8±6.5	76.6±7.5	78.2±7.2

*受精蛋孵化率以全同胞家系留种时为计算单位。

表2-3　种蛋长时间保存后孵化试验报告

检测性状	孵化批次			
	1	2	3	4
母鸡周龄*	48	53	55	56
受精率（%）	90.3	92.2	91.6	92.50
种蛋收集天数（d）	8	28	11	11
种蛋保存最长天数（d）	10	30	14	12
全同胞家系数量（个）	215	194	204	199
入孵种蛋孵化率（%）	74.3	63.6	65.8	76.20

*母鸡周龄指在种蛋入孵时母鸡的周龄。

（三）产蛋数

贵妃鸡通常被视为观赏禽或小型肉鸡，在被用于建立新杨黑羽蛋鸡配套系

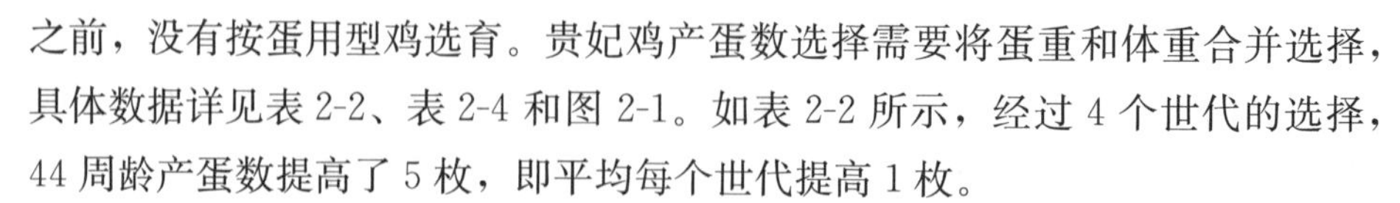

之前，没有按蛋用型鸡选育。贵妃鸡产蛋数选择需要将蛋重和体重合并选择，具体数据详见表2-2、表2-4和图2-1。如表2-2所示，经过4个世代的选择，44周龄产蛋数提高了5枚，即平均每个世代提高1枚。

1. 产蛋数受自然选择因素影响较多　产蛋数受环境条件和鸡自身多个系统的影响，遗传力较低。进入产蛋周期后，一些偶然因素或抗病能力和抗应激能力较差的母鸡及其家系在自然选择中被淘汰，而不能留下后代，一些产蛋数高的基因被自然淘汰，影响产蛋数选择进展。

2. 延长产蛋周期选择贵妃鸡产蛋数有效　利用产蛋前期产蛋数的家系育种值和产蛋后期的个体产蛋数综合选择可以提高产蛋数。第7世代上海贵妃鸡品系19～90周龄的存栏鸡成活率和产蛋数见图2-1和表2-4。72周龄贵妃鸡入舍鸡产蛋量176.8枚，存栏鸡产蛋量187.2枚，高于有记载的贵妃鸡产蛋量。

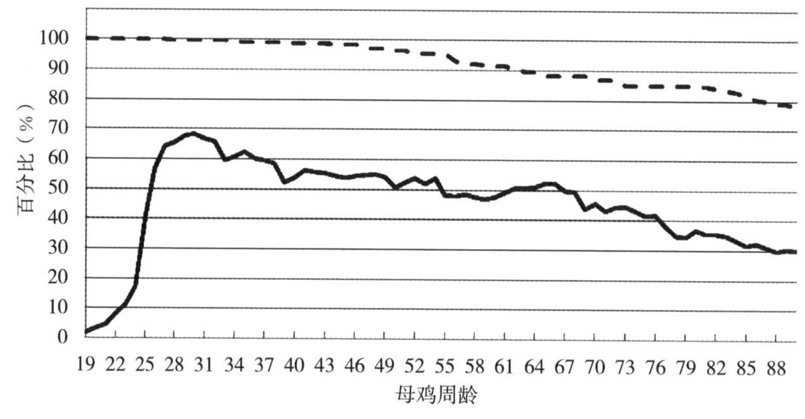

图2-1　第7世代上海贵妃鸡品系的产蛋率和成活率（%）

——存栏鸡产蛋率　　- - 入舍鸡成活率

表2-4　第7世代G系产蛋期生产性能

生产性能指标	周龄					
	25	31	36	53	72	90
体重（g）	1.30±0.128	1.32±0.131	1.35±0.133	1.38±0.135	1.40±0.150	1.43±0.162
蛋重（g）	38.0±2.9	40.0±3.0	43.5±3.1	45.5±2.6	47.3±3.5	49.5±3.8
入舍鸡成活率（%）	100	100	99.0	95.6	87.1	78.1
饲养日产蛋量（枚）	6.1	33.4	55.1	120.0	187.2	228.3
入舍鸡产蛋量（枚）	6.1	33.4	54.9	118.5	176.8	213.3

3. 选择潜力大 贵妃鸡的产蛋性能相当于现代高产蛋鸡纯系鸡的60%，与国内一般地方鸡种和50年前洛岛红鸡的产蛋性能相当，具有较大的选择潜力。90周龄入舍鸡产蛋量213.3枚，存栏鸡产蛋量228.3枚，显示后期产量选择有较大潜力。

（四）蛋重

贵妃鸡蛋重小，36周龄蛋重不足45g，90周龄不足50g，变异系数较小（表2-2和表2-4）。在新杨黑羽蛋鸡配套系选择早期时，并没有对蛋重进行特别选择，但是蛋重却随着世代增加提高了，且蛋重的变异系数也有所提高，这主要是由于选择体重没有同时选择蛋重。

因此，在持续选择体重和产蛋数的同时，需要持续对产蛋后期蛋重进行选择，才能避免蛋重增加过快，蛋重变异系数保持在较低水平。

（五）鸡蛋品质

贵妃鸡鸡蛋品质优秀，是新杨黑羽蛋鸡优质鸡蛋的保证。G系鸡的蛋品质主要指标见表2-5。

1. 哈氏单位 与一般高产蛋鸡商品代和地方鸡种相比，G系鸡的哈氏单位变异系数小。哈氏单位始终比较高是贵妃鸡区别于其他蛋鸡品种的主要特点，也可能是新杨黑羽蛋鸡保持优秀品质的主要原因。对贵妃鸡哈氏单位进行持续选择，有利于保持新杨黑羽蛋鸡优秀的蛋品质。

2. 蛋壳强度 蛋壳强度高，是一般低产母鸡的特点。到90周龄时，G系的蛋壳强度依然有3.5kg/cm²。在市场调查中，新杨黑蛋鸡配套系的蛋壳不易碎，在长途运输时碎蛋明显少于其他品种，这可能与G系鸡蛋壳强度高有关。

表2-5 第7世代G系36周龄和90周龄时蛋品质指标

周龄	蛋重（g）	蛋白高度（mm）	哈氏单位	蛋壳强度（kg/cm^2）	蛋壳厚度（mm）	蛋黄颜色
36	43.5 ± 3.0^B	5.5 ± 0.9	79.0 ± 5.9	4.0 ± 0.8^a	0.31 ± 0.03	8.1 ± 0.8
90	49.5 ± 3.4^A	5.7 ± 1.2	77.8 ± 8.6	3.5 ± 1.1^b	0.32 ± 0.05	8.3 ± 0.8

注：同一列数据上标a、b表示差异显著（$P<0.05$），上标A、B表示差异极显著（$P<0.01$）。

三、经济性能选择潜力

父本需要重点选择的性状主要是针对产蛋量较低和精液量较少的缺点，其中产蛋量选择的潜力较大。G 系的开产时间显著晚于 RA 系和 RB 系，高峰产蛋率也有较大的选择空间。

（一）产蛋性能

产蛋数低是贵妃鸡最大的劣势，落后高产蛋鸡品种 50 年，因此需要对贵妃鸡重点选择的性状主要是产蛋数。

1. 前期产蛋性能　以开产日龄和产蛋后期产蛋数为重点选择指标，选择开产日龄早、总产蛋数多的家系和个体。对个体产蛋数进行统计分析发现，有 0.3%的母鸡在 24～44 周龄平均产蛋率超过 90%，有 5%的母鸡 24～44 周龄平均产蛋率超过 80%。这说明在贵妃鸡群体中存在高产蛋数的基因，只要坚持合适的选择方法，贵妃鸡产蛋数能够达到目前白来航鸡或洛岛红鸡的产蛋数。

2. 产蛋后期产蛋性能　重点选择 55 周龄后的产蛋数，提高配套系父本在纯系种鸡生产中的同步性。贵妃鸡优于洛岛红鸡的一个主要特点是后期鸡蛋的蛋品质好，蛋壳表面光泽度强、蛋壳强度大。贵妃鸡与一般高产蛋鸡相比，优点是后期蛋重稳定，缺点是后期产蛋率较低（约 35%）。但贵妃鸡群体中有 0.15%的个体 55～72 周龄产蛋率高于 85%，这表明贵妃鸡具有后期产蛋率高且蛋品质优秀的基因。通过加强个体记录准确性和选择强度，有望快速提高贵妃鸡后期产蛋性能。

（二）孵化性能

孵化率是贵妃鸡未进行系统选育前存在的主要问题，主要表现为精液量低、与配母鸡数量少和纯系鸡孵化率低。

1. 精液量　贵妃鸡的精液量少是一大劣势，增加了父母代公鸡的饲养成本。相比一般蛋鸡父本，特别是新杨绿壳蛋鸡父本，贵妃鸡的精液量较少，仅是绿壳蛋鸡父本的 50%。精液量的遗传力高，可直接测定精液量，淘汰精液量少的个体和家系，经过 2～3 个世代的选择，精液量可提高 30%，在公鸡群体中有约 10%的个体精液量达到 0.8mL，说明精液量选择还有较大的遗传选择空间。

2. 受精率　受精率因受人工授精操作的影响较大，因此对贵妃鸡进行受精率的选择应以规范的人工授精操作为基础。遗传上的选择主要是选择活胚蛋比例，即测定贵妃公鸡与配母鸡的种蛋孵化 7d 后的活胚胎蛋数占入孵蛋数量的比例（活胚蛋比例），活胚蛋数是入孵蛋数减去未受精蛋数后再减去死精蛋数。

3. 本交能力　贵妃鸡本交能力较差，本交受精率为 85%～90%。本交能力差的原因包括公鸡体型较小、精液量小或雄性能力差。通过个体本交选择，有望提高贵妃鸡的本交能力。

（三）体重均匀度

新杨黑羽蛋鸡体重均匀度较低的主要原因是父本和母本的体重差异较大。因此，提高新杨黑蛋鸡配套系均匀度的主要途径是提高贵妃鸡的体重及其均匀度。在配套系母本体重逐步下降的同时，逐步提高父本贵妃鸡体重是新杨黑羽蛋鸡保持较好体重均匀度的主要途径。

1. 开产前体重　以 18 周龄体重为标志，通过选择 7 周龄体重、13 周龄体重和 18 周龄体重，提高贵妃鸡的体重及其均匀度。既能选择贵妃鸡的饲料利用率，又能提高贵妃鸡的遗传体重。选择体重需要避免体重过大，如何能够纯合有限的贵妃鸡体重有利基因是贵妃鸡早期体重选择的关键，需要结合个体性能、同胞性能和后裔性能，减少贵妃鸡体重基因的杂合度。

2. 提高产蛋后期体重　对留种体重、80 周龄体重等指标进行独立淘汰，淘汰体重过大和过小的个体。母鸡产蛋需要适量腹脂，提高产蛋期后期体重的同时需要避免产蛋后期贵妃鸡腹脂增加过快。建立个体 50 周龄、70 周龄的产蛋量、体重和腹脂评分，提高贵妃鸡产蛋后期的体重及其均匀度。

（四）抗逆性能

抗逆性能是新杨黑羽蛋鸡配套系的优势，经过长期选择后能否保持这项优势，需要在进行其他性状选择的同时，保持抗逆性能的选择。主要性状包括家系成活率、胚胎蛋活胚率和孵化率等重点指标。

1. 鲜蛋保存后检测鸡蛋品质　鲜蛋保存 1 周测哈氏单位也是检测抗逆性能的方法，遭受微生物污染或鸡蛋内营养物质缺乏会导致鸡蛋哈氏单位下降。通过个体、同胞和后裔数据选择优秀的鸡蛋品质，既可对贵妃鸡优质鸡蛋保存能力进行选择，也可对抗逆性能进行选择。

2. 延长种蛋保存时间的家系选择　在保存种蛋时间30d（种蛋平均保存时间20d）时的家系入孵蛋孵化率可达63.6%，比种蛋保存12d的孵化率低11%～12%。贵妃鸡种蛋长期保存依然能保持较高的孵化率，这可能与贵妃鸡鸡蛋的抗微生物能力强有较大关系。利用种蛋长时间保留选择胚胎活力、延长种蛋保存时间测定家系孵化率，可以间接提高贵妃鸡鸡蛋储存品质，提高鸡群的抗病能力。

3. 亚健康期的选择　即在群体遭受微生物感染、营养缺乏或气温变化时，选择依然保持较好产蛋性能和鸡蛋品质的个体。亚健康期保持较好鸡蛋品质的个体和家系通常具有较好的抗逆性能。

第二节　配套系母本

新杨黑羽蛋鸡配套系母本来源于洛岛红鸡，包括RA系和RB系2个品系，其中RA系为父系，RB系为母系。

一、体型外貌特征

（一）主要特征

母本初生雏鸡羽毛为黄色，成年鸡羽毛为红色，也称金色羽。与国内地方鸡的黄色羽不同，母本成年鸡的羽色比黄色羽深。

体型外貌见彩图2-3和彩图2-4。单冠，四趾，中等体型，褐壳蛋。1日龄种母雏慢速羽，金色且背部有3条黑色条纹。

RA系与RB系体型外貌一致，1日龄可自别雌雄，2个品系的个体从体型外貌和体重上不能区分，需要通过佩戴翅号和断趾区别。由于2个品系体型外貌相同，且采用了相同的选择方案，在育种中即使有个别鸡混入对方品系中，对配套系的遗传稳定性影响也不大。

（二）纯系鸡羽色自别雌雄

洛岛红鸡RA系和RB系的背部都有黑色条纹。1日龄雏鸡羽色有两种，一种是背部有3条黑色条纹；另一种没有黑色条纹或仅有黑斑。1日龄黑羽色呈稳定伴性遗传。利用1日龄雏鸡羽毛颜色可以进行雏鸡雌雄鉴别。公雏通常没有黑色条纹，母雏有黑色条纹。

1. 出壳雏鸡背部羽毛颜色选择　为了提高自别雌雄准确性，需要每个世代检查羽色。每个世代留种之前首先翻肛鉴别确认性别，淘汰性别羽色不相符的雏鸡，标记雏鸡翅号和性别饲养至56日龄，淘汰不符合性别标记的个体。选择2个世代后可以不再翻肛鉴别，直接依据羽色标记性别，56日龄淘汰不符合性别标记的个体和家系公鸡。各世代的羽色进展见表2-6和表2-7，在第20世代羽色雌雄鉴别准确性达到了99.5%。

表2-6　RA系1日龄雏鸡背部羽色选择进展（只）

性别	背部黑色条纹	世代				
		16	17	18	19	20
公雏	有	221	161	160	48	2
	无	1 964	2 461	3 200	3 562	3 720
母雏	有	1 928	2 370	3 188	3 488	3 573
	无	191	151	65	35	18

表2-7　RB系1日龄雏鸡背部羽色选择进展（只）

性别	背部黑色条纹	世代				
		16	17	18	19	20
公雏	有	178	113	46	19	1
	无	2 052	2 154	2 277	2 391	2 380
母雏	有	2 009	2 066	2 201	2 304	2 189
	无	151	116	52	19	2

2. 背部羽毛颜色的遗传稳定性　通过4个世代的持续选择，羽色雌雄鉴别率达到99.9%，羽色鉴别成为母本出雏的一般流程，每个世代不需要再翻肛鉴别雌雄，直接根据背部羽色自别雌雄。但自留种时，依然需要通过翻肛鉴定，确定羽色与性别的一致性，并淘汰不一致的家系。

（三）杂交后代初生雏羽速自别雌雄

新杨黑羽蛋鸡配套系母本的洛岛红品系初生雏羽速为慢羽。初生雏羽速是配套系商品代雌雄鉴别依据。配套系父本都是快羽，且母本都是慢羽时，配套系商品代才能准确地自别雌雄。洛岛红鸡有快羽品系、慢羽品系和快慢羽混合

品系。新杨黑羽蛋鸡配套系母本使用的 2 个品系都是慢羽品系。

由于基因多样性和基因突变等原因，纯慢羽鸡品系的后代有可能产生快羽或疑似快羽，在留种时需要鉴定每只鸡的快慢羽，每个世代都要淘汰疑似快羽的个体。留种时一般都会检测快羽或疑似快羽的雏鸡，3 000 只母雏出雏时，每个世代淘汰羽速错误的雏鸡数一般在 10 只左右。

二、母本父系的经济性能

母本父系为 RA 系。RA 系作为新杨黑羽蛋鸡配套系母本父系的选择进展主要表现在 1 日龄雏鸡羽色，以及体重、蛋重和产蛋量。RA 系的生长发育性状和产蛋性状选择进展见表 2-8 和表 2-9。

表 2-8　RA 系主要生长性状的各世代选育进展汇总

性别	检测性状	世代				
		16	17	18	19	20
公鸡	49 日龄体重（g）	698±52	703±58	685±45	671±62	678±48
	126 日龄体重（g）	1 895±105	1 889±98	1 875±73	1 854±83	1 836±88
母鸡	49 日龄体重（g）	615±51	601±56	605±49	585±42	594±48
	126 日龄体重（g）	1 432±73	1 428±78	1 403±62	1 392±82	1 385±71
	36 周龄体重（g）	1 982±189	1 956±156	1 923±132	1 901±152	1 900±165

表 2-9　RA 系主要生产性状的各世代选育进展汇总

检测性状	世代			
	16	17	18	19
开产日龄	159.2±15.2	158.6±14.5	157.9±13.6	157.2±13.9
26 周龄精液量（μL）	421±141	401±140	419±139	423±91
36 周龄蛋重（g）	60.6±4.4	61.2±5.0	59.7±4.3	59.2±3.9
36 周龄蛋形指数	1.30±0.11	1.30±0.10	1.31±0.07	1.29±0.05
308 日龄产蛋量（枚）	115.1±10.2	118.7±11.2	121.3±11.9	119.2±11.2
受精蛋孵化率*（%）	76.1±7.8	82.9±7.5	78.6±7.4	79.4±7.8

* 受精蛋孵化率以全同胞家系留种时为计算单位。

（一）生长发育指标

各年龄段的体重在第 19、20 世代都较前面的世代略小。RA 系的蛋重在经过了 3 个世代的重点选择后，每个世代下降约 5g。如表 2-8 所示，RA 系母鸡 18 周龄体重 1 400g，36 周龄体重 1 900g。经过 4 个世代选择，母鸡 18 周龄体重下降 52g，36 周龄体重下降 82g。RA 系的体重总体保持相对稳定，并逐步下降。

（二）产蛋性能指标

产蛋性能不断提高是蛋鸡育种的主要工作之一。RA 系 50%开产日龄 157d，36 周龄蛋重 59g，44 周龄产蛋量 119 枚。纯系鸡留种一年 1 个世代，44 周龄选择优秀家系和个体留种，淘汰低产家系和低产蛋量个体。产蛋性能世代选择有遗传进展，但该性能受环境因素影响较大，表 2-9 为自留种选择时的统计数据。

（三）经济性状选择目标和潜力

RA 系进一步的选择目标是体重均匀度、产蛋量、鸡蛋品质和抗逆性，特别是后期产蛋量。100 周龄饲养研究证明，RA 系依然有进一步提高产蛋量的遗传潜力。通过一些新技术，可以提高 RA 系的抗逆性能和饲料转化效率，提高后期产蛋量。

1. 体重均匀度　为将新杨黑羽蛋鸡父本和母本的体重选择到基本一致，应以 18 周龄体重、留种前体重为重点指标，缓慢降低体重，淘汰体重过大和过小的个体，并与父本协调一致。

2. 产蛋量　继续以开产日龄和总产蛋量，特别是产蛋后期产蛋量为重点指标进行选择，选择开产日龄早、总产蛋数多的家系和个体。

3. 鸡蛋品质　结合疾病净化，选择 RA 系的鸡蛋品质，包括鸡蛋暗斑、哈氏单位、蛋壳强度、后期蛋重，选择鸡蛋品质好的家系和个体。

三、母本母系的经济性能

母本母系为 RB 系。RB 系的遗传基础广，可测定群体大，选择较为容易。RB 系的生长发育和生产性能的选择进展见表 2-10 和 2-11。

（一）生长发育指标

RB 系 18 周龄公鸡体重 1 700g，母鸡 1 400g，各项生长发育指标见表 2-10。通过体重选择，使 RB 系体重逐步缓慢下降，同时提高体重均匀度。

（二）产蛋性能指标

RB系生产性能略高于RA系，44周龄产蛋量比RA系多6枚。RB系的产蛋量向高产选择，蛋重向低蛋重缓慢选择。如表2-11所示，世代间产蛋量逐步提高，开产日龄提前，蛋重下降（第3世代由于健康问题，产蛋量比第2世代低，未表现选择进展）。RB系的蛋重在经过了3个世代的重点选择后，每个世代约下降0.6g。

表2-10 RB系主要生长性状的各世代选育进展汇总

性别	检测性状	世代				
		1	2	3	4	5
公鸡	49日龄体重（g）	672±58	688±52	665±51	669±57	663±50
	126日龄体重（g）	1 857±79	1 847±80	1 823±64	1 803±71	1 760±97
母鸡	49日龄体重（g）	629±47	615±57	598±42	598±45	589±55
	126日龄体重（g）	1 411±69	1 415±77	1 410±69	1 401±74	1 407±78
	36周龄体重（g）	1 973±178	1 957±172	1 963±184	1 897±163	1 860±136

表2-11 RB系主要生产性状的各世代选育进展汇总

检测性状	世代			
	1	2	3	4
开产日龄	156.3±15.2	154.5±15.1	154.6±14.5	152.8±13.8
26周龄精液量（μL）	342±136	353±115	398±107	385±94
36周龄蛋重（g）	60.9±5.2	61.5±3.8	59.6±5.4	58.2±4.6
36周龄蛋形指数	1.28±0.09	1.29±0.08	1.30±0.08	1.29±0.06
308日龄产蛋量（枚）	126.5±20.4	119.2±15.4	125.6±13.1	127.5±12.3
受精蛋孵化率*（%）	78.2±7.9	81.9±8.5	79.3±7.8	82.2±8.1

* 受精蛋孵化率以全同胞家系留种时为计算单位。

（三）经济性状的选择潜力

RB系的主要缺点是抗逆性差。当气温变化发生产蛋率下降时，在3个品系中RB系最敏感，生产性能首先下降。需要进一步加强抗逆性选择，选择发生气温变化时个体的产蛋量性状。RB系的选择方向主要是体重均匀度、产蛋量、后期蛋重和抗逆性能，其选择方法和潜在进展与父本和母本父系相似。

四、100 周龄生产性能测试

高产蛋率和较长的蛋鸡使用寿命是新杨黑羽蛋鸡未来竞争力的重要指标。蛋鸡使用寿命在不断延长，国外蛋鸡品种的使用寿命指标从 72 周龄指标过渡到 85 周龄指标，当前在欧洲出现了 100 周龄生产性能指标，一些品种饲养指南甚至提供了 110 周龄的生产性能指标。新杨黑羽蛋鸡母本中有 2%的个体 100 周龄产蛋量超过 500 枚，且有 20%的全同胞家系的 100 周龄种蛋孵化率超过 90%。

上海家禽育种有限公司测试了 4 个品系（G、RA、RB 和白来航）的 110 周龄母鸡产蛋性能，测定的主要性状包括成活率、存栏鸡产蛋率、孵化性能和 RA 系的鸡蛋品质。数据显示 50～100 周龄后的产蛋性能选择具有较大的潜力。

（一）产蛋性能的潜力

1. 品系间产蛋性能差异较大　测试结果显示，白来航鸡的成活率和产蛋率最高，其次是 RB 系，G 系最低。图 2-2 为其中 RA 系和 RB 系在不同阶段的产蛋率变化。经过 3 个世代选择，洛岛红鸡的 2 个品系产蛋率有较大提高。

2. 品系间抗应激能力有差异，应激造成产蛋率下降　RA 系比 RB 系对环境要求较高，产蛋期间蛋鸡的健康水平是 RB 系产蛋量高于 RA 系的主要原因。100 周龄产蛋期发生了 2～3 次的产蛋率非正常波动。RA 系开产较晚，产蛋后期经历 4 次的死淘率增加和产蛋率下降，而 RB 系鸡仅在 79 周龄时经历产蛋率下降。选择抗应激能力有望提高产蛋性能。

3. 后期选择潜力　由于常规选择侧重于 45 周龄前的产蛋量选择，在 45 周龄前，RB 系产蛋率高于 90%，RA 系尽管发生产蛋率下降，在 45 周龄前产蛋率也比较高。45 周龄开始所有品系的产蛋率都逐步下降，在 50 周龄后 RA 系和 RB 系产蛋率大幅下降。如果开展 50 周龄后的产蛋量选择，对提高产蛋后期产蛋量有重要作用。如何在现有的育种体系平台上开展产蛋后期，特别是 72 周龄后的产蛋量选择，还需要进一步探索。

4. 蛋重控制的潜力　遗传上，蛋重与产蛋数互为遗传负相关。整个产蛋期蛋重变化除了遗传效应外，还取决于饲料营养和蛋鸡的健康状况。一般而言，产蛋后期的蛋重大于产蛋前期的蛋重，但是蛋重并不是总是随着日龄增长而增加，还会受到营养和气候变化的影响。夏季由于采食量下降造成蛋白质摄入不足，个体蛋重会下降。产蛋率下降，饲料采食量或饲料配方没有同步调整时，鸡蛋在输卵管内停留时间延长，个体蛋重也会增加。通过遗传选择蛋重和饲料营养调控控制蛋重有望提高产蛋性能。

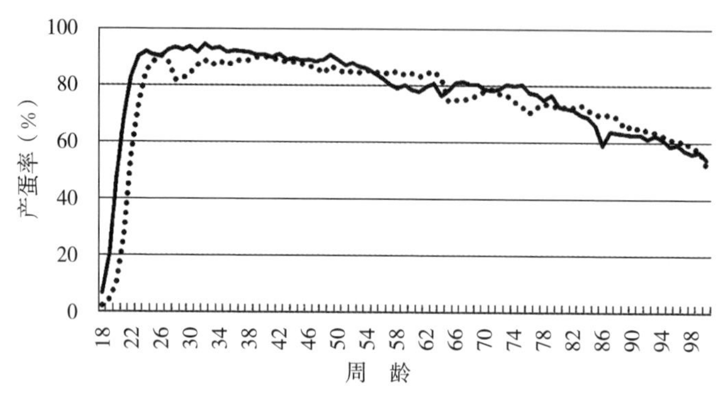

图 2-2　RA 系和 RB 系 100 周龄产蛋率

······洛岛红 A　——洛岛红 B

（二）100 周龄种鸡孵化性能满足留种要求

随着设施蛋鸡产业的发展，延长蛋鸡生产寿命是现代蛋鸡育种的必然趋势。利用 99 周龄种鸡和 47 周龄种鸡开展了产蛋后期性能测定和自留种的前期测定研究。基于直接选择对提高后期蛋重效率更高的理念，测试了 100 周龄种鸡的孵化率，结果见表 2-12。产蛋后期的孵化率因鸡蛋品质下降和种蛋合格率下降而下降。

1. 种蛋合格率　后期种蛋蛋壳质量下降，鸡蛋哈氏单位和蛋黄指数等鸡蛋品质指标都下降。种蛋质量与母鸡的健康水平相关，老年鸡的卵巢、输卵管和子宫部功能都下降是鸡蛋品质下降的主要原因。群体中有约 20%的个体种蛋不符合孵化的要求，但也有约 2%的个体种蛋哈氏单位达到 90。

2. 可孵化种蛋孵化率　产蛋后期的合格种蛋孵化率也较前期下降，但在可以接受的范围之内，孵化率下降 4%～6%，受精蛋孵化率仍在 70%以上。测定发现，RA 系和 RB 系公鸡周龄对种蛋受精率和孵化率的影响不显著。母鸡周龄对受精率和孵化率略有影响，99 周龄母鸡后代的雏鸡比 47 周龄的母鸡后代体弱。表 2-12 是 47 周龄种蛋和 99 周龄种蛋的家系孵化性能及其后代的生长发育性能。虽然老年母鸡的种蛋受精率比中年鸡低，但不影响世代留种。

表 2-12　RA 系和 RB 系不同周龄组合的孵化性能及其后代的早期体重

项目	RA系		RB系	
	47 周龄公鸡×99 周龄母鸡	47 周龄公鸡×47 周龄母鸡	99 周龄公鸡×47 周龄母鸡	99 周龄公鸡×99 周龄母鸡
家系孵化性能				
种鸡数（公/母，只）	30/210	30/208	30/210	30/209
入孵种蛋数量（枚）	1 500	1 500	1 500	1 500
受精率（%）	87.8	91.1	88.7	89.5
受精蛋孵化率（%）	73.6	79.4	84.9	76.4
育雏鸡生长性能				
育雏母鸡数量（只）	300	300	300	300
48 日龄成活率（%）	98.7	99.3	99.0	98.3
48 日龄体重（g）	533.4±34.6	538.1±40.1	545.1±44.8	547.4±48.5

（三）雏鸡生长发育正常

孵化试验表明，100 周龄种鸡蛋孵化的雏鸡体质较 47 周龄种鸡孵化的雏鸡体质弱，但在良好的饲养条件下，老年鸡和中年鸡后代育雏阶段的生长发育没有显著差异。如表 2-12 所示，100 周龄母鸡所产种蛋孵化的雏鸡 48 日龄成活率与 47 周龄母鸡所产种蛋孵化的雏鸡 48 日龄成活率没有显著差异；100 周龄母鸡所产种蛋孵化的雏鸡 48 日龄体重与 47 周龄母鸡所产种蛋孵化的雏鸡 48 日龄体重没有显著差异。

（四）鸡蛋品质选择潜力大

鸡蛋品质随着鸡周龄增加而下降。但在良好的饲养条件控制下，100 周龄鸡的蛋品质可比高产蛋鸡品种一般商品代鸡 72 周龄蛋品质更好。提高后期产蛋性能需要在良好环境控制下进行选择，产蛋量和鸡蛋品质都有较大的选择潜力。

1. 选择可以提高鸡蛋品质　随着周龄的增加，鸡蛋品质会下降。表 2-13 中 100 周龄鸡蛋品质研究使用的鸡群是经过选择的群体，保留了在 52 周龄和 86 周龄蛋品质好的鸡群。到 112 周龄时，产蛋率降到 55%左右，鸡蛋外观质量下降，哈氏单位大于 80。而一般的生产群体或企业标准 60 周龄以后的哈氏单位为 80。通过鸡蛋品质的持续选育，可以延续蛋鸡的经济寿命，降低生产成本。

2. 饲养控制可以提高鸡蛋品质　表 2-13 中 100 周龄鸡蛋品质研究显示，112 周龄内洛岛红 RA 系的蛋重保持在 62g 以内，通过饲养控制可以延缓鸡蛋品质下降。鸡蛋碎蛋率随日龄增加而增加，哈氏单位随日龄增加而下降。而 112 周龄平均蛋重反而低于 86 周龄，可能与蛋重选择有关，或与 112 周龄时有自然停产后刚开产的母鸡有关。

表 2-13　RA 系种鸡的蛋品质

周龄	碎蛋率（%）	蛋重（g）	蛋壳强度（kg/cm²）	蛋壳厚度（mm）	蛋白高度（mm）	哈氏单位
36	0.3	59.7±4.6	3.6±0.6	0.33±0.02	8.2±1.1	90.8±6.2
55	0.56	56.9±3.9	3.4±0.9	0.36±0.04	7.8±0.7	88.4±4.3
86	1.6	61.6±5.5	2.8±1.0	0.33±0.04	6.9±1.7	80.9±12.9
112	2.2	57.6±3.8	3.2±1.0	0.33±0.05	6.7±0.6	82.2±3.9

注：55 周龄、86 周龄和 112 周龄群体是 44 周龄蛋壳强度和蛋重选择后群体，表现为小蛋重。

第三节　父母代鸡

父母代鸡的公鸡是父本的后代公鸡，父母代母鸡是母本父系和母本母系的杂交后代母鸡。父母代公鸡的体型外貌与父本一致，其详细的特征特性参见本章第一节；父母代母鸡的体型外貌与母本品系一致，体型外貌特征参见本章第三节。

一、父母代鸡的体型外貌特征

（一）雏鸡特征

新杨黑羽蛋鸡配套系父母代公雏鸡与母雏鸡体型外貌差异极显著（表 2-14，彩图 2-5）。通过羽毛颜色，可以对各个周龄的父母代公鸡和母鸡进行鉴别。

表 2-14　1 日龄父母代种雏外貌特征

项目	种公雏鸡	种母雏鸡
体重	≥31g	≥35g
主体颜色	黑白花色	黄色、暗红色

（续）

项目	种公雏鸡	种母雏鸡
形态	眼大有神，活泼好动，站立平稳，挣扎有力，叫声清脆响亮，无脱水现象；脐部愈合良好、干燥，而且被腹部绒毛覆盖	眼大有神，活泼好动，站立平稳，挣扎有力，叫声清脆响亮，无脱水现象；脐部愈合良好、干燥，而且被腹部绒毛覆盖
快慢羽基因	快羽	慢羽
背部羽毛颜色	黑色	黄色、暗红色，有3条深褐色条纹
腿部羽毛颜色	黑色	黄色、暗红色
腹部和翅尖颜色	白色	黄色、暗红色
胫部颜色	黑色	黄色

（二）成年鸡体型外貌特征

成年公鸡黑白花羽色，凤头，玫瑰冠。70%公鸡有胡须，无明显肉垂；30%的公鸡无明显胡须，有肉垂。公鸡胫和趾颜色都为黑白花色，日龄越大胫色越白。身体皮肤颜色为白色。70%公鸡为五趾，20%公鸡一只脚四趾另一只脚五趾。

成年母鸡羽毛为暗红色（金色），单冠，没有胡须，胫和身体皮肤颜色为黄色，四趾（彩图2-6）。

二、主要经济性能

新杨黑羽蛋鸡父母代所产种蛋颜色为褐色，蛋形指数1.29～1.32，蛋重50～65g，受精率90%以上，72周龄产蛋量300枚。父母代主要生产性能指标见表2-15，产蛋期性能明细见附表2。主要体重指标与纯系鸡没有差异，父母代母鸡的产蛋性能和成活率优于纯系母鸡。

表2-15　父母代生产性能

性状	饲养阶段	指标
母鸡成活率（%）	0～18周龄	96
	19～66周龄	93～96

（续）

性状	饲养阶段	指标
	19～72 周龄	94～95
公鸡成活率（%）	0～18 周龄	97
	19～66 周龄	94～95
	19～72 周龄	93～94
母鸡饲料消耗量（g/d）	0～18 周龄	6.2～6.5
	19～72 周龄	110～120
公鸡饲料消耗量（g/d）	0～18 周龄	6.3～6.6
	19～72 周龄	110～120
母鸡体重（kg）	18 周龄	1.46
	72 周龄	1.95
公鸡体重（kg）	18 周龄	1.47
	72 周龄	2.00
蛋壳强度（kg/cm^2）	43 周龄	3.6
50%开产日龄		146～148
高峰产蛋率（%）		92～93
饲养日母鸡产蛋数（枚）	66 周龄	265～272
	72 周龄	296～305
入舍母鸡产蛋数（枚）	66 周龄	255～260
	72 周龄	290～297
产蛋期平均受精率（%）	24～66 周龄	91～94
	24～72 周龄	90～94
产蛋期平均孵化率（%）	25～72 周龄	84～86
入舍母鸡产母雏数（只）	25～66 周龄	92～97
	25～72 周龄	100～110

（一）产蛋性能

父母代母鸡为 2 个遗传距离较远的洛岛红鸡品系的杂交后代，具有杂种优势。与纯系 RA 系和 RB 系相比，父母代母鸡的产蛋性能较好，72 周龄产蛋量比母本纯系多 4～5 枚。

（二）成活率

与纯系 RA 系和 RB 系相比，父母代母鸡的成活率较高，同期饲养 72 周龄成活率比纯系高 2%～3%。在感染疾病时，成活率较纯系高 3%～5%

三、孵化性能

良好的饲养管理条件下，新杨黑羽蛋鸡的种蛋孵化性能与一般高产蛋鸡一致。

（一）种公鸡配比数量

新杨黑羽蛋鸡父母代种公鸡较矮，与种母鸡等高，甚至比种母鸡更矮，需要经过较多世代的选择才能够实现规模化本交受精生产商品代，因此新杨黑羽蛋鸡父母代通过人工授精技术生产商品代。父本公鸡的精液量较少，虽然经过了6个世代的选择，精液量有了较多的增加，但种公鸡精液量仍较一般地方鸡种少，因此需要配备较多的种公鸡。

新杨黑羽蛋鸡父母代公母鸡的配比应不低于1∶30。在父母代生产时需要按1∶（15～20）育雏，育成后期淘汰没有发育好的公鸡；开始人工授精时保持约1∶25的配比，其间淘汰精液质量差的公鸡，之后保持1∶（28～30）的比例。

种公鸡数量是保持较高受精率的基础，且公鸡采精应间隔1d以上。公鸡精液质量稳定，80周龄还可以保持较好的精液质量和受精率。

（二）种公鸡饲养笼具

种公鸡笼具需要保证公鸡不能逃出鸡笼，并满足转公鸡群后能及时饮水的要求。

种公鸡较一般高产蛋鸡体型小，在90～100日龄转产蛋鸡舍时，一般高产蛋鸡鸡笼的公鸡笼侧网密度较大，容易从前侧网逃出鸡笼，或从侧网逃到其他鸡笼。设计笼具时需要充分考虑到公鸡特点。使用高产蛋鸡种鸡笼时，转群后先放在母鸡笼中，人工授精前再转入公鸡笼，如公鸡还能逃出，在笼门前固定一个杆。

高产蛋鸡种公鸡笼的饮水乳头较高，新杨黑羽蛋鸡种公鸡100日龄前的体型较小，一些公鸡可能喝不到水，因此需要引导公鸡跳起来饮水，或直接将公鸡留在母鸡笼饲养，待22周龄后再转入公鸡笼，将公鸡笼位还给母鸡。

（三）性成熟调控

父母代同期饲养时，公鸡性成熟较晚。母鸡产蛋率90%时，公鸡的精液量还不能满足人工授精要求，需要继续饲养2～3周才能人工授精。经过4个世代选择后，公鸡性成熟时间略有提前。

可以通过饲养控制措施将公鸡性成熟时间提前，以便在母鸡种蛋合格时能够开展人工授精。多批次父母代生产在保障生物安全的前提下，提前2～3周育雏公鸡，可以提前进行人工授精。但大部分种鸡场是大鸡舍，保温和免疫程序不一致，分批育雏存在生物安全隐患。

父母代种公鸡和母鸡同期饲养时，可以通过调群、光照时间控制和饲料营养控制调控性成熟。

1. 独立的调群方案　降低公鸡密度，调群时总是转体重较小的公鸡。较小的密度可以降低公鸡的攻击性，促进生长发育。父母代鸡转群时，实行分别转群。母鸡转群后，公鸡继续单独饲养3～4周，增加饲喂量，延长光照时间。

2. 公鸡光照时间控制　在13周龄后，密闭鸡舍公鸡光照增加1h，并逐步增加到14h。母鸡光照时长超过14h后，再转入公鸡。开放式鸡舍可将公鸡饲养于阳面靠近窗户的位置，日照时间不足12h的，12周龄后将公鸡的光照时间调到12h，13周龄后增加1h，逐步调整到14h。

3. 母鸡光照时间控制　推迟母鸡开产时间1～2周。详见第八章饲养管理技术部分内容。

4. 饲料营养控制　公鸡饲料的蛋白质需要低于母鸡，粗蛋白质15%～15.5%有利于提高精液品质，低于母鸡16%～17%的粗蛋白质水平。维生素E有利于性成熟，饲料中增加维生素E的含量可提高精液品质。使用相同预混料时，公鸡饲料中补充富含维生素E的饲料添加剂，能够提高精液量和受精率。

（四）胚胎发育

良好的种鸡饲养管理条件下，新杨黑羽蛋鸡可获得较高的受精率和胚胎成活率，受精率可达98%以上，胚胎成活率可达99.5%以上。良好的活胚率取决于种蛋营养、种蛋保存和适宜的孵化条件。

（五）雌雄鉴别

新杨黑羽蛋鸡通过快慢羽进行雌雄鉴别，初生雏快羽是母雏，初生雏慢羽是公雏，母雏比例48.5%～49.9%。正确的鉴别方式下，鉴别正确率可达

99.9%。但由于人工鉴别快慢羽会出现视觉误差，人工羽速鉴别时，雌雄鉴别正确率98%～99%。

第四节　商品代鸡

新杨黑羽蛋鸡配套系的核心竞争力主要靠商品代鸡的特征特性体现。新杨黑羽蛋鸡具有独特的体型外貌、饲养效率、鸡蛋品质、老母鸡品质和较高的产蛋性能。

一、体型外貌特征

（一）初生雏鸡

商品代雏鸡的外貌特征为全身被黑色绒毛，腹部和翅尖为白色绒毛，快慢羽自别雌雄，母雏为快速羽，公雏为慢速羽。新杨黑羽蛋鸡配套系商品代雏鸡具有独特的体型外貌（表2-16），与地方鸡种和已经育成的其他配套系鸡种具有极显著的差异。

表2-16　1日龄商品代母雏特征要求

项目	要　求
体重	≥30g
形态	眼大有神，活泼好动，站立平稳，挣扎有力，叫声清脆响亮，无脱水现象
脐部	愈合良好，干燥，而且被腹部绒毛覆盖
绒毛	清洁、干爽
免疫要求	已注射马立克氏病疫苗
母雏外貌特征	除腹部和翅尖外，全身黑羽，黑胫
鉴别方式	羽速鉴别，母雏快羽，公雏慢羽
鉴别率	高于99%

（二）成年母鸡

成年母鸡为黑色羽毛（彩图2-6和彩图2-7），夹带黄黑麻羽或黑白麻羽，其中黑羽为基色，占主导地位；群体中60%以上为全黑羽个体。商品代全部为黑胫，凤头，80%个体有五趾，详见彩图 2-6。商品代鸡体型小，耗料量低，淘汰鸡肉质好，屠宰后躯体白皮肤，胫黑色，外观较好，市场销售价格高。

新杨黑羽蛋鸡商品代的冠为单叶冠，叶后端分叉，区别于一般的单冠。与白来航鸡相似，新杨黑羽蛋鸡商品代的冠也为倒冠。

二、经济性能

商品代鸡具有强大的杂种优势，产蛋率高，且与一般高产蛋鸡配套系商品代比较，具有较强的抗逆性能和抗病力。

（一）市场信息反馈

1. 较强的抗病力　主要来自饲养者的反馈，没有严格的试验鸡场测试数据支持。

①具有较强的抵抗球虫病、传染性法氏囊病和传染性喉气管炎病能力，同等条件下死亡率低于高产褐壳蛋鸡。

②具有较强的抵抗传染性支气管病的能力，同等条件下发病率低于高产褐壳蛋鸡。

③在天气或温度变化时，产蛋率相对平稳、下降少。

④在江苏和安徽一些生产设备设施条件较差的鸡场，生产性能稳定。

2. 性情温驯　相对于一般地方鸡种，新杨黑羽蛋鸡性情温驯，能够习惯于饲养员饲喂，不易惊群。要注意的是，新杨黑羽蛋鸡的性情温驯是相对的。穿陌生衣服初次进入或陌生声音初次传入鸡舍，新杨黑羽蛋鸡仍会有恐惧表现。相同的刺激再次出现时，鸡群会有记忆，不会再次发生惊群。在放养的条件下，由于饲料缺乏某些营养成分，新杨黑羽蛋鸡会发生啄羽，但相比国内地方鸡种或高产蛋鸡，新杨黑羽蛋鸡对饲料营养成分缺乏的耐受性较强。

3. 鸡蛋品质好　鲜蛋蛋壳清亮，粉壳，“好看”。熟鸡蛋蛋白细腻，“好吃”。新杨黑羽蛋鸡被市场接受源于其受市场认可的蛋壳颜色、光泽度和蛋壳强度。这些指标的优点使得新杨黑羽蛋鸡鸡蛋在市场上受到欢迎。其实，更重要的指标是新杨黑羽蛋鸡鸡蛋比一般特色鸡蛋口味都好。

4. 老母鸡卖相好　淘汰老母鸡黑羽、黑胫，羽毛比其他鸡种完整，鸡皮薄，皮下脂肪少，“卖相好”。新杨黑羽蛋鸡淘汰老母鸡相对于其他特色鸡来说，皮下脂肪含量更低，肉质更嫩而“有嚼头”。

（二）主要经济技术指标

新杨黑羽蛋鸡商品代鸡没有就巢性，因此比一般的特色蛋鸡有更高的成活率。高峰期产蛋率一般可达90%以上，80%以上产蛋率维持6个月以上。在生产管理较好的鸡场，高峰期产蛋率可达94%以上并维持4周，90%以上产蛋率可达3个月。

饲养工艺对新杨黑羽蛋鸡的产蛋性能影响较大，一些生产性能未能充分发挥的鸡场主要原因为饲养密度高和饲料质量差。商品代鸡生产性能和鸡蛋品质见表2-17，每周龄产蛋性能见附表3。

表2-17　商品代蛋鸡生产性能

性状	性能指标
生长期	
6周龄体重（g）	365
18周龄体重（g）	1 388～1 404
0～18周龄成活率（%）	98～99
0～18周龄只耗料量（kg）	5.1～5.3
产蛋期	
50%开产日龄	142～144
1～72周龄成活率（%）	93～95
72周龄饲养日产蛋量（HD，枚）	285～305
72周龄饲养日产蛋总重（kg）	14.3～15.6
72周龄入舍母鸡产蛋量（HH，枚）	281～299
72周龄入舍母鸡产蛋总重（kg）	14.1～15.1
18～72周龄平均蛋重（g）	49.5～50.5
43周龄体重（g）	1 560～1 730
72周龄体重（g）	1 630～1 780
21～72周龄只耗料量（kg）	31～36
产蛋期饲料转化比	2.05～2.65

三、鸡蛋品质

新杨黑羽蛋鸡蛋小、粉壳，具有地方鸡种的蛋形。

鸡蛋品质受饲料营养、饲养环境和鸡蛋保存条件的影响较大。饲料营养越全面，鸡蛋品质越好；饲养空气质量越好，鸡蛋品质越好；产蛋高峰期鸡蛋品质优于产蛋后期；新鲜鸡蛋优于保存时间长的鸡蛋，低温保存的鸡蛋品质优于常温保存的鸡蛋品质。

（一）鲜蛋品质

新杨黑羽蛋鸡商品代鸡蛋品质指标见表 2-18。随着鸡年龄增加，鸡蛋重量增加，蛋壳厚度下降，哈氏单位下降，蛋黄比例下降。

表 2-18　新杨黑羽蛋鸡鸡蛋品质

项目	33 周龄	43 周龄	70 周龄
蛋重（g）	48～50	50～53	51～55
蛋壳颜色	粉色	粉色	粉色
蛋形指数	1.32～1.34	1.32～1.34	1.32～1.34
蛋壳厚度（mm）	0.32～0.38	0.33～0.38	0.32～0.35
蛋壳强度（kg/cm^2）	3.4～3.6	3.2～3.5	3.2～3.4
哈氏单位	84～95	72～89	68～82
蛋黄颜色（级）	7.5～11	8.5～11	7.5～11
蛋黄比例（%）	34～35	32～34	31～33

（二）与海兰褐壳蛋鸡比较

比较在相同的饲料条件、同一栋鸡舍饲养的新杨黑羽蛋鸡和海兰褐壳蛋鸡，测定主要常规鸡蛋品质指标，58 周龄蛋重有极显著差异，58 周龄新杨黑羽蛋鸡鲜蛋的哈氏单位较海兰褐壳蛋鸡高。保存 1 周后，新杨黑羽蛋鸡鸡蛋的蛋白高度显著低于海兰褐壳蛋鸡，其他蛋品质性状如哈氏单位、蛋黄颜色和蛋壳强度等差异不显著（表 2-19）。

表 2-19　新杨黑羽蛋鸡与海兰褐壳蛋鸡鸡蛋品质比较

项目	海兰褐壳蛋鸡	新杨黑羽蛋鸡
蛋形指数	1.32±0.05	1.34±0.05
蛋壳厚度（钝，mm）	0.38±0.03	0.38±0.03
蛋壳厚度（中，mm）	0.39±0.03	0.38±0.03
蛋壳厚度（锐，mm）	0.47±0.03	0.40±0.03
蛋黄干重（g）	14.8±0.8	14.4±0.8
蛋白干重（g）	$12.0±0.9^{A}$	$10.6±0.5^{B}$
	鲜蛋常温保存 1d	
蛋重（g）	$63.0±3.2^{A}$	$51.2±3.2^{B}$
蛋白高度（mm）	$7.1±0.8^{a}$	$7.0±0.8^{b}$
哈氏单位	$83.1±4.8^{b}$	$86.1±4.8^{a}$
蛋黄颜色（级）	9.4±0.4	9.6±0.4
蛋壳强度（kg/cm^2）	3.65±0.74	3.72±0.81
	鲜蛋常温（25～30℃）保存 7d	
蛋重（g）	$62.7±4.3^{A}$	$51.2±3.4^{B}$
蛋白高度（mm）	$4.62±0.93^{a}$	$3.58±0.78^{b}$
哈氏单位	63.1±9.4	58.2±7.5
蛋黄颜色（级）	9.24±0.66	9.3±0.6
蛋壳强度（kg/cm^2）	3.69±0.76	3.36±0.87

注：同行一行数据上标 a、b 表示两品种间差异显著（$P<0.05$），上标 A、B 表示两品种间差异极显著（$P<0.01$）。

四、老母鸡肉质

新杨黑羽蛋鸡表现为与地方鸡种相同的体型外貌，产蛋性能优于地方鸡种，老母鸡的肉质好于高产蛋鸡品种。与海兰褐壳蛋鸡比较，在自由采食条件下，新杨黑羽蛋鸡配套系的腹脂含量低，胸肌嫩度小。

鸡肉品质与饲养环境、饲料营养和饲养鸡周龄有较大关系。为了比较新杨黑羽蛋鸡与海兰褐蛋鸡的老母鸡肉质，笔者团队测定了安徽农业科学院实验动物场饲养的同一批次的海兰褐蛋鸡和新杨黑羽蛋鸡。这批次蛋鸡饲喂了招标的蛋鸡颗粒料，饲养至 55 周龄，随机抽样，各屠宰测定 20 只母鸡。每个品种各取 14 只母鸡的胸肌，委托江苏省家禽科学研究所进行肉质测定。

（一）屠宰性能

新杨黑羽蛋鸡与海兰褐蛋鸡使用相同的饲料饲养在同一栋鸡舍，55 周龄屠宰，测定屠宰性能和内脏器官指标，结果见表 2-20 和表 2-21。

1. 脾脏指数　新杨黑羽蛋鸡的体重、半净膛重、胫长、肝脏重量等都小于海兰褐壳蛋鸡，但是脾脏重量与海兰褐壳蛋鸡差异不显著，且脾脏指数极显著地高于海兰褐壳蛋鸡。脾脏是重要的免疫器官，是免疫细胞富集的场所，健康母鸡的脾脏越大，贮存的免疫细胞越多。新杨黑羽蛋鸡具有较强的抗病能力，与其具有较大的脾脏有关。

2. 盲肠指数　新杨黑羽蛋鸡的盲肠重量与海兰褐壳蛋鸡没有显著差异，但盲肠指数显著高于海兰褐壳蛋鸡，这提示新杨黑羽蛋鸡具有更好的饲料利用效率。

3. 半净膛率　新杨黑羽蛋鸡的半净膛率显著高于海兰褐壳蛋鸡，较海兰褐壳蛋鸡高 9％。

4. 腹脂率　新杨黑羽蛋鸡的腹脂率为 4.2％，显著低于海兰褐壳蛋鸡的 6.1％，较海兰褐壳蛋鸡降低了 30％的腹脂。

表 2-20　新杨黑羽蛋鸡与海兰褐壳蛋鸡屠宰性能及内脏器官测量指标比较

项目	海兰褐壳蛋鸡	新杨黑羽蛋鸡
体重（g）	19 712±225^{A}	1 651±252^{B}
胫长（mm）	92.0±4.0^{A}	86.7±4.9^{B}
半净膛重（g）	1375±140^{A}	1198±186^{B}
腹脂（g）	83.8±48.4^{A}	50.1±23.7^{B}
十二指肠（cm）	28.6±2.3^{A}	26.5±2.4^{B}
空肠（cm）	80.1±7.0^{A}	70.0±7.0^{B}
回肠（cm）	68.9±5.0^{A}	61.7±5.7^{B}
盲肠（cm）	18.7±1.9	18.2±1.6
脾脏（g）	2.3±0.8	2.4±0.8
心脏（g）	8.9±1.2^{A}	7.2±1.6^{B}
肝脏（g）	41.0±8.1^{A}	34.6±5.8^{B}
腺胃（g）	12.3±4.6^{A}	8.7±3.0^{B}

（续）

项目	海兰褐壳蛋鸡	新杨黑羽蛋鸡
肌胃（g）	22.8±3.8^{A}	18.2±4.0^{B}
卵巢重（g）	44.7±14.2	41.0±9.4
输卵管重（g）	68.5±12.2^{A}	50.0±10.4^{B}
输卵管长（cm）	72.1±9.3^{A}	55.2±0.2^{B}

注：同一行数据上标 A、B 表示两品种间差异极显著（$P<0.01$）。

表 2-21　新杨黑羽蛋鸡与海兰褐壳蛋鸡屠宰性能及内脏器官指数比较

项目	海兰褐壳蛋鸡	新杨黑羽蛋鸡
胫长指数	0.047 3±0.006 2^{B}	0.053 4±0.007^{A}
半净膛率	0.669±0.04^{b}	0.727±0.04^{a}
腹脂率	0.061±0.017^{a}	0.042±0.011^{b}
十二指肠指数	0.014 6±0.001 6^{b}	0.016 4±0.002 8^{a}
空肠指数	0.041 1±0.005 4	0.043 3±0.007 9
回肠指数	0.035 3±0.004 3	0.037 8±0.003 93
盲肠指数	0.009 61±0.001 4^{B}	0.011 2±0.001 3^{A}
脾脏指数	0.001 17±0.000 38^{b}	0.001 46±0.000 413^{a}
心脏指数	0.004 522±0.000 63	0.004 34±0.000 6
肝脏指数	0.020 8±0.002 8	0.021 1±0.003 2
腺胃指数	0.006 2±0.002 2	0.005 2±0.001 6
肌胃指数	0.011 6±0.002 0	0.011 1±0.002 5
卵巢重指数	0.022 9±0.007 2	0.025 2±0.006 0
输卵管重指数	0.035±0.006 3^{a}	0.030±0.006 3^{b}
输卵管长指数	0.037±0.006 2	0.034±0.007 7

注：同一行数据上标 a、b 表示品种间差异显著（$P<0.05$），A、B 表示差异极显著（$P<0.01$）。

（二）肉质性能

测定新杨黑羽蛋鸡和海兰褐蛋鸡的胸肌肉质，在相同饲料和饲养条件下饲喂至 55 周龄，取胸肌测定的肉质结果见表 2-22。

1. 新杨黑羽蛋鸡肉质更嫩　肉质测定结果表明，新杨黑羽蛋鸡肉质嫩度极显著低于海兰褐壳蛋鸡，较海兰褐低18%。

2. 胸肌内脂肪含量少　肉质测定结果表明，新杨黑羽蛋鸡胸肌脂肪含量极显著低于海兰褐壳蛋鸡，较海兰褐低7.5%。

3. 胸肌肌肉纤维直径小　使用包埋切片染色测定胸肌纤维直径，新杨黑羽蛋鸡胸肌纤维直径显著小于海兰褐蛋鸡，比海兰褐蛋鸡小6%。

4. 增味物质含量较高　肌苷酸是鸡肉中的增味物质，肌苷酸含量品种内差异较大，新杨黑羽蛋鸡的肌苷酸含量比海兰褐高9%。

表2-22　新杨黑羽蛋鸡与海兰褐壳蛋鸡主要肉质指标比较

项目	海兰褐壳蛋鸡	新杨黑羽蛋鸡
灰分（g，每100g中）	1.32±0.08	1.29±0.03
水分（g，每100g中）	72.00±1.02	71.91±2.00
pH	5.94±0.07	5.92±0.07
嫩度（kg/cm^3）	2.74±0.26[A]	2.25±0.10[B]
胸肌纤维直径（mm）	0.070±0.012[a]	0.066±0.010[b]
肉色L	52.69±2.28[a]	50.00±3.29[b]
肉色a	1.06±0.91	1.38±1.46
肉色b	5.07±1.47	4.19±0.96
系水力（%）	44.76±6.89	42.70±6.24
肌苷酸（mg/g）	1.64±0.26	1.78±0.17
蛋白质（g，每100g中）	23.83±0.78	23.73±0.83
脂肪（g，每100g中）	2.00±0.08[A]	1.85±0.11[B]
棕榈酸（%）	25.23±0.81	25.93±1.51
棕榈油酸（%）	2.26±0.27	2.35±0.21
硬脂酸（%）	8.12±0.70[b]	8.77±0.84[a]
油酸（%）	38.50±1.23	38.90±0.61
亚油酸（%）	25.89±1.0[a]	24.12±2.23[b]

5. 口味较甜　新杨黑羽蛋鸡胸肌的氨基酸含量见表2-23。新杨黑羽蛋鸡胸肌中的具有甜味的甘氨酸和脯氨酸含量显著高于海兰褐壳蛋鸡。

6. 酸味较少　新杨黑羽蛋鸡胸肌中具有酸味的组氨酸含量极显著地低于

海兰褐壳蛋鸡，较海兰褐低13%。

表 2-23 新杨黑羽蛋鸡与海兰褐壳蛋鸡胸肌氨基酸含量比较（g，每100g中）

项目	海兰褐壳蛋鸡	新杨黑羽蛋鸡
天冬氨酸（Asp）	2.02±0.20	2.15±0.22
苏氨酸（Thr）	1.06±0.28	1.01±0.10
丝氨酸（Ser）	0.84±0.07	0.86±0.09
谷氨酸（Glu）	2.76±0.23	2.82±0.29
丙氨酸（Ala）	1.21±0.11	1.23±0.12
甘氨酸（Gly）	0.94±0.10^{b}	1.02±0.10^{a}
缬氨酸（Val）	0.93±0.09	0.99±0.10
蛋氨酸（Met）	0.55±0.06	0.52±0.06
异亮氨酸（Ile）	0.93±0.09	0.99±0.10
亮氨酸（Leu）	1.69±0.14	1.74±0.18
酪氨酸（Tyr）	0.77±0.08	0.72±0.07
苯丙氨酸（Phe）	0.89±0.08	0.88±0.09
赖氨酸（Lys）	1.79±0.18	1.90±0.19
组氨酸（His）	1.06±0.13^{A}	0.92±0.09^{B}
精氨酸（Arg）	1.35±0.11	1.37±0.14
脯氨酸（Pro）	2.50±0.25^{b}	2.73±0.29^{a}

注：同一行数据上标a、b表示两品种间差异显著（$P<0.05$），上标A、B表示两品种间差异极显著（$P<0.01$）。

第三章
鸡的解剖特征和生长发育特点

熟悉鸡的解剖特征是蛋鸡育种、生产和研究的基础。新杨黑羽蛋鸡具有与其他品种配套系相同的解剖结构，也具有其独有的特性和参数。

鸡的各个器官都有其固有的功能。形态结构是一个器官完成生理功能的物质基础，生理功能是器官形态结构的具体表现，而功能的变化又影响该器官形态结构的发展。鸡是一个完整的有机体，任何器官或系统都是有机体不可分割的组成部分。鸡的形态结构是不断发展的，不同的鸡龄、环境、饲养方式和饲养者，都可影响鸡的形态结构。本章介绍新杨黑羽蛋鸡商品代解剖参数及其与经济性能和疾病的关系。

第一节　被皮系统

被皮系统包括皮肤及其衍生物。鸡的皮肤衍生物包括羽毛、冠、肉垂、耳叶、喙、爪、尾脂腺和鳞片等，在第二章体型外貌中已有介绍。鸡的皮肤薄而柔软，易被剥离，解剖时一手提起皮肤，一手持剪刀剪开，方便观察皮下的肌肉和其他器官形态。新杨黑羽蛋鸡的皮肤薄，成年母鸡皮下脂肪少于一般地方鸡种和高产蛋鸡配套系。

一、换羽

羽毛包括正羽、绒羽和纤羽。鸡一生中多次换羽，观察鸡羽毛的生长状况可以了解鸡的发育状况和健康状况，便于及时调整饲料配方和饲养管理方式，提高生产效率，或及时对症治疗，提高成活率。

（一）雏鸡换羽

刚出壳雏鸡除了翅羽和尾羽以外全身覆盖绒羽，翅羽正羽生长长度可提示雏鸡出壳时间；如果正羽的一致性较差，提示孵化温度差异较大或种蛋质量参差不齐。育雏不久后绒羽逐步由正羽替代，35～40 日龄换完，换羽顺序是翅、尾、胸、腹、头。换羽速度与饲料营养、育雏舍温度和雏鸡健康状况有关，换羽越快的雏鸡发育越快。

冬季育雏，没有完成换羽或换羽不完全时，需要暂停换料，且需要持续供暖，提高饲养效率。进雏前先放置有水的饮水器再放置雏鸡，可避免育雏初期羽毛潮湿。育雏期间雏鸡羽毛潮湿提示水位不足或供水不均匀，需要及时调整。

（二）育成鸡换羽

育成期有两次换羽，是鸡生长过程中的第二、三次换羽。第二次换羽在6～13 周龄，换为青年鸡羽，可通过观察育成鸡的羽毛更换情况判断育成鸡的发育水平。换羽按翅、尾、胸、腹、头的顺序，由此可了解育成鸡的生长一致性。根据地面羽毛分布情况，也可掌握换羽的一致性状况，应在第二次换羽结束后尽快将育成鸡转群到产蛋鸡舍。

第三次换羽是 13 周龄到性成熟，换为成年羽。第三次换羽前转入产蛋鸡舍，可减少母鸡应激，提高母鸡产蛋前期的健康水平。第三次换羽后，母鸡羽毛变亮，冠颜色变红，提示母鸡即将开产。

育成期尽量降低光照强度，避免鸡群兴奋，可减少育成鸡啄羽。一旦发生啄羽，需要及时降低光照，移走啄羽鸡，在饲料中添加多种维生素和微量元素，降低鸡群应激反应。

（三）产蛋鸡换羽

产蛋鸡羽毛鲜亮，通过羽毛亮度可了解鸡的健康状况。羽毛暗淡提示母鸡营养不平衡、重要营养物质缺乏或母鸡存在其他健康问题。营养物质不平衡持续一段时间后，产蛋母鸡会代谢性换羽，提示需要及时调整饲料配方，否则换下的羽毛很难再换上，且鸡蛋品质下降，死亡率上升。

母鸡 60～80 周龄，是母鸡第四次换羽。营养供应充分的母鸡换羽晚，在72 周龄依然保持较好的羽毛；营养供应不足的在 60 周龄开始换羽。饲养条件较差的在 60 周龄结束生产周期，及时作为老母鸡销售，可获得较好的经济效益；饲养条件较好的延迟到 80 周龄，可获较多的生产附加值。

二、疾病判断和预测

根据母鸡被皮系统，可预测或判断鸡的疾病，开展针对性治疗和预防。

（一）冠

新杨黑羽蛋鸡商品代的冠为单叶冠，叶后端分叉，区别于一般的单冠。冠的颜色和大小是判别鸡发育程度和健康的关键指标。性发育不健全的母鸡冠色灰白，通过冠的颜色可估计母鸡产蛋日龄。

鸡冠颜色正常为红色，发黄或白提示贫血，肝脏或脾脏出血，球虫感染；鸡冠萎缩、暗红、有白霜提示非典型新城疫；鸡冠或冠尖呈黑紫色提示流感。

（二）鳞片

正常母鸡脚和趾的鳞片有光泽。如鳞片色泽暗淡，提示母鸡存在营养缺乏和其他健康问题。

脚趾鳞片出血或鳞片下出血，提示流感，需要及时开展针对性预防。

脚趾间皮肤裂口、出血提示生物素或泛酸缺乏，需要及时补充多种维生素，特别是生物素和泛酸。

（三）羽毛

1. 羽虱　外寄生虫隐藏在羽毛下面，严重时在羽毛外也可见。翻开颈部、背部、腹部羽毛，观察鸡有无羽虱。

2. 葡萄球菌病　头部、翅、背部、腿部羽毛脱落、出血、溃疡，提示葡萄球菌感染。

3. 肠炎　肛门周围的羽毛被粪便污染，提示肠炎。

（四）皮肤

1. 皮肤颜色　正常皮肤颜色为白色或浅黄色，深紫红色皮肤提示流感，结合病毒分离和RT-PCR检测进一步确认。

2. 皮肤状态　正常皮肤较粗糙。腹部皮肤如变薄、透亮，手压有波动感，提示大肠杆菌感染产生腹水、患有生殖型传染性支气管炎或病毒感染。结合病原培养和PCR检测，可进一步确认。

3. 龙骨　龙骨表面的皮肤肿胀、增厚、手感软，提示滑液囊支原体。结合喉拭子 PCR 检测，可进一步确认。

4. 鸡皮下有突起　提示气囊受损，气体溢出皮下。结合鸡的呼吸道症状确诊，并采取针对性治疗。

第二节　运动系统

一、运动系统的组成

鸡的运动系统包括骨骼和肌肉，占母鸡体重 65%以上。体重和体尺是运动系统的主要衡量指标。

（一）骨骼

鸡骨骼骨质坚硬，大部分骨骼中骨髓被空气间隔（气囊进入骨骼内），形成许多气室，因此骨骼较轻，有利于鸡的跳跃和飞翔。按部位将鸡骨骼分为头骨、躯干骨和四肢骨。躯干骨由脊柱骨、肋骨和胸骨构成。胸骨非常发达，构成胸腔的底壁，又称龙骨。在胸骨腹侧正中有纵行隆起为龙骨突，测量龙骨长度即测龙骨突的长度。胸骨末端与耻骨末端的距离为龙耻间距，耻骨末端的间距为耻骨间距，龙耻间距和耻骨间距可用来估计鸡的产蛋状况。大部分新杨黑羽蛋鸡有 5 趾骨。

（二）肌肉

新杨黑羽蛋鸡的肌肉肌纤维较细，无脂肪沉淀。白色肌肉血液供应少，肌纤维较粗，收缩快。红色肌肉血液供应丰富，肌纤维细，收缩缓慢，作用持久。鸡全身肌肉以白色肌肉为主。最发达的肌肉是胸肌和乌喙上肌（也分别称为胸大肌和胸小肌），是飞翔的主要肌肉，占肌肉总量的近 50%，是生产中肌内注射的主要部位。鸡依靠栖肌抓住栖架。栖肌是家禽特有的肌肉，位于股部内侧，呈纺锤形，以一薄的偏腱向下绕过膝关节的外侧和跖侧，远端并入跖浅屈肌腱内，止于第二和第三趾。

（三）体重和体尺

体重和体尺是蛋鸡重要的生理指标，借此可以了解蛋鸡的生长发育情况，测算蛋鸡的营养需要。在生产中根据体重和体尺的数据，可以评估新杨黑羽蛋鸡的

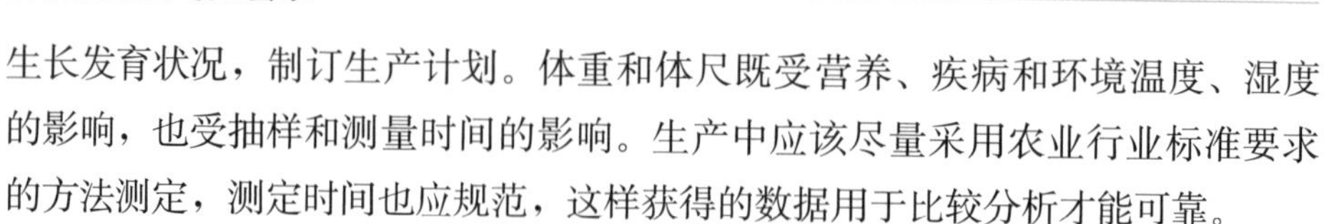

生长发育状况，制订生产计划。体重和体尺既受营养、疾病和环境温度、湿度的影响，也受抽样和测量时间的影响。生产中应该尽量采用农业行业标准要求的方法测定，测定时间也应规范，这样获得的数据用于比较分析才能可靠。

二、体重参数

蛋鸡育雏、育成期活体体重测量方法与家禽行业标准（NY/T 823—2004）相同，即空腹12h称重，在熄灯前将料槽中残余的饲料清扫干净，开灯后称重，可空腹12～14h。进入产蛋期后，采用（15＋1）h光照制度，需要蛋鸡夜间吃料，提高鸡蛋品质。产蛋期应在下午3：00以后称重，此时大部分鸡都已经产蛋完毕，距下次喂料还有1～2h，可以做到每次称重在相同的时间进行。

（一）体重曲线

新杨黑羽蛋鸡育雏、育成期至产蛋的体重抽样结果见图3-1。体重随周龄的增加而增长，直到30周龄停止增长。1～10周龄生长速度最快，体重呈直线生长，每周生长约65.88g。11～18周龄生长速度放缓；19～30周龄生长速度进一步放缓；30周龄后几乎不再生长，新增体重主要是皮下脂肪和腹脂。体重是鸡生长发育和生产的重要指标，每1～3周进行群体的体重抽样测量，有助于了解群体的健康水平。

1. 育雏、育成期称重　体重数据是饲料配方调整和分群的依据。育雏期体重平均值不达标时，需延长高蛋白饲料饲喂天数；育成期体重平均值不达标时，需增加采食量并增加光照时间1～2h（不超过12h）。均匀度低于80%，分群时要特别注意将小体重和大体重鸡分开饲养，小体重鸡每笼少放1～2只，大体重鸡每笼多放1只。转群后，密闭鸡舍小体重鸡放在上层，大体重鸡放在下层。上层笼空气质量较好，有利于促进小体重鸡的发育。开放式鸡舍大体重鸡放在有窗侧，小体重鸡放在中间不透光侧，靠近窗户光照强的母鸡开产较早，中间光照弱的母鸡开产较晚。

2. 产蛋期称重　产蛋期称重主要是要避免母鸡过肥，母鸡保持适当的腹脂有利于保持较高的鸡蛋品质和产蛋率。称重时要轻轻抚摸腹部，感受腹部脂肪沉积情况。腹部过多脂肪提示有脂肪肝，不利于正常生理代谢，在遇到鸡群应激时，母鸡易因肝破裂而死亡。45周龄后，母鸡保持体重均衡是后期产蛋量和鸡蛋品质的重要保证。

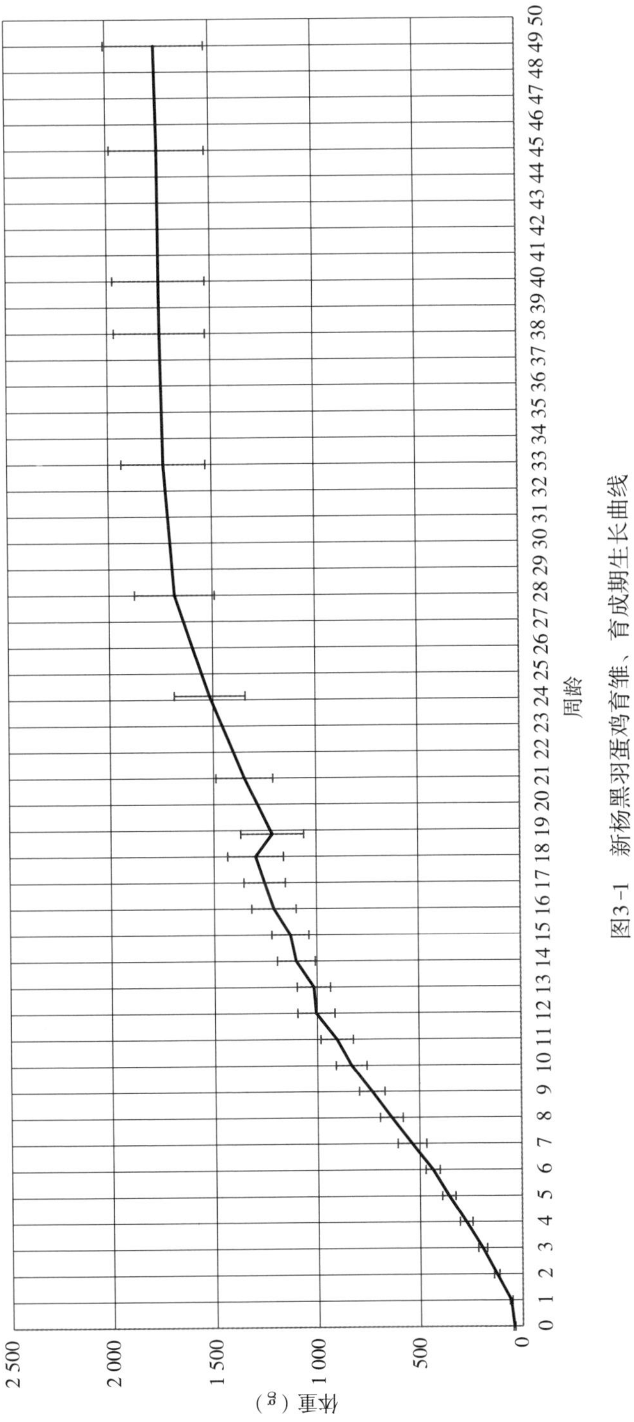

图3-1 新杨黑羽蛋鸡育雏、育成期生长曲线

注：图中误差线为标准差。

（二）体重与其他性状的相关性

新杨黑羽蛋鸡体重与其他性状的表型相关性见彩图 3-1 和附表 4。活体重与半净膛重、肠道重、肝脏重和跖骨长有极显著的相关性。

1. 体重与肌肉骨骼指标的相关性　17 周龄前活体重和半净膛重呈极显著相关，而在 18 周龄后相关性不显著。检测到 12 周龄之前活重与跖骨长呈极显著相关，13 周龄显著相关，而 14 周龄后无相关性，这与跖骨长在 14 周龄后生长缓慢有关。在 14 周龄后骨骼生长缓慢，17 周龄后肌肉生长缓慢，说明 17 周龄前体重的增长主要是骨骼和肌肉的增长，而 18 周龄后骨骼和肌肉的增长缓慢，增加的体重主要是腹脂、输卵管和卵巢。

2. 活重与消化器官的相关性　在 2、4、15 和 16 周龄都检测到活体重与肝脏重极显著相关（$P<0.01$），在第 6～13 周龄也检测到相关（$P<0.1$），说明在育雏期和育成期肝脏发育对蛋鸡的生长发育影响极大。在 4、8 和 10 周龄检测到活体重与肠道重极显著相关（$P<0.01$），在 2、7、9、11 周龄也检测到活体重与肠道重显著相关（$P<0.1$）。检测到一些阶段的体重与十二指肠和空肠长度呈显著相关，而没有检测到体重与盲肠长度的相关性。这说明盲肠的生长发育与蛋鸡体重没有关联。

3. 体重与免疫器官重的相关性　在 11 周龄和 16 周龄检测到脾脏重与活重相关性极显著，在 7 周龄和 15 周龄也检测到相关性显著。仅在 12 周龄检测到法氏囊重与体重相关性极显著。11～12 周龄活重与肠道重和长度无相关性，但与脾脏和法氏囊重极显著相关。该阶段发生了球虫病，这说明健全的免疫系统对蛋鸡体重增长有重要作用。

三、体尺参数

体尺是蛋鸡骨骼发育指标，是辅助评价蛋鸡生产性能的重要指标，早期胫长（趾骨位置，鸡小腿长）与母鸡产蛋量相关。

（一）体尺曲线

新杨黑羽蛋鸡跖骨长和胫骨长的生长发育情况见图 3-2。0～6 周龄，跖骨增长最快，7～11 周龄增长缓慢，11 周龄后几乎停止增长。0～5 周龄胫骨增长最快，6～13 周龄增长缓慢，14 周龄后几乎停止增长。胫骨比跖骨晚 2 周完成发育。

育雏期观察胫长变化有重要意义，通过目测胫骨的生长一致性，可以评估雏鸡的发育，提高雏鸡的生产效率。如果胫骨发育不一致，提示需要及时调整鸡群，降低饲养密度或延长高蛋白质饲料饲喂时间。

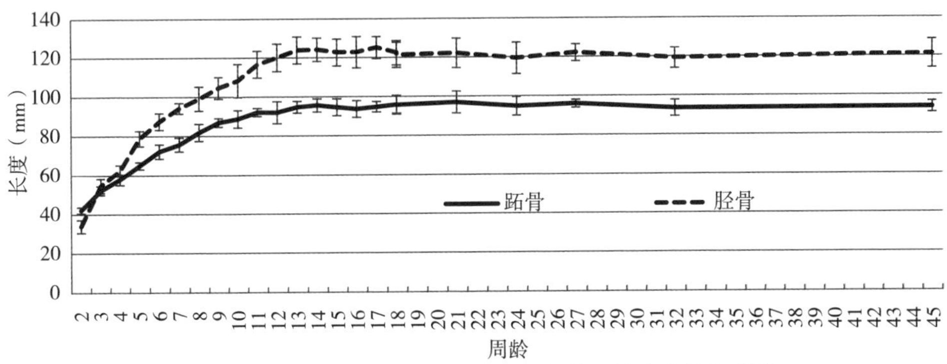

图 3-2　新杨黑羽蛋鸡跖骨长和胫骨长的生长发育情况观察

（二）体尺与其他性状的关系

体尺（跖骨长和胫骨长）与其他性状的相关显著性分析见彩图 3-2、彩图 3-3。体尺与体重相关性极显著，与消化器官和免疫器官发育都显著相关。生产中多以跖骨长作为蛋鸡育成期的重要指标，从相关显著性分析看，15 周龄前跖骨长与蛋鸡肌肉骨骼发育的相关显著性高于活体重。

1. 体尺与肌肉骨骼发育　某些阶段跖骨长与半净膛重相关性极显著。尽管 11 周龄跖骨长就停止变化，但15周龄跖骨长与半净膛重相关性却极显著。跖骨长与半净膛重的相关显著性高于活体重，说明跖骨长与全身骨骼生长具有协调性。

2. 体尺与消化器官发育　跖骨长和胫骨长与肝脏重、肠重、十二指肠长度和空肠长度相关，与盲肠长度无关。说明与体重一致，盲肠与体尺发育相关性不明显。

3. 体尺与免疫器官发育　与体重一样，体尺在 11 周龄和 12 周龄与脾脏重和法氏囊重呈极显著相关。11～12 周龄的体尺发育可估计免疫器官的发育状况。

四、疾病预测

（一）表型观察

母鸡的正常体态是轻松站立，步态稳定，跳跃有力。不能正常站立、行走或跳跃均是母鸡不健康的表现。

①胸骨、腿骨、肱骨等部位皮肤呈青紫色多是骨折造成的，通常在转群或疫苗免疫后1周内发现症状。转群或免疫时要轻拿轻放。产蛋期若发生骨折，则提示骨骼中有机质含量不足。

②不能正常站立，跗关节畸形变宽、变扁，提示锰或氯化胆碱缺乏引起的滑腱症。少量病鸡饲料中添加锰或氯化胆碱观察症状缓解程度可确诊。不能站立与骨骼中矿物质含量低有关，高产蛋鸡需要大量矿物质沉积在蛋壳上，影响矿物质吸收的饲料成分或饲料中矿物质缺乏，都能影响骨骼的硬度，导致站立困难。

③跗关节肿胀、肌腱断裂出血，提示呼肠孤病毒感染，使用RT-PCR鉴定，及时进行呼肠孤疫苗免疫接种。无论本地区是否发生过呼肠孤病毒感染，只要没有完全净化，就应该免疫。

④脚趾麟片出血或鳞片下出血，提示流感。及时无害化处理病鸡群，免疫健康鸡群。

⑤脚垫、跗关节肿胀，用刀剪开肿胀部位有灰白色或黄白色的渗出物，提示滑液囊支原体病（MS病）。PCR鉴定，一旦确诊，全场鸡群抽样检测，及时用抗生素净化。

⑥脚趾间皮肤裂口、出血提示生物素或泛酸缺乏。饲料中添加多种维生素1周后观察，症状缓解后依此调整饲料配方，增加生物素和泛酸含量。

⑦趾爪向内卷曲，不能正常站立行走，提示维生素B_2缺乏。

（二）解剖观察

解剖弱鸡和病死鸡时，需要观察肌肉和骨骼的发育情况。许多运动系统疾病的原因是未知的，需要通过病理解剖和检测，进一步分析病因，对症治疗和预防。剪去肌肉表面的皮肤，剪断肌腱，可剥离出肌肉，露出骨骼。

1. 肌内注射疫苗吸收状况　观察肌肉和骨骼的连接部位，正常状态界面清晰。免疫失败的个体，疫苗注射到骨膜上引起炎症，在肌肉里层可见白色物质。剪开肌肉，正常状态下纹路清晰，如疫苗不能被吸收，可见白色物残留在肌肉中。

2. 肌肉炎症　剪开肌肉，正常状态下纹路清晰，如纹路不清、有液体，提示肌肉炎症。分离炎症中细菌或病毒，研究分析原因。如是细菌感染，可进行抗生素药敏试验，试验性治疗和预防。

3. 骨质疏松　骨质疏松可引起鸡疼痛、驼背、骨折和呼吸困难。剪断股骨，观察骨松质和骨密质的形态，正常情况下骨密质是骨骼外圈部分，密度大，骨松质是内圈部分，骨髓填充于骨松质空隙中，钙贮存于骨髓中，在血钙浓度不足时进入血液，也沉积于蛋壳。发病鸡骨密质变薄，骨髓含量少。长期矿物质营养缺乏，或甲状旁腺激素大量分泌，可导致骨质疏松。全面营养、降低饲养密度、适度运动可避免母鸡骨质疏松。

第三节　心血管系统

心血管系统由血液、心脏和血管组成。

一、血液

血液由血细胞和血浆组成。血细胞有红细胞、白细胞和凝血细胞（血小板）。红细胞有核，呈卵圆形。白细胞包括粒细胞、单核细胞和淋巴细胞。凝血细胞呈卵圆形，有核，较小，参与血液凝固过程。血浆是血液的细胞外基质。血浆的组成极其复杂，包括蛋白质、脂类、无机盐、糖、氨基酸、代谢废物以及大量的水。血浆蛋白是血液中最重要的基质蛋白。血浆的主要作用是运载血细胞，运输维持机体生命活动所需的物质和体内产生的废物等。

一般在翼部的尺深静脉采血，血液自然采集后放置1h能自然凝固，凝固的液体为血清。正常血清颜色为浅黄色，如血清呈红色，提示发生了溶血。溶血不影响凝集试验，但影响某些酶标试验。

（一）血清

血清是血液凝固后在血浆中除去纤维蛋白原分离出的淡黄色透明液体，或指纤维蛋白原已被除去的血浆，主要作用是提供基本营养物质、激素和各种生长因子、结合蛋白、促接触和伸展因子，使细胞贴壁免受机械损伤，对培养中的细胞起到某些保护作用。血清采集后应及时检测。不能及时检测的，应置于－20℃下保存，需要长期保存的应置于－80℃保存。

1. 定期进行特异性免疫抗体检测　通过检测血清中的特异性免疫抗体，

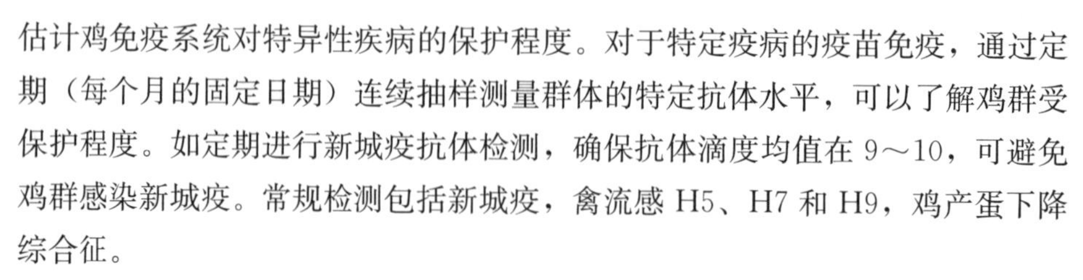

估计鸡免疫系统对特异性疾病的保护程度。对于特定疫病的疫苗免疫，通过定期（每个月的固定日期）连续抽样测量群体的特定抗体水平，可以了解鸡群受保护程度。如定期进行新城疫抗体检测，确保抗体滴度均值在 9～10，可避免鸡群感染新城疫。常规检测包括新城疫，禽流感 H5、H7 和 H9，鸡产蛋下降综合征。

2. 测定抗体水平进行疾病鉴定　通过检测血清中细菌或病毒的特异性抗体，可以分析鸡群感染特异性疫病的程度。如沙门氏菌病、滑液囊支原体病、淋巴白血病等，这些疫病没有针对性的疫苗可以预防，需要种源净化。在发生疑似病例时，通过检测血清特异性抗体，可了解群体的感染程度。

3. 胶冻状血清　收集血清操作不当，易产生胶冻状血清，血清凝固，无法提取血清。采集血清后如果保存温度较低，血清易凝固。将血清置于 37～41℃，血清不易凝固，便于后续操作。

（二）血细胞

红细胞的主要作用是运送氧气，白细胞的主要作用是免疫，血小板的主要作用是凝血。各细胞成分在鸡体内相对稳定。

1. 凝血　在血小板和血液内的凝血因子作用下生成凝血酶，促使血液内的纤维蛋白原转化成不溶性的纤维蛋白，使血液凝固。凝血后的黄色液体为血清。血管损伤后可在血管内外自行凝血，保护血管完整性。维生素 K 可促进凝血，转群和调群前后补充维生素 K，可加快转群受伤鸡痊愈。

2. 血细胞凝集　新城疫、禽流感等病毒能引起红细胞聚集成团，即红细胞凝集。红细胞凝集的实质是红细胞膜上的特异性抗原（凝集原）和相应的抗体（凝集素）发生的抗原-抗体反应。禽流感的 H 蛋白即血细胞凝集素，如 H5、H7、H9 等。动物不同血型血液混合在一起，会出现红细胞彼此黏集成团，也是抗原抗体反应的结果。利用红细胞凝集原理可以检测血清中的抗体滴度。

3. 溶血　细胞破裂造成血红蛋白进入血清，血清颜色变红。体内红细胞破裂与鸡的健康状况相关，溶血性细菌或病毒感染血液，可造成溶血；体外震荡，或血液冻融也可造成溶血。采血后小心混匀，发生溶血的个体重复采集，重复溶血提示鸡感染了溶血性疾病。溶血性链球菌、产气荚膜杆菌、疟原虫等都可引起溶血症状。

二、心脏和血管

心脏位于胸腔内，为中空的肌质器官，呈倒圆锥形，外有心包。根据血管的结构和机能差异，血管分为动脉管、静脉管和毛细血管。动脉管管壁厚，弹性大，是血液导出心脏的血管。静脉管管壁薄，管腔大，是血液引流回心脏的血管，没有血液时，血管常常坍陷，出血时血液呈流水状流出。采集检测血样应采集静脉血。毛细血管连接组织与静脉、组织与动脉，提供营养。

（一）心血管健康

生产中很少关注鸡的心血管健康，但是产蛋后期非疫病死亡的个体50%以上存在心血管问题，停产母鸡有20%存在心血管问题。维护蛋鸡心血管健康应从笼具设计、饲养方式和饲料营养等方面入手。

1. 关注母鸡可走动的距离　笼具设计的一个重要参数是底网面积，每个母鸡的底网面积决定了饲养密度和母鸡的采食位距离。在相同底网面积时，母鸡可走动的距离越长，母鸡心血管疾病发病率越低，母鸡的生产性能越好。1组2m的鸡笼3门的产蛋性能要好于4门，4门要好于5门。

2. 高密度梯架式饲养　梯架饲养是可使母鸡在鸡舍内自由走动、跳跃和飞翔的饲养方式。梯架饲养母鸡发生心血管病的比例极显著低于传统的笼养母鸡，饲料消耗量没有显著差异。

3. 约束自由采食　鸡“为能而食”的意思是鸡能量不足，所以要不断采食。实际上并不是这样。长期生物进化的结果，鸡采食能量除了满足生长需要、代谢需要和生产需要外，大部分鸡还要尽可能贮存能量，用于采食能量不足时的需要，即“库存”。临时库存以血糖形式存在肝脏和脾脏，长期库存以脂肪的形式存在血液、肌肉、皮下和气囊。成年母鸡肌肉、皮下和气囊可见大量脂肪沉积。血液中脂肪过多会影响红细胞进出心脏的速度，影响组织中氧气供给。制订每日采食量计划满足当日的生长需要、代谢需要和生产需要即可。饲喂量需要均衡，不能忽多忽少。在鸡蛋价格较低时，适当降低母鸡采食量，消耗体内过多脂肪，有利于鸡蛋价格上升时获得较高的产蛋性能。

（二）疾病预测

正常心脏表面光滑，肌肉、血管清晰。心脏周围包围一层纤维素性渗出物

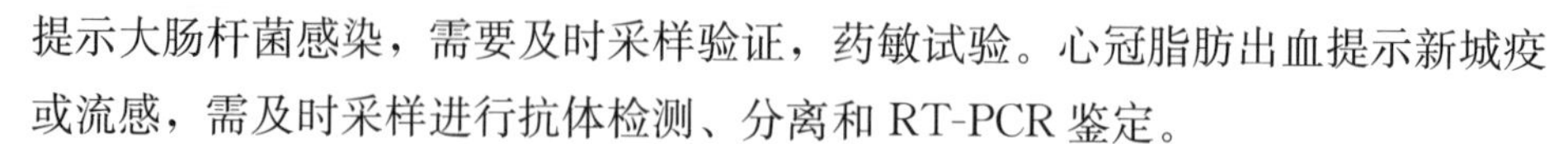

提示大肠杆菌感染，需要及时采样验证，药敏试验。心冠脂肪出血提示新城疫或流感，需及时采样进行抗体检测、分离和 RT-PCR 鉴定。

心脏表面有肿瘤结节提示淋巴白血病或马立克氏病，要及时进行无害化处理。种鸡淋巴白血病净化不彻底易导致鸡场发生淋巴白血病；1 日龄雏鸡马立克氏病疫苗接种失败或效率低，易导致商品代鸡发生马立克氏病。淋巴白血病或马立克氏病都可横向传播，商品代鸡场环境控制技术可影响心脏肿瘤病的发生率，发现淋巴白血病或马立克氏病后及时进行环境控制是减少损失的主要途径。

第四节　呼吸系统

鸡的呼吸系统由鼻腔、咽、喉、气管、鸣管、支气管、肺和气囊组成。许多常见的疫病发生在呼吸系统，并从呼吸系统影响鸡的其他组织器官，如新城疫、禽流感、传染性支气管炎、传染性喉气管炎、传染性鼻炎、鸡毒支原体病、大肠杆菌病等。

鸡的鼻腔较窄，鼻孔位于上喙基部，上缘有膜性鼻瓣，周围有小羽毛防止灰尘等异物进入。咽是消化道和呼吸道交叉部位，喉位于咽底壁舌根后方，喉口与鼻后孔相对，喉腔内无声带。气管长而较粗，相邻气管环相互套叠，便于伸缩颈部。气管与食管并行，入胸腔后在心肌的背侧分为 2 条支气管，分叉处形成鸣管。鸣管是鸡的发音气管，由气管和支气管的几个环和一块楔形的鸣骨构成，鸣骨外侧和内侧有鸣膜，呼吸时振动鸣膜而发声。支气管分别连接左右两肺。肺鲜红色，不分叶，略呈扁平四边形，位于第 1～6 肋之间，背侧嵌入肋间，形成肋沟。气囊是肺的衍生物，鸡有 8 个气囊，气囊所形成的憩室可伸入许多骨内和器官之间，具有储存空气、参与肺呼吸、加强气体交换、减轻比重、散发体热、调节体温和加强发音的作用。病原微生物可在气囊增殖，使气囊发生病变。

一、气体交换相关组织器官

鸡吸进氧气，呼出二氧化碳。氧气和二氧化碳的气体交换主要在肺和气囊进行。

（一）肺

肺的实质由三级支气管、肺房、漏斗和肺毛细血管组成。三级支气管分别是初级支气管、次级支气管和第三级支气管。初级支气管为支气管的延续，纵贯全肺，后端出肺通腹气囊。初级支气管发出四群次级支气管，次级支气管分出许多第三级支气管，第三级支气管呈袢状连接于两群次级支气管之间。从第三级支气管呈辐射状分出肺房，肺房底部又分出若干漏斗，其后形成丰富的肺毛细血管，在毛细血管交换气体。第三级肺毛细血管及其连接的肺房、漏斗、肺毛细血管构成一个肺小叶。

（二）气囊

气囊是初级支气管或次级支气管出肺后形成的黏膜囊，多数与气管相通，容积比肺大 5～7 倍。鸡有 8 个气囊，1 个颈气囊位于胸腔前部背侧，1 个锁骨气囊位于胸前部腹侧，1 对前胸气囊位于两肺的腹侧，1 对后胸气囊位于肺腹侧后部，1 对腹气囊位于腹腔内脏两侧。正常气囊是透明的一层薄膜，观察气囊形态能判断鸡的健康状况。

①气囊呈云雾状轻度混浊，提示大肠杆菌或支原体感染。

②气囊有珠状小点，严重者像炒鸡蛋样、干酪样，提示支原体感染。

③气囊混浊、气囊上的毛细血管清晰可见，提示严重的支原体或大肠杆菌混合感染。

④气囊、胸腔内有灰白色或灰绿色斑块，提示霉菌感染。

二、主要呼吸系统疾病特征

呼吸系统疾病是鸡的高发病，特别是气温变化较大时呼吸系统疾病发生率高。

（一）禽流感

禽流感是由 A 型流感病毒又称正黏病毒感染发病引起的禽类的一种严重的传染性疾病，是国内蛋鸡必须免疫的最严重的疫病之一，包括 H5N1、H9N2 等。

1. 临床症状　典型的禽流感病鸡通常体温升高，呼吸道症状表现不一，可表现为呼吸极度困难、咳嗽、打喷嚏、有啰音，与传染性喉气管炎、传染性支气管炎声音相似。其他症状还包括身体蜷缩、羽毛松乱、冠和肉髯发绀、头和面部水肿、跗关节肿胀、脚趾鳞片出血，有时出现神经症状、排黄绿色稀便

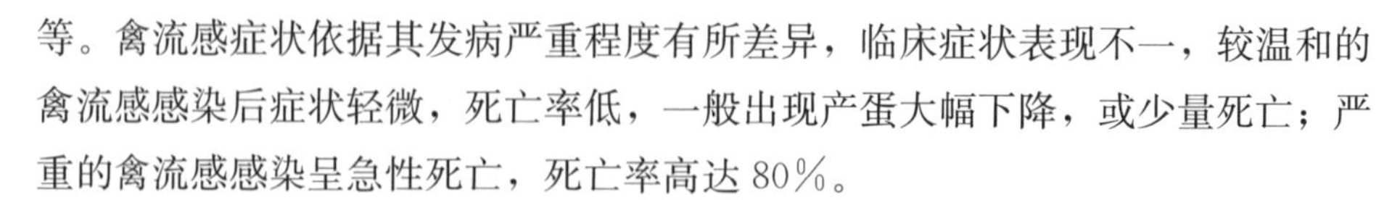

等。禽流感症状依据其发病严重程度有所差异，临床症状表现不一，较温和的禽流感感染后症状轻微，死亡率低，一般出现产蛋大幅下降，或少量死亡；严重的禽流感感染呈急性死亡，死亡率高达80%。

2. 剖检病变　禽流感的病变除了呼吸系统以外，还涉及消化系统、泌尿生殖系统和神经系统。喉头气管黏膜有数量不同的点状出血和带血的分泌物；并发喉气管炎时，气管内有多量带血的黏液，气管黏膜水肿、出血，气管环出血；并发支气管炎时，气管和支气管内有黄白色干酪样物。胸、腹气囊下有干酪样物。腺胃乳头基部出血，并有难分离的灰白色分泌物。胰腺或胰腺边缘出血，有时有半透明的坏死灶。肾脏肿胀，严重者呈花斑状。卵泡出血，输卵管、子宫部水肿、充血、出血，输卵管内有多量灰白色似糨糊样的分泌物；易继发大肠杆菌病，严重者多呈卵黄性腹膜炎，腹腔内有多量灰白、浅黄或卵黄样液状物。当支原体、鼻炎、大肠杆菌病混合感染时，部分病鸡出现肿头综合征。

（二）传染性支气管炎

传染性支气管炎是由冠状病毒引起的鸡的一种急性、高度接触性的传染病。传染性支气管炎包括呼吸型、肾型、生殖型、腺胃型传染性支气管炎4种类型，其中呼吸型和肾型传染性支气管炎多发。

1. 临床症状　鸡突然出现呼吸道症状，经过3～4d呼吸道症状消失，鸡开始不食、精神萎靡，也可见到鼻窦肿胀或流泪。成年鸡感染后，呼吸道症状轻微，伸颈张口呼吸，伏地不食，精神萎靡。

2. 剖检病变　呼吸道卡他性炎症，鼻腔、气管、支气管和鼻窦中有浆液性、黏液性或干酪样分泌物，气管下部及支气管内有淡黄色干酪样栓塞物，病情严重者深入到肺部。

（三）传染性喉气管炎

传染性喉气管炎是由疱疹病毒引起的各种日龄鸡均可感染的急性呼吸道疾病。

1. 临床症状　鸡呼吸困难，努力向前上方伸颈张口呼吸，发出“吼吼”的怪叫声，类似青蛙的叫声。病鸡呈痉挛性咳嗽并咳出带血的黏液或血块。

2. 剖检病变　急性喉气管炎病鸡喉头和气管黏膜肿胀、充血、出血，严重者糜烂、坏死，气管内有多量的血样黏液及血凝块；慢性喉气管炎病鸡喉头、气管内有淡黄色干酪样渗出物。

（四）鸡支原体病

鸡支原体病包括鸡毒支原体病（又称慢性呼吸道病、败血性支原体病）和滑液囊支原体病，两种支原体感染后都可以使用喉拭子检测。

1. 临床症状　病初鸡流鼻液、打喷嚏，后出现咳嗽、气喘、气管啰音。后期鼻腔和眶下窦中蓄积分泌物，则导致眼睑肿胀，流出带泡沫的分泌物。病情严重时眼部突出，似“金鱼眼”样，眼内有一层厚薄不一的灰白色干酪样物，常造成一侧或两侧眼睛失明。

2. 剖检病变　在鼻腔、眶下窦、喉头、气管内有多量灰白色或略带血色的黏液，气囊增厚、混浊，严重时形成卵黄性胸、腹膜炎。眶下窦内积有黏液或干酪样物，剥开肿胀的眼睛可挤出黄白色干酪样物。

（五）新城疫

鸡新城疫是由副黏病毒引起的热性传染病，是20世纪80年代以来受到高度重视的常见病，近年来发病率大幅下降。

1. 临床症状　一般未做过新城疫免疫或免疫失败的鸡群易被强毒株感染，发病率和死亡率高，呈现典型的新城疫感染症状。病鸡呼吸困难，发出“呼噜呼噜”的喘鸣音，口中黏液增多，嗉囊膨大、内充满液体和气体，倒提时口流黏液，鸡表现扭头、转圈的神经症状。病鸡体温高，精神沉郁，食欲下降或消失，排黄绿色稀便，闭眼，缩颈，翅下垂。经过反复新城疫疫苗免疫后再感染新城疫时表现非典型症状，鸡群中发出“咔咔”的叫声，好像喉咙被堵塞后发出的声音。患病时间长的鸡也会出现神经症状。患非典型性新城疫鸡生长缓慢，产蛋率下降，死亡率较低。

2. 剖检病变　典型的新城疫患鸡喉头有出血点，气管环出血，气管内有带血的黏液。嗉囊空虚，充满酸臭味液体或气体，食道与腺胃交界处或腺胃与肌胃的交界处有出血点或出血带；腺胃乳头出血；肌胃角质层下出血；肠道外观可见紫红色、枣核样肿大的肠道淋巴结，剖开肠道可见突出于肠黏膜表面的坏死、溃疡；盲肠扁桃体肿大、出血、坏死；直肠黏膜有点状或条状出血；卵泡液化，腹腔内有浅黄色混浊的液体。非典型新城疫病变比典型新城疫病变轻，喉头气管轻微出血，气管内仅有少量的带血黏液；腺胃仅有少量乳头出血或不出血、乳头间出血或仅见腺胃局部潮红；肠道淋巴结隆起出血；卵泡变形呈菜花状，有时卵泡出现血肿。

（六）禽痘

禽痘是由痘病毒引起的传染病，一年四季均可发生。根据病鸡的症状和病变分为黏膜型、皮肤型和混合型三种，其中黏膜型禽痘较为严重，具有呼吸道症状。

1. 临床症状　黏膜型禽痘在口腔、咽喉、气管黏膜长出痘斑，造成病鸡伸颈张口，呼吸困难，发出类似传染性喉气管炎病鸡的“吼吼”怪叫声。

2. 剖检病变　黏膜型禽痘在口腔、咽喉和气管黏膜表面生成黄白色小结节，稍突出于黏膜表面，以后小结节逐渐增大融合，形成一层黄白色干酪样假膜，覆盖在黏膜上面；严重时假膜增多和增厚，堵塞在口腔和咽喉部，使病鸡呼吸和吞咽受到影响，严重时喙无法闭合。

（七）鸡传染性鼻炎

传染性鼻炎是由副鸡嗜血杆菌引起的一种鸡的急性呼吸道病。

1. 临床症状　感染鸡甩头、流鼻涕，先是流稀薄水样液体，后变成浓稠黏液，同时一侧或两侧颜面水肿，眼睛周围水肿，整个颜面形似盆地。

2. 剖检病变　鼻腔和鼻窦内有多量鼻液，黏膜充血、增厚或有出血点，病程长的可见眶下窦内有黄色干酪样物质。

（八）禽曲霉菌病

禽曲霉菌病是由曲霉菌引起的一种以侵害禽呼吸系统为主的真菌病。

1. 临床症状　张口呼吸，发出沙哑的水泡音。雏鸡减食或不食、不爱走动、翅下垂、羽毛松乱、嗜睡，有些雏鸡可发生曲霉菌性眼炎，在结膜囊内有大量干酪样物。病鸡头颈伸直。

2. 剖检病变　气囊及肺部病变最为常见，肺、气囊、胸腹腔内有小米粒至绿豆大小的霉菌结节。结节呈灰白色、黄白色或黄绿色，有弹性，切开时内容物呈干酪样，有的相互融合成大的团块。肺有大小不一的灰白色小结节，可使肺组织质地变硬、弹性消失。严重感染时，肺上的结节会形成深红色出血性的圆形溃疡斑。有时在肺、气囊、支气管或腹腔内有肉眼可见的圆形霉菌斑，呈中心凹陷的碟状，表面绿色或深褐色，用手拨动时可见到粉状物飞扬。霉菌结节在气管或支气管内形成时，会有灰白色黏液状物渗出。

（九）大肠杆菌感染

1. 临床症状　为继发感染，没有特异性的呼吸道临床症状。由于空气中氨气浓度过高，或禽流感、传染性支气管炎、支原体病等疫病破坏了呼吸道黏膜，大肠杆菌进入血液引起。

2. 剖检病变　正常气囊是透明的一层薄膜。感染鸡气囊呈云雾状轻度混浊，气囊上的毛细血管清晰可见。

第五节　消化系统

消化系统包括消化管和消化腺。消化管包括口咽、食管、嗉囊、腺胃、肌胃、小肠、大肠、泄殖腔、泄殖孔。消化腺包括唾液腺、胃腺、肠腺、胰腺和肝。

鸡采食后饲料从食管进入嗉囊，在嗉囊润湿成食糜，再进入食管，进入腺胃，与腺胃消化液混合后进入肌胃，肌胃内研磨打碎后进入十二指肠，然后进入空肠，在空肠消化吸收，后进入回肠、盲肠和直肠。肝脏分泌胆汁在胆囊储存后进入十二指肠，与胰腺分泌的消化液和肠道分泌的消化液共同消化食糜。消化器官的健康发育对鸡的生长生产有重要意义。

一、结构与功能

（一）消化管

1. 口咽　鸡的口腔和咽没有分界，是相通的，故称口咽。口咽内有丰富的毛细血管，有散热作用。夏季炎热时，鸡张口呼吸散热。

2. 食管　鸡的食管和气管位于鸡颈部右侧皮下，至胸前口处膨大为嗉囊。颈部食管后部的黏膜层内含有淋巴组织，淋巴滤泡称为食管扁桃体。食管与腺胃相连。

3. 嗉囊　食物在嗉囊内停留 3～4h，因食物的性质、数量和饥饿程度不同略有差别。嗉囊可储存、浸泡和软化食物。嗉囊环境适宜乳酸菌生长繁殖。

4. 腺胃　鸡的胃包括腺胃和肌胃。食管末端连接腺胃，腺胃连接肌胃。腺胃位于腹腔左侧，内腔较小，内有较大的乳头。腺胃黏膜浅层内有腺胃浅腺，能分泌黏液；腺胃深腺分布于黏膜肌层，开口于黏膜乳头，分泌盐酸和胃蛋白酶。盐酸可活化胃蛋白酶、溶解矿物质。

5. 肌胃　又称肫、砂囊，位于腹腔的左下侧，共有四块平滑肌，在两侧以腱相连。黏膜内的腺体分泌物与脱落的上皮细胞在酸的作用下形成一层角质层，由于胆汁的返流而呈黄色。给鸡饲喂沙砾，沙砾在肌胃中能够研磨食物，提高饲料消化率。肌胃内容物非常干燥，pH 2.0～3.5，腺胃的胃蛋白酶在肌胃进行蛋白质的初步消化。食物在腺胃和肌胃间可来回移动。

6. 肠道　肠道包括小肠和大肠。小肠包括十二指肠、空肠和回肠。大肠包括盲肠和直肠，鸡没有结肠，直肠也称结直肠。十二指肠位于腹腔右侧，U 形肠袢，分别称为降支和升支，降支连接肌胃，升支连接空肠。两支平行，以韧带相连，在转折处抵达骨盆腔，升支在胃的幽门处到达空肠。空肠以环形肠袢在腹腔绕圈，至卵黄囊憩室延伸为回肠，回肠接口于盲肠和直肠。小肠是食物主要的消化吸收场所，小肠内的消化液有胰液、胆汁和小肠液。胰液由胰腺分泌，呈弱碱性，胆汁呈酸性，小肠液呈弱碱性。小肠运动有蠕动运动、节律性分节运动和逆蠕动。盲肠有 2 条。盲肠沿回肠两侧向前延伸，顺序为盲肠基、盲肠体和盲肠尖。盲肠基黏膜内有淋巴组织分布，称为盲肠扁桃体。盲肠容积大，能容纳粗纤维饲料，盲肠严格的厌氧条件适宜微生物生长。食物在盲肠内存留时间较长，6～8h 才能排出。

7. 泄殖腔　直肠末端膨大形成的腔道是消化系统、泌尿系统和生殖系统的共同通道。两个环形的黏膜褶将泄殖腔分为粪道、泄殖道和肛道。直肠延伸为粪道，泄殖道是泌尿和生殖道的共同开口。

（二）消化腺

1. 唾液腺　鸡的唾液腺发达，分布于口腔、咽黏膜的固有层内，分泌黏液性唾液。唾液呈弱酸性，含有少量淀粉酶。鸡的唾液分泌量多，可迅速采食干粉料或粒料。唾液腺分泌功能调控异常时，不采食也分泌唾液。

2. 肝脏　肝脏位于腹腔前下部，两叶之间有心脏、腺胃和肌胃。肝脏的颜色应为红色，初生鸡雏因吸收卵黄素而变成黄色，成年鸡因储存脂肪而呈黄褐色或土黄色。来自胃和肠等器官的血液，汇合成门静脉，经肝门进入肝脏。血液中的营养被肝脏加工改造或贮存后再流入鸡的其他器官；血液中的代谢产物、有毒有害物，被肝细胞结合或转换为无毒无害物，细菌和异物被枯否氏细胞（固定于肝血窦内的巨噬细胞）吞噬。

3. 胆囊　肝右叶有胆囊，胆囊分泌的胆汁经过胆囊管运送到十二指肠的升支末端。肝脏左叶也分泌胆汁，由肝管直接排入十二指肠。胆汁连续分泌，进食时分泌增加。胆汁含有胆酸盐、淀粉酶和胆色素。

4. 胰腺　胰脏位于十二指肠绊内，淡黄色或淡红色，长条分叶状，胰管开口于十二指肠终部。胰液分泌是持续的，含有胰蛋白分解酶、胰脂肪酶、胰淀粉酶和糖类分解酶。

5. 肠腺　小肠黏膜中的微小腺体，分泌肠液，呈碱性，含有消化淀粉、蛋白质、脂肪的酶（肠淀粉酶、肠麦芽糖酶、肠肽酶、肠脂肪酶等）。

二、胃发育参数

腺胃重、肌胃重的变化曲线见图 3-3，成年鸡腺胃 5g 左右，肌胃 28g 左右。

（一）腺胃

腺胃是饲料进入肌胃前湿润饲料的器官，若发生腺胃炎，将严重影响鸡的采食。腺胃 10 周龄后重量不再增加。腺胃重与其他器官的相关显著性见彩图 3-4。腺胃重量与肝脏重量呈极显著性相关，显著性水平高于腺胃与活体重和半净膛重的相关性。

（二）肌胃

肌胃 12 周龄后几乎不再继续增重。肌胃重与其他器官的相关显著性见彩图 3-5。肌胃重量与肠道的长度无相关性。7 周龄前，肌胃重量与体重和半净膛重无相关性。在 3 周龄、6 周龄和 16 周龄，肌胃重与肠道重呈极显著相关。

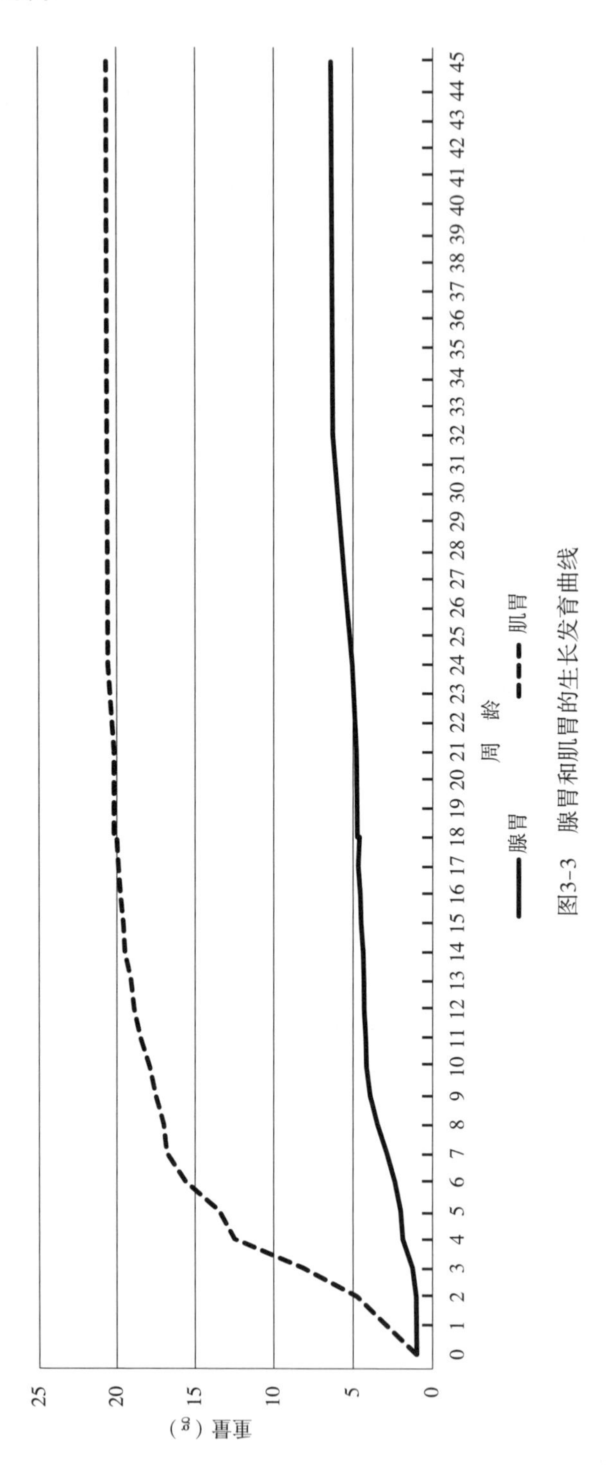

图3-3 腺胃和肌胃的生长发育曲线

三、肠道发育参数

新杨黑羽蛋鸡商品代初生雏鸡肠道总长度 44cm，成年蛋鸡肠道总长度 205cm。肠道生长曲线见图 3-4。新杨黑羽蛋鸡空肠最长，然后依次是回肠、十二指肠、盲肠和直肠。在 2 周龄前，新杨黑羽蛋鸡肠道生长快速，2 周龄后缓慢生长，母鸡开产后肠道继续生长。

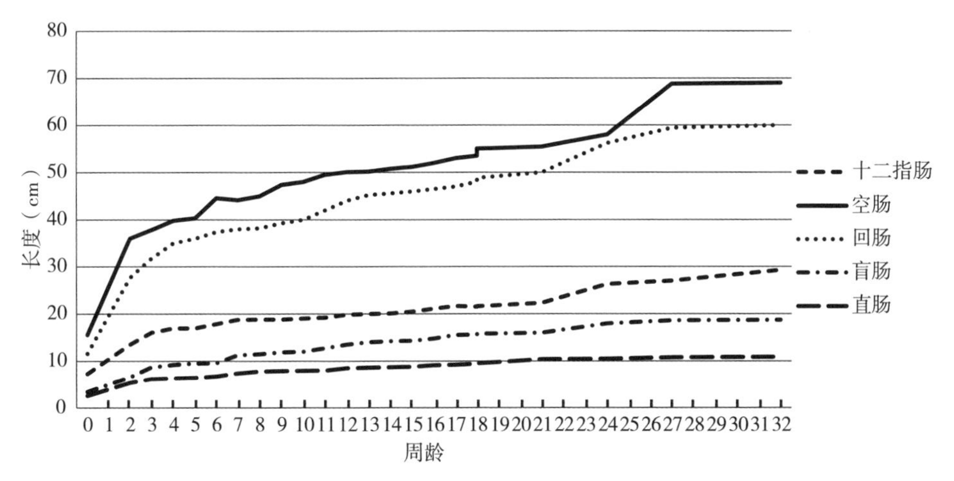

图 3-4 新杨黑羽蛋鸡肠道长度变化曲线

（一）十二指肠

新杨黑羽蛋鸡十二指肠长初生雏鸡 4cm，成年母鸡 30cm。十二指肠连接肌胃和空肠。十二指肠对折后连接空肠。十二指肠两对折通过胰腺连接，内有胰液口、胆管口。

十二指肠长度与其他器官性状的相关显著性见彩图 3-6。十二指肠的生长发育与体重无显著相关性，与跖骨长有极显著相关性。通过跖骨长可以推测十二指肠的发育状况。在消化系统内，十二指肠与肌胃重量、空肠长度和盲肠长度有极显著相关性。

（二）空肠

新杨黑羽蛋鸡初生雏鸡空肠长 16cm，成年母鸡空肠长 68cm。空肠迎接十二指肠来的食糜，在空肠消化吸收，是氨基酸和葡萄糖的主要吸收场所。在空肠没有被吸收的食糜蠕动至回肠。空肠和回肠以卵黄带分界。

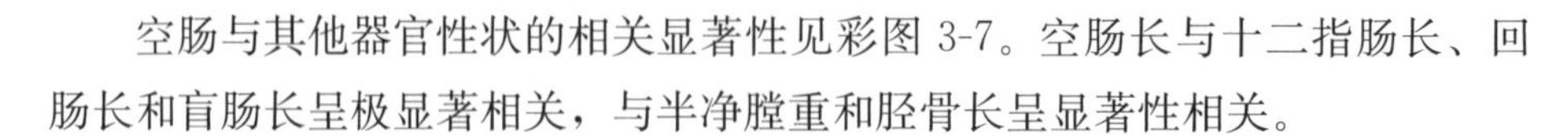

空肠与其他器官性状的相关显著性见彩图 3-7。空肠长与十二指肠长、回肠长和盲肠长呈极显著相关，与半净膛重和胫骨长呈显著性相关。

（三）回肠

新杨黑羽蛋鸡初生雏鸡回肠长 11cm，成年母鸡回肠长 60cm。回肠迎接空肠的食糜，运送到盲肠和直肠。回肠中有丰富的微生物，发酵未被消化的食糜。

回肠与其他器官性状的相关显著性见彩图 3-8。回肠长与空肠长和盲肠长呈极显著相关，与十二指肠长显著性相关。回肠长与体重无相关性，或者说在自由采食饲养模式下，回肠消化吸收的差异化较小，对鸡体重没有贡献。

（四）盲肠

鸡盲肠有 2 个，初生雏鸡盲肠每个长 3cm，成年母鸡盲肠每个长 19cm，2 个盲肠长度不等，长度相差小于 1cm。盲肠内有丰富的微生物，为蛋鸡提供必需的维生素和脂肪酸。

盲肠长度与其他性状的相关显著性见彩图 3-9。盲肠长与多数消化器官的数据呈极显著相关，包括肌胃重、肠重、十二指肠长、空肠长、回肠长和直肠长。这暗示新杨黑羽蛋鸡盲肠的发育能够带动整个消化系统的发育。盲肠与半净膛重和胫骨长无显著相关性，暗示在自由采食条件下盲肠功能差异化较小。

（五）直肠

直肠是鸡最短的肠道。初生雏鸡直肠长 2cm，成年母鸡直肠长 10cm。来自回肠的不能消化吸收的食糜和来自盲肠的发酵产物经直肠排泄。水分在直肠可以被吸收。

直肠长度与其他器官的相关显著性见彩图 3-10。直肠长与盲肠长呈极显著相关，暗示盲肠的代谢产物或盲肠微生物能够刺激直肠的发育。

四、肝胆发育参数

新杨黑羽蛋鸡初生雏鸡的肝胆重 2g 左右，成年母鸡肝胆重 40g。肝胆重量的生长发育情况见图 3-5。11 周龄前新杨黑羽蛋鸡肝胆匀速生长，11～21 周龄肝胆增长缓慢或几乎没有增长，21 周龄后肝胆继续增长，21～33 周龄肝胆增长1倍。肝胆重与其他器官的相关显著性见彩图3-11和附表4。肝脏胆囊的生长发育与体重相关性极显著，10周龄前肝脏胆囊与胫骨长极显著，说明肝脏胆囊的功能极显著地影响蛋鸡的生长发育。

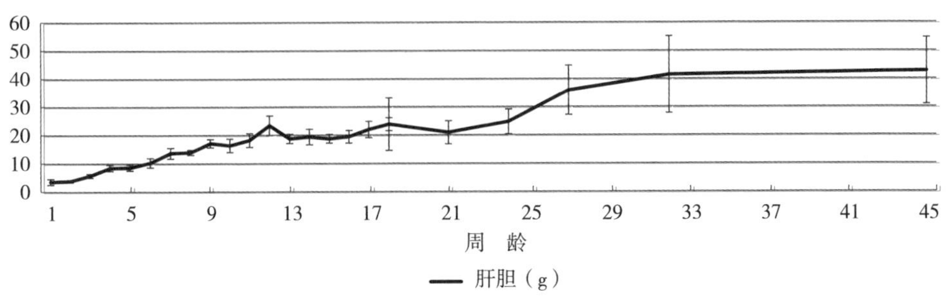

图3-5 肝胆的生长发育曲线

新杨黑羽蛋鸡19周龄时，肝脏和胆囊平均重量开始增加，且变异系数变大，从18周龄的10%～15%增加到20%～30%，21周龄肝脏和胆囊平均重量下降，后逐步增长。这提示开产前饲料成分变化对蛋鸡肝脏和胆囊有较大影响。

五、消化系统疾病

（一）腺胃和肌胃病变

腺胃乳头肿胀，乳头尖或乳头间出血或腺胃黏膜潮红出血，提示新城疫感染；腺胃与肌胃连接处靠近腺胃一侧有出血带，提示新城疫或传染性法氏囊病；腺胃乳头分泌物多，同时乳头基部出血，提示流感；腺胃体积增大、腺胃壁增厚、腺胃乳头凹陷溃疡，提示腺胃炎。肌胃角质层开裂、肌胃溃疡，提示霉菌毒素造成的肌胃炎。

（二）肠道病变

十二指肠末端、卵黄蒂、回肠三处淋巴滤泡隆起、出血、溃疡，提示新城疫感染；肠道内容物有橙色黏液或深红色血液，提示球虫感染；肠壁呈蓝灰色，肠浆膜有黑色絮状物，肠黏膜覆盖一层黑色的假膜，提示霉菌性肠炎；肠胀气，肠壁有花布样血斑点，肠腔内有未消化的饲料颗粒，严重时肠道呈蓝灰色，肠黏膜覆盖一层黑色的假膜，提示产气荚膜梭菌感染。

盲肠内容物正常的颜色为黄棕色或黄酱色，内有血凝块或血液，提示盲肠

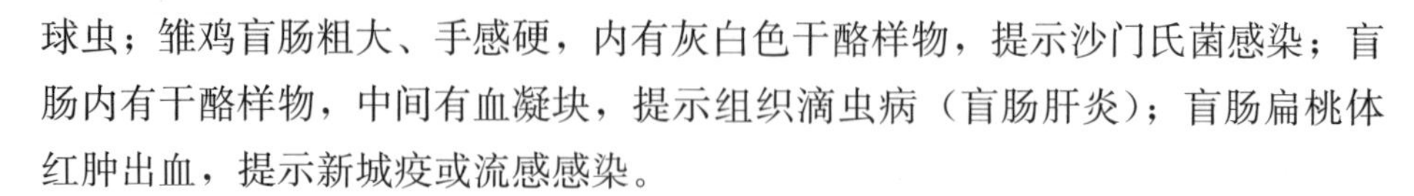

球虫；雏鸡盲肠粗大、手感硬，内有灰白色干酪样物，提示沙门氏菌感染；盲肠内有干酪样物，中间有血凝块，提示组织滴虫病（盲肠肝炎）；盲肠扁桃体红肿出血，提示新城疫或流感感染。

（三）肝脏病变

正常肝脏表面光滑呈深红色，肝脏周围包围一层纤维素性渗出物，提示大肠杆菌感染，表面覆盖一层石灰样粉末，不易剥离，提示痛风；肝脏呈铜绿色，提示伤寒；鸡2周龄以上肝脏颜色发黄，提示贫血、脂肪肝或黄曲霉毒素中毒；肝脏上有出血点，提示包涵体肝炎；肝脏上有黄色星芒状坏死灶、出血点，提示弯曲杆菌病；肝脏有灰白色针尖样坏死点，提示禽霍乱。

（四）胰腺病变

胰腺出血呈紫红色、胰腺边沿出血或胰腺有出血点、坏死点等，提示流感特征性病变；胰腺肿大、严重高低不平，提示有肿瘤性疾病。

第六节　免疫系统

免疫系统由免疫器官、免疫细胞和免疫分子组成。鸡的免疫器官包括胸腺、法氏囊、脾、哈德氏腺、盲肠扁桃体和食管扁桃体。免疫细胞包括淋巴细胞、单核细胞、抗原递呈细胞和粒细胞。

一、免疫器官

（一）胸腺

胸腺位于颈部皮下气管两侧，沿颈静脉直到胸腔入口的甲状腺处，每侧有7叶，呈长链状。胸腺接近性成熟时最大，后随着年龄增长逐渐退化。胸腺是中枢免疫器官，来自骨髓的淋巴干细胞在胸腺中受胸腺素和胸腺生成素等的诱导，增殖分化、成熟为具有免疫功能的T细胞，而后进入外周淋巴器官，参与机体免疫。

（二）法氏囊

法氏囊位于泄殖腔背侧，扁圆形，淡黄色。鸡的法氏囊是中枢免疫器官，主要机能是产生B淋巴细胞，参与体液免疫。多能干细胞在鸡胚8～18日龄时进入法氏囊，在囊激素作用下分化为具有免疫活性的B淋巴细胞，形成淋巴滤泡的髓质部。出雏前，髓质部较成熟的淋巴细胞沿上皮下淋巴管迁移和增殖，形成皮质部。出雏后，皮质部发育较快，皮质部淋巴细胞不断分裂，迁移入髓质，并向外迁移至脾脏、盲肠扁桃体及其他外周免疫器官。

在屠体上测量了法氏囊的直径和重量，法氏囊的直径和重量见图3-6。前3周，法氏囊生长最快，3～10周龄生长缓慢，11～17周龄法氏囊维持相同重量。18周龄后法氏囊重量下降。在法氏囊生长期，新杨黑羽蛋鸡法氏囊生长与鸡的整体生长发育相关，3周龄时法氏囊重与体重、肌胃重和十二指肠长呈极显著相关，与肝脏重呈显著相关（彩图3-12）。在63日龄时，法氏囊重量与脾脏重呈极显著相关，法氏囊与脾脏在免疫过程中存在协同关系。接近发育成熟时，法氏囊重与体重和盲肠长度呈极显著相关，说明盲肠生长发育与法氏囊的功能相关。

（三）脾脏

脾脏位于腺胃右侧，球形，红褐色。脾脏是外周免疫器官，也是重要的造血和储血器官。脾脏的实质由淋巴组织构成，可分为红髓和白髓。脾脏通过淋巴细胞活动参与机体的免疫活动，通过巨噬细胞的吞噬作用清除流经脾脏的血液中的微生物和异物。

脾脏的生长曲线见图3-7。与法氏囊生长规律相似，脾脏生长最快的时期是5周龄前，6周龄开始缓慢发育，12周龄生长停止；18周龄后脾脏重量略有下降。脾脏重与其他器官的生长发育相关性见彩图3-13。

（四）哈德氏腺

哈德氏腺位于眼瞬膜的深部，淡红色，为复管泡状腺。腺体内含有许多淋巴组织和淋巴细胞，参与机体免疫。

（五）扁桃体

扁桃体包括盲肠扁桃体和食管扁桃体。扁桃体呈卵圆形隆起，表面有很多清晰的隐窝。扁桃体既可产生淋巴细胞，也可对抗原产生应答。扁桃体无输入淋巴管，且处于暴露位置，易感染。

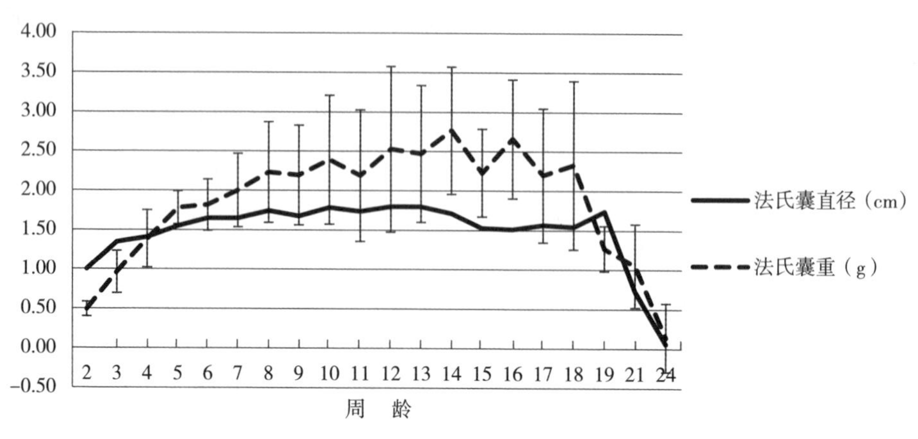

图 3-6 法氏囊外形大小及重量变化折线图

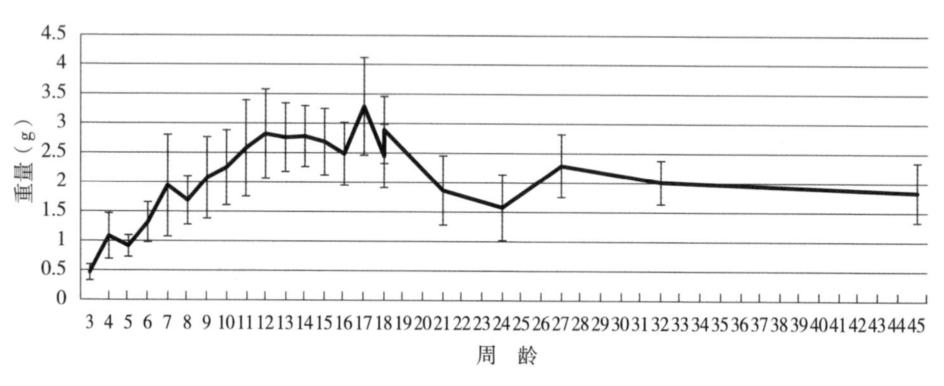

图 3-7 脾脏重量变化曲线

二、免疫抑制

免疫抑制，即免疫系统不能对抗原产生应有的反应，而导致致病性微生物感染母鸡后机体不能及时产生免疫反应。引起免疫抑制的因素很多，包括营养、饲养管理和微生物感染等。如饲料中必需氨基酸水平不足导致免疫球蛋白含量不足，可导致免疫抑制；饲养管理中环境二氧化碳、氨气浓度过高刺激黏膜，导致黏膜损伤，使局部黏膜系统的免疫功能低下；鸡应激时血压升高，血液中肾上腺皮质类固醇激素的含量升高，使胸腺、淋巴组织和法氏囊退化，导致免疫器官对抗原的应答能力降低。微生物感染是比较难控制的免疫抑制因素，能够导致免疫抑制的疾病包括马立克氏病、传染性法氏囊病、禽白血病、网状内皮细胞增生症、呼肠孤病毒病、鸡新城疫和禽流感等。

（一）细菌性疾病

大肠杆菌感染能导致脾脏异常肿大甚至破裂出血，严重时在脾脏周围包裹一层纤维素性渗出物；沙门氏菌感染可导致脾脏肿大，出现灰白色的坏死点。

（二）马立克氏病

马立克氏病病毒可引起鸡法氏囊、胸腺严重萎缩，骨髓、各种内脏器官变性，免疫细胞大量减少，使机体的细胞免疫和体液免疫功能均受到严重影响。

（三）传染性法氏囊病

传染性法氏囊病病毒主要侵害鸡法氏囊，哈德氏腺内也出现浆细胞坏死。法氏囊先肿胀后萎缩，其髓质区的淋巴细胞变性和坏死。法氏囊肿胀，内有灰白色渗出物或干酪样物质。法氏囊肿大，颜色呈紫葡萄样，黏膜皱褶出血溃疡是典型的传染性法氏囊病，黏膜皱褶有出血斑点，提示慢性传染性法氏囊病。

（四）禽白血病

禽白血病是由禽白血病病毒引起的家禽的一种淋巴组织增生性、肿瘤性传染病。禽白血病病毒分为10个血清型，诱发鸡的各种可传染的良性或恶性肿瘤。同时可致抗体应答降低，造成体液免疫抑制。病毒主要存在于感染禽的血液、羽毛囊、泄殖腔、生殖道、蛋清、胚胎及胎粪中。

淋巴白血病与马立克氏病的区别：法氏囊异常肿大，且肝脏、脾脏、肾脏同时异常肿大，有灰白色肿瘤灶，提示淋巴白血病。

第七节　生殖系统

母鸡的生殖系统仅由左侧卵巢和左侧输卵管构成。

一、结构与功能

（一）卵巢

卵巢位于左肾的前下方，以短的系膜悬挂在左肾前叶的腹侧。卵巢的体积和外形随周龄和身体状态不同而不同：雏鸡较小，为扁平椭圆形，灰白色；成年母鸡卵泡逐渐成熟，并存积大量卵黄，突出卵巢表面，以细的卵泡蒂与卵巢相连，如一串葡萄。卵黄由肝合成，经血液循环运送到卵巢，在卵泡逐渐蓄积，主要成分为蛋白质和磷脂。

（二）输卵管

输卵管以其背侧的韧带悬挂在腹腔背侧偏左。从前至后的顺序为漏斗部、蛋白分泌部（膨大部）、峡部、子宫部（壳腺部）和阴道。漏斗部边缘有游离的黏膜褶，为输卵管伞，摄取卵子。蛋白分泌部长而弯曲，黏膜形成螺旋形的白色纵襞，能够分泌蛋白质。峡部短而窄，能分泌角质蛋白，形成卵壳膜。

子宫部红色或灰色，黏膜内有壳腺，能分泌钙质、角质和色素，形成蛋壳。阴道部的黏膜呈白色，在与子宫部相连的一段内含有管状的子宫腺，称为精小窝，能储存精子。与子宫部交界处黏膜内有腺体，分泌物在卵壳表面形成一薄层致密的角质膜。

二、卵巢发育参数

卵巢及输卵管的重量见表 3-1。自 12 周龄开始可观察到卵巢发育，自 12 周龄开始可观察到卵巢发育；12～18 周龄卵巢发育较缓慢，6 周累计增长 0.75 倍，平均每周增长 0.07g；18 周龄后卵巢快速生长，19 周龄卵巢重量是 18 周龄时的 2 倍，1 周增长 1.07g。卵巢发育晚于输卵管，17 周龄可见明显的输卵管，并快速生长；18 周龄的输卵管重量是 17 周龄时的 2.7 倍。卵巢发育和输卵管个体间差异较大，变异系数达到 20%以上，19 周龄变异系数达到 95%，提示新杨黑羽蛋鸡选择开产日龄还有较大的选择潜力和遗传进展。

表 3-1　卵巢和输卵管的发育情况

周龄	卵巢（g）	输卵管重（g）
12	0.57±0.10	
13	0.70±0.13	
14	0.65±0.21	
15	0.83±0.19	
16	0.83±0.13	
17	0.95±0.25	0.59±0.57

（续）

周龄	卵巢（g）	输卵管重（g）
18	0.99±0.26	1.58±1.79
19	2.06±1.96	5.93±7.12
21	19.89±12.3	26.75±10.52
24	42.43±6.35	46.93±8.88
28	38.14±7.74	56.65±8.17
33	39.85±5.31	53.77±5.57
45	42.04±7.78	50.83±7.34

三、输卵管发育参数

输卵管发育受神经和激素调节，营养和光照是输卵管发育的关键因素。一些新杨黑羽蛋鸡不受光照的影响，如 10 月开产的新杨黑羽蛋鸡，随着母鸡周龄的增加，自然光照从长日照向短日照发展，在透光鸡舍，依然有母鸡 18 周龄产蛋。尽管如此，大部分母鸡（95%以上）还是对光照有反应，光照时间从 12h 延长时，能刺激母鸡输卵管的生长。

（一）输卵管生长曲线

输卵管的发育先于卵泡和卵巢的发育，比卵巢早 1 周。16～17 周龄时输卵管开始快速生长，至 24 周龄生长完全。输卵管长度和重量同时增长。

母鸡停产后输卵管萎缩，输卵管重量下降。表 3-1 中输卵管最大重量出现在 28 周龄，此时是产蛋高峰期，而 44 周龄产蛋率下降，输卵管重量下降。

（二）输卵管与其他器官发育的关系

输卵管的长度与鸡蛋重量、蛋黄重量和蛋白重量无相关性。27 周龄鸡输卵管的重量与蛋白重量和鸡蛋重量显著相关，相关系数 0.4；45 周龄输卵管重量与鸡蛋品质性状没有相关性（附表 4）。

（三）输卵管疾病发生原因

1. 感染　育雏期发生细菌或病毒感染，导致输卵管发生炎症。病情不严重的输卵管还能恢复生长发育；病情较重的，输卵管管壁粘在一起，性成熟后输卵管管壁薄，不能正常分泌蛋白质。早期发病造成输卵管损伤，会导致产蛋率低，甚至母鸡不产蛋。产蛋期疫病导致停产最严重的是输卵管断裂，蛋清分泌到腹腔中。

2. 肿瘤　输卵管疾病导致输卵管发育受阻。输卵管生长发育受输卵管营养供应的影响。输卵管的营养来自血液，在产蛋后期一些母鸡停产，解剖这些母鸡，发现其中50%母鸡的输卵管系膜上有肿瘤，肿瘤消耗了本应供应输卵管的营养。

（四）产蛋母鸡钙的调节

青年鸡的钙、磷比例为（1～1.5）：1，而产蛋鸡的钙、磷比例为(5～6)：1。腮后腺对蛋鸡体内钙、磷代谢有重要的调节作用。髓质骨是钙质仓库。产蛋期髓质骨的形成和破坏过程交替进行，蛋壳钙不形成时钙贮存在髓质骨中，在形成蛋壳时动用髓质骨中的钙。母鸡缺钙时，可动用38%的骨钙。

青年母鸡开产控制时，在增加光照1h后，需要增加钙质投放，使母鸡储存充足的钙。

四、生殖系统疾病

（一）传染性支气管炎

产蛋母鸡的腹腔中可见卵黄液，但可引起产蛋下降的其他疾病也有类似现象，需要通过RT-PCR进一步鉴定。雏鸡阶段感染传染性支气管炎可引起输卵管永久性病变，输卵管中间1/3区域受影响，可导致输卵管闭锁和腺机能减退。加强孵化厅的生物安全管理，加强育雏鸡舍进鸡前的消毒和生物安全管理是避免雏鸡感染传染性支气管炎的主要途径。

（二）白痢沙门氏菌病

卵泡变形变色、卵黄蒂变长提示成年鸡白痢。白痢沙门氏菌可进入血液，感染大部分组织器官，从粪便中检测到。白痢沙门氏菌既可以水平传播也可以垂直传播，污染的饲料是重要传播途径，蟑螂、苍蝇、甲壳虫、小粉虫等能够大量携带沙门氏菌，小鼠和野鸟是重要的难以控制的传播携带者。垂直传播包括粪便污染的种蛋和蛋内感染的种蛋，携带沙门氏菌的种蛋孵化时，鸡胚或蛋壳破裂都会引起快速传播。

（三）大肠杆菌感染

雏鸡输卵管在不应该发育时变粗，内有黄色干酪样物，提示大肠杆菌感染；成年鸡输卵管内有少量乳白色干酪样物，提示大肠杆菌感染，引起输卵管炎。

第八节　泌尿系统

一、结构与功能

泌尿系统由肾和输尿管组成。

（一）肾

鸡肾呈红褐色，长条豆荚状，位于腰荐骨两旁髂骨的内侧，前端到达最后肋骨，向后近腰荐骨的后端。血管、神经和输尿管从不同部位进出肾，气囊形成的肾周憩室将肾和其背部的骨隔开。代谢产生的废物主要通过肾排出，尿液因含有尿酸盐而呈白的奶油色。一些药物主要通过肾排泄到尿中。

（二）输尿管

输尿管沿肾的腹侧面向后延伸，最后开口于泄殖腔。输尿管管壁较薄，透过管壁可见白色结晶的尿酸盐。

二、泌尿系统疾病

（一）传染性支气管炎

肾脏的正常颜色是深红色。肾脏肿胀、颜色苍白，提示发生了肾型传染性支气管炎。

（二）痛风

一侧肾脏极度肿胀，另一侧肾脏萎缩，提示痛风。肾脏肿胀的同时其他内脏器官表面覆盖灰白色尿酸盐，提示痛风或磺胺类药物中毒。

在正常情况下输尿管不明显，呈近似透明的细管。尿酸盐增多不能及时排出体外时，沉积在肾脏和输尿管，造成输尿管增粗，呈一条白线状，内有灰白色尿酸盐，严重时形成痛风石，通常由于饲料中蛋白质、钙含量超标，或磺胺类药物超量使用造成。

（三）药物对肾的影响

肾是重要的排泄器官，既要负责机体代谢产物的排泄，又要承担药物的排泄工作。肾脏的血管数量极多，当药物随血液快速流经肾脏时，就会使肾小球、肾小管等肾组织暴露于药物中，从而创造了损伤肾脏的机会。

药物对肾脏的伤害大概可以分为5种，即直接毒性作用、免疫反应、梗阻性肾损伤、肾外损伤和因血流动力学改变造成的损伤。其中，直接毒性作用和免疫反应最为常见。

1. 直接毒性作用　药物可以引起肾脏组织最直接的损伤，甚至坏死。非甾体类消炎药（阿司匹林、布洛芬等）和氨基糖苷类抗生素（庆大霉素、链霉素等）都是典型的肾毒性药物。损伤与药物毒性的强弱及用药剂量的大小成正比。

2. 免疫反应　即对药物的过敏反应，能导致急性间质性肾炎。过敏反应与剂量无关，与遗传相关。

3. 梗阻性肾损伤　常用的磺胺类药物会使尿液中出现结晶，堵塞输尿管。

4. 其他损伤　维生素D易引起肾脏钙化；利尿剂、脱水剂能降低有效血容量，导致肾脏缺血、缺氧，从而造成肾损伤。

第九节　神经系统和内分泌系统

一、神经系统

鸡的神经系统由中枢神经和外周神经组成。

（一）中枢神经

中枢神经由脑和脊髓组成。鸡的脑较小，呈桃形，脑桥不明显，延髓不发达，嗅球较小，嗅觉不发达。脊髓细长，呈上下略扁的圆柱形，从枕骨大孔向后延伸达尾综骨后端。

（二）外周神经

外周神经包括脊神经、脑神经和植物性神经。脑神经有12对，嗅神经细小，副神经不明显。舌下神经分布于舌骨肌及气管肌，控制发声。植物性神经包括交感神经和副交感神经。

（三）感觉器官

1. 眼睛　眼大，视觉发达。眼球呈扁平形，通过头颈的灵活运动，视野开阔。瞬膜发达，能将眼球盖住。瞬膜内的瞬膜腺又称哈德氏腺，呈淡红色，分泌黏液，清洁湿润角膜。哈德氏腺还是周围淋巴器官，传染性法氏囊病也感染哈德氏腺。

2. 耳　鸡无耳郭，有短的外耳道，外耳道周围有褶，覆盖了小的羽毛，可降低鸣叫时剧烈震动对脑的影响，防止小虫和污物进入。

二、内分泌系统

内分泌系统由内分泌器官和内分泌组织构成。内分泌系统包括脑垂体、肾上腺、甲状腺、甲状旁腺、松果腺、腮后腺等器官。内分泌组织包括胰岛、睾丸间质细胞、卵泡、黄体和肾小球旁器等。内分泌腺分泌物称为激素，直接进入血液和淋巴，发挥调节作用。

（一）内分泌器官

脑垂体位于脑的底部，在蝶骨构成的垂体窝内，是下丘脑的一部分，略呈扁圆形，红褐色，分为腺垂体和神经垂体。肾上腺位于肾的前内侧，通过肾脂肪囊与肾相连，红褐色。甲状腺位于喉后方，气管两侧及腹面。甲状旁腺很小，位于甲状腺附近，圆形或椭圆形。松果腺位于四叠体前方的正中线上，又称脑上腺，为红褐色豆状小体。腮后腺位于甲状腺和甲状旁腺后方，紧靠颈总动脉和锁骨下动脉分叉处，形状不规则。

（二）激素

激素一般以相对恒定速度（如甲状腺素）或一定节律（如皮质醇、性激素）释放，也由传感器监测和调节激素水平，在中枢神经系统的作用下，有一

套复杂系统。生理或病理因素可影响激素的基础性分泌。

三、体温

鸡的正常体温为39.6～43.6℃，受气候、光照、活动和内分泌的影响。雏鸡刚出壳时，体温较低，为30℃。随着雏鸡发育，2～3周体温达到成年鸡水平。体温呈节律变化，午夜最低，约40℃，下午最高，可达44℃。成年鸡的等热范围是16～26℃，对体温升高有较强的耐受性，致死体温可高达46～47℃。

鸡的喙部和胸腹部有温度感受器，丘脑下部有体温调节中枢。鸡在环境温度5～30℃时，体温调节机能健全，体温基本保持不变。当体温高于42℃时，鸡会出现张口喘气、翅膀下垂、咽喉颤动。长时间张口喘气，呼出CO_2，体液电解质不平衡，食欲下降，会影响生产性能。当外界温度低于7.8℃时，鸡会有单腿站立、坐伏、头藏于翅下、肌肉寒战、羽毛蓬松，相互拥挤、争相下钻等表现，以减少散热、加强产热。

第四章 经济性状选择技术

新杨黑羽蛋鸡配套系选育成功得益于前期花凤鸡生产实践的市场基础、良好的素材资源和现代遗传育种理论。花凤鸡生产实践的市场基础已在第一章选育背景中做了介绍，小型粉壳鸡蛋的市场需求是新杨黑羽蛋鸡选育的动力资源。现代蛋鸡育种脱离市场需求的目标是难以开展和持续的。

新杨黑羽蛋鸡选育成功还得益于拥有良好的素材资源。在新杨黑鸡配套系配套模式公布之前，在利用贵妃鸡进行杂交育种的个人或企业观念中，贵妃鸡的定位是作杂交生产的公鸡，或用来作合成系的素材，没有人想到用来进行配套系的蛋鸡品系鸡选育，其主要原因可能是缺少母本资源。经营贵妃鸡的企业分布于上海、广东、福建、江苏和江西等地，因此获得贵妃鸡品系并不难。而拥有新杨黑羽蛋鸡母本洛岛红鸡品系的企业并不多，保存洛岛红鸡品系的企业只有几家褐壳蛋鸡祖代鸡育种企业，但生产高产褐壳蛋鸡的公司育种重心主要在跟踪国外蛋鸡育种成果上，洛岛红鸡品系数量少，各品系存栏规模也比较小。在新杨黑羽蛋鸡市场获得成功后，有知名育种公司模仿新杨黑羽蛋鸡的配套模式大量生产，但其产品并不符合市场需要。新杨黑羽蛋鸡配套系选育贵妃鸡包含 2 个来源，洛岛红鸡包含 4 个来源（模式固定前 3 个来源，固定后洛岛红鸡又增加 1 个来源），在反复测定基础上固定了三系配套的组合。随着蛋鸡产业化育种进程，育种素材还会进一步丰富，为新杨黑羽蛋鸡性能不断提高奠定良好基础。

新杨黑羽蛋鸡配套系是在遗传学指导下通过家系育种完成的，吸取了孟德尔遗传学、数量遗传学和家系育种等方面的理论和实践知识。利用掌握的素材，按照遗传学原理，朝着配套系的性状目标，选择适合的品系及其家系和个体。单性状的遗传连锁关系的利用在鸡育种中普遍存在，黄羽肉鸡育种中利用隐性白羽基因品系建立配套系不仅可以提高产蛋率，还可保护配套系父母代和商品代不被其他公司用于再生产，利用金银羽色基因可做到褐壳蛋鸡1日龄雏鸡羽色自别，利用快慢羽基因可做到1日龄雏鸡羽速自别等。现代遗传育种与技术是建立在数量遗传学基础上的。畜禽生产性能主要表现为数量性状，而数量性状的遗传是由微效多基因决定的。以微效多基因假说为基础的数学模型和选择理论，为近50年来畜禽育种进展做出了极大贡献。在新杨黑羽蛋鸡品系育种中，家系育种贯穿于品系选育的全过程，包括生产性能测定和选择、避免近交、配合力选择等。

第一节　质量性状遗传学基础

蛋鸡性状可以分为简单性状和复杂性状。简单性状是指由少数基因决定的可以分组的性状，如羽毛的颜色、1日龄雏鸡羽速等。复杂性状是由微效多基因决定的性状，如鸡是否感染新城疫、鸡的体重和产蛋量等。在复杂性状中，难以分组但数据连续分布的为数量性状，数量性状有由多个基因决定的连续可数的性状，一般表现为正态分布。相对于数量性状而言，将畜禽少数基因决定的生产性状称为质量性状。

一、单基因质量性状

广泛意义上，所有性状都是多基因决定的性状，绝对的单基因决定的性状是不存在的。所谓的单基因决定的性状只是固定了其他基因后单基因发生改变造成性状值的分组分离。单基因性状只是在特定的品系或个体存在，并不具有绝对的普遍性。新杨黑羽蛋鸡中具有特别意义的性状是快慢羽基因，另外广受关注的还有金银色羽基因。

（一）快慢羽基因

快慢羽基因广泛应用于蛋鸡育种。白壳蛋鸡配套系和粉壳蛋鸡配套系商品代1日龄鉴别都是利用快慢羽自别雌雄。一些褐壳蛋鸡父母代母鸡1日龄自别雌雄也是利用快慢羽自别雌雄。快慢羽自别雌雄可提高孵化效率，减少雏鸡因翻肛鉴别造成的受伤和感染。

快慢羽自别的原理是快慢羽基因位于性染色体上，表现为显隐性遗传，快羽为隐性，慢羽为显性，即杂合基因型表现为慢羽。商品代公鸡的两条性染色体（Z染色体）为杂合型快慢羽基因，一条Z染色体携带快羽基因，另一条Z染色体携带慢羽基因，1日龄表现为慢羽。商品代母鸡性染色体有一条Z染色体和一条W染色体，Z染色体上是快羽基因，W染色体上没有快慢羽基因，1日龄雏鸡表现为快羽。

快慢羽基因有4个等位基因（1个基因4种单倍型），新杨黑羽蛋鸡配套系只保留2个等位基因，父本是纯合的快羽鸡，母本两个品系都是纯合的正常型慢羽鸡。在配套系组合建立过程中，母本母系曾使用过快羽纯合型，但配合力测定、生产性能等综合指标较差。鸡的快慢羽与生产性能并无相关性，只要存在生产性能的多态性，经过强化选择，快羽和慢羽都可以取得较好的生产性能。

有研究认为慢羽鸡基因与白血病易感基因连锁，但新杨黑羽蛋鸡配套系的母本白血病阳性鸡抗原检出率很低，与父本贵妃鸡没有差别。通过检测抗原淘汰白血病阳性鸡，会有一些假阳性鸡被淘汰，这样做是值得的。所谓的假阳性鸡产生的原因是白血病病毒不是外源的，是鸡自身基因表达的蛋白质合成的内源性病毒。有研究证明内源性病毒和外源性病毒可相互转化，为避免内外源病毒转化或为了检测方便，有必要淘汰有内源性病毒的个体。

（二）金银色羽基因

金银色羽基因不是新杨黑羽蛋鸡配套系必需的羽色基因，只是由于使用的母本素材是金色羽基因纯合基因。新杨黑羽蛋鸡配套系商品代雏鸡是黑羽，与金银色羽基因本身无相关性。

花凤鸡最初使用罗曼父母代母鸡作母本母鸡，后代都是白色。罗曼父母代母鸡的金银色羽基因都是银色羽基因，贵妃鸡作父本配种后，商品代母鸡没有银色羽基因，但母鸡还是白色。2010年以后的花凤鸡使用海兰商品代鸡作母本，后代出现50%白羽、50%黑羽（部分鸡为带金色羽的黑羽鸡）。说明主导贵妃鸡亲本杂交后代的羽色是母本常染色体上的基因。

二、多基因简单性状

广义上说，所有性状都是多基因决定的。具体到新杨黑羽蛋鸡，其羽色和趾数是多基因决定的。

（一）黑色羽大E基因

新杨黑羽蛋鸡的羽色分成4类，是由包括大E基因在内的多个基因决定。黑色羽大E基因存在于贵妃鸡，是新杨黑羽蛋鸡配套系“黑羽”的主要基因。大E基因存在于许多黑羽鸡中。贵妃鸡的大E基因与其常染色体上白羽基因和洛岛红的有色羽基因没有上位关系，但与洛岛白、白来航的常染色体白羽基因存在上位关系。

新杨黑羽蛋鸡商品代黑羽类型丰富，大E基因与其他羽色基因没有上位关系，决定了黑羽中有黑白羽、黑红羽及黑黄羽个体。

（二）多趾基因

新杨黑羽蛋鸡配套系商品代鸡大部分为五趾，有少部分四趾和六趾。在选择开始时取得的贵妃鸡五趾比例为60%，经过选择提高到98%，原计划是要作为配套系的一个外观标志性性状。但配套系审定后推广到湖北省时，五趾商品代老母鸡在当地市场不受欢迎，需要销售到华南地区。因此，停止了多趾性状的进一步选择，2017年后四趾鸡的数量逐步增加。

五趾及五趾以上的鸡为多趾鸡，由两个以上的基因决定鸡多趾，第五趾或第五、六趾的位置不同。多趾基因位于常染色体上，对四趾等位基因显性。多趾只是一个外貌性状，与生产性能和抗病性能无相关性。

第二节　数量遗传学基础

数量遗传学研究表型值连续分布的性状或复杂性状。新杨黑羽蛋鸡的主要经济性状都是数量性状，包括产蛋数、蛋重、蛋品质、体重等，而难以度量的抗病力性状属于复杂性状。数量遗传学通过建立数学模型，估计遗传力，遗传相关和环境互作。

一、数学模型

（一）宏观环境效应

纯系蛋鸡的生产一般都在同一栋鸡舍、同一年月且在相同的饲养条件下，影响性状的宏观环境因素较少。主要的环境误差是微环境，即鸡舍的不同位置，如鸡舍前后或上下层有温度差，因鸡舍水平度问题导致喂料机喂料不均匀，或人工管理不一致（如抽样称重、抽样采血导致鸡应激条件不一致）。宏观环境效应主要是批次效应和应激效应。为了剔除批次效应影响，在估计遗传参数的数学模型中，将批次效应列入固定效应可提高估计准确性。为估计不同应激条件或不同生产周期的产蛋性能，可将不同应激状态下的性状细分。

1. 固定效应　由固定因素引起的性能差异称为固定效应。如同一栋鸡舍饲养的不同孵化批次，尽管出雏时间只相差10～20d，但蛋鸡生产性能受免疫和光照程序的影响很大。如产蛋性状，受光照的影响比较大，同一栋鸡舍只有1个光照计划，会造成某个批次早产或某个批次推迟开产，早产鸡开产蛋重小，推迟开产的母鸡蛋重大。经验上育雏鸡舍几个批次同时饲养时，后育雏批次的生产成绩一般都比先育雏批次的生产成绩低。因此，如果1个品系有2个孵化批次，孵化批次应列为固定效应。

2. 性状细分　性状受饲养管理控制的影响较大，将性状分成多个阶段，分别估计育种值。蛋鸡生产周期长，连续产蛋1年，即使记录到自留种，也要记录6个多月。在6个月里，至少横跨2个季度。期间难免发生重大应激因素，如发病、营养不足或高热等。分组时将不同时期的记录分开统计，如开产期、高峰期、后期、感染期、高热期等，将产蛋数性状剖分为不同的性状，分别估计遗传参数。通过数据分组，估计不同环境下的蛋鸡参数，避免饲养环境不确定性对性能的影响，有利于选择特别环境下的优势基因，提高优势基因的频率。

（二）遗传效应

性状的遗传效应包括加性效应、显性效应和上位效应。在遗传力估计时，用于选择的通常是加性效应。

1. 加性效应　假设主效基因和微效多基因对性状的影响力是累加的，这种遗传效应称为加性效应。加性效应等于等位基因间效应差异的50%。通过动物个体和亲本的系谱信息估计的遗传力都是加性遗传力。加性效应假设不同基因对性状的作用是累加的，如接力赛，第一棒、第二棒、第三棒和第四棒的成绩差异之和是接力的总成绩差异，棒与棒之间的相互影响假设为0。

2. 显性效应　显性效应是具有显隐性关系的等位基因的杂合型表现为显性纯合型的表型。显性基因的效应包括加性效应和显性效应。在包含已知候选基因的数学模型中，能够估计出显性效应。

3. 上位效应 上位效应是基因之间关系的效应，上游基因差异影响下游基因的效应。上位效应广泛存在，生物代谢涉及一系列酶促反应，每一个酶促反应都由一系列基因决定，上游酶促反应对下游必定有影响，甚至决定了下游反应底物浓度，不仅影响下游反应速度，甚至决定下游是否能够发生反应。在包含多个已知候选基因的数学模型中，能够估计出上位效应。

二、遗传力

数量性状由主效基因和微效多基因决定，衡量这些基因对性状影响力的参数是遗传力。遗传力是遗传方差占表型方差的比例。数量遗传学通过估计性状的遗传力来分析基因决定性状的程度，预测选择效率。

（一）影响遗传力的因素

品系中决定性状的基因越是纯合的，性状的遗传力越小，反之越大。比如一个极端的情况，如果决定一个品系性状的所有基因都是纯合的，那么基因对性状的影响力差异为0。每个基因的复制、表达、翻译和编辑都受到其他因子的调控，即每个基因对性状的贡献都受相应的环境影响，没有基因影响力差异，只有环境影响力差异。相同的基因相同的作用，环境因素导致性能差异。

决定性状的基因数越多，性状的遗传力越小，反之越大。每个基因都有对应的环境作用，基因数越多、环境越复杂，环境方差越大。在决定性状表现的基因中许多是纯合的，纯合基因不产生遗传方差，但有环境方差。

微环境差异越大，性状的遗传力越小，反之越大。

（二）高遗传力性状

重量性状的遗传力通常较高，如体重、蛋重等都是高遗传力性状。有研究者对持续向相反体重方向选择的1个品系的2个亚系进行基因研究，发现20多个基因就可以解释体重80%多的变异。

新杨黑羽蛋鸡配套系和其他蛋鸡配套系一样，体重和蛋重是限制性状。育种目标不是提高体重也不是降低体重，而是稳定体重。蛋重选育的目标也是稳定，即保持平均体重和蛋重不变，既不希望体重增加或降低，也不希望蛋重增加或降低。

如果已知决定体重或蛋重的基因，育种目标就是直接选择决定体重和蛋重的基因，使全部纯合，就可以达到要求了。但事实上，目前还不清楚有哪些基因决定新杨黑羽蛋鸡的体重。稳定体重和蛋重的过程就是微效多基因逐步纯合的过程，也是遗传力从高向低的过程。评估选育目标是否实现最直接的方法是体重的均匀度是否提高。但是体重和蛋重受饲料和健康的影响较大，世代间会存在差异。通过对每个世代评估遗传力，比较遗传力估计值是否逐个世代下降，可以判断选育的效果。体重和蛋重的选择方法见本章第四节家系育种法。

（三）低遗传力性状

遗传力低意味着遗传方差占表型方差的比例小。决定性状的基因纯合率高，遗传力低；环境方差大，遗传力也低。新杨黑羽蛋鸡重要的低遗传力性状是产蛋数。从生理角度看，影响产蛋数遗传力的因素包括鸡器官机能状态和环境因素。

1. 器官机能　首先需要卵巢正常发育，卵巢正常发育受激素和营养物质供应的影响。且卵子进入输卵管到鸡蛋产出平均需要25h，这个过程中蛋清的形成受到体内蛋白质代谢、糖代谢、脂肪代谢和矿物质代谢的影响。

2. 环境因素　鸡的产蛋数是统计一个阶段内合计的蛋数，持续时间长，受环境因素影响大。计量期内，亚健康、应激和疾病导致蛋品质下降，甚至停产，影响鸡的基因效应；一些非系统因素如机械受伤，野生动物侵扰等导致某些个体停产，也会影响记录的客观性。

新杨黑羽蛋鸡产蛋率每个世代都有提高，说明即使是低遗传力性状，如果不是基因纯合的原因，通过选择也是可以提高的。产蛋数选择详见本章第四节家系育种法部分内容。

三、优势基因

不断发现优势基因，将优势基因纯合，提高优势基因频率是动物育种的终极目标。优势基因纯合可以提高性能，逆势基因纯合降低性能。近交是获得纯合基因的主要方法，没有适当选择的近交会导致生产性能下降。近交系的基因

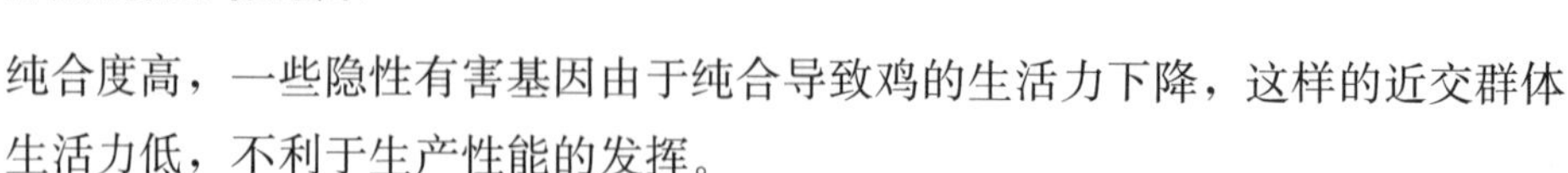

纯合度高，一些隐性有害基因由于纯合导致鸡的生活力下降，这样的近交群体生活力低，不利于生产性能的发挥。

新杨黑羽蛋鸡的母本父系在2007—2008年减少了群体规模，留种时只有40只公鸡和200多只母鸡，造成生活力下降，在后来的配套系生产中一度想放弃这个品系。由于母本有较好的产蛋性能杂种优势，以及暗斑率低的优点继续保留下来，成为新杨黑羽蛋鸡重要的组成品系。

在新杨黑羽蛋鸡育种中总是尽量避免近交系数过快增加，主要做法是扩大群体规模、引进外血、避免半同胞配种。

（一）群体规模

群体规模是引起近交的主要原因。品系近交程度是由世代留种中最小群体规模决定的。由于选择、疾病或经费原因，有些世代留种较少，在后面世代再恢复时，品系的生活力明显下降。要恢复到先前的生活力水平，需要扩大群体规模，并配合生活力选择。

在遇到不可抗拒原因导致群体规模较小时，要尽量多留家系。如剩余200只母鸡、100只公鸡，为了保留更多的多态性，需要建立100个家系，配种比例1∶2，而不是通常的1∶10。新杨黑羽蛋鸡各品系自留种公鸡超过100只，母鸡超过600只。

（二）引进外血

由于特殊原因造成近交严重，或引进素材时已经是高度近交的群体，这时需要引进外血，提高基因多态性。引进外血需要两个群体的体型外貌、生产性能一致。母本父系在引进外血前开展了体重和蛋重检测，保留与母本父系相同体重和蛋重范围的个体，再参与到品系中。对留种后代小心测定性状，选择优秀性能的母鸡和公鸡现有品系配种，建立测定家系，观察后代与现有品系的差别，使用与选择现有品系相同的标准选择合并的后代，与原有品系建立新的家系。

品系融合时需要观察融合品系与配套系品系的杂交后代成绩，确认无误后，外源血再逐步融合到选择品系中，新品系替代了老品系。

（三）避免半同胞配种

半同胞配种容易将一些基因频率低的杂合基因型纯合，导致生产效率下降。新杨黑羽蛋鸡各品系在留种选配时，都避免半同胞配种。

第三节　传统育种方法

有人将利用微效多基因学说建立起来的育种理论与实践归类为第二代育种，而将此前人类进行的畜禽驯化和选择归类为传统育种或称第一代育种。第一代育种的显著特点是表型选择。新杨黑羽蛋鸡配套系的许多选择都是独立淘汰，与传统育种学方法一致。

一、体型外貌选择

体型外貌是新杨黑羽蛋鸡区别于其他蛋鸡和肉鸡品种的重要包装性状。所有商品都重视包装，从包装让人联想到产品的品质和功能。新杨黑羽蛋鸡各品系的包装性状还标志着一些重要的遗传特征，如快慢羽、羽毛颜色和趾色等。这些包装性状如发生变化，意味着可能混入了其他品系，或发生了遗传突变。

（一）快慢羽选择

鉴别1日龄雏鸡快慢羽是孵化出雏时必须做的功课。发现羽色异常的个体需要解剖确认性别。快慢羽基因会有一定比例的突变，因此从纯系至父母代都要鉴别快慢羽，确保贵妃鸡品系来源都是快羽，洛岛红品系来源都是慢羽。

贵妃鸡品系需要淘汰快羽不明显的个体。目前还不清楚快羽不明显个体的基因突变或代谢途径，只是为了防止后代的快羽也不明显，造成鉴别困难和错误。为了商品代鸡更快更准地鉴别，提高鉴别效率，需要将快羽不明显的鸡淘汰。

洛岛红品系还要淘汰“特慢”羽，即淘汰主翼羽几乎没有生长的个体。慢羽有多种类型，有研究发现这种特慢羽鸡的生产性能较低，但在新杨黑羽蛋鸡并没有检测过，而是直接淘汰。

（二）体型外貌选择

体型外貌主要选择的是品系鸡的发育，直接淘汰不健康和发育差的鸡。犹如军队选择特种兵，淘汰伤兵。贵妃鸡体型外貌也是直接选择性状。

1. 公鸡选择 一些公鸡发育较晚。大部分公鸡冠红明显，而发育较晚的公鸡甚至不能从冠的发育情况上与母鸡相区分，这些公鸡有可能生病或遗传上发育晚，要淘汰这些发育不好的公鸡。

2. 母鸡选择 不保留晚开产的和停产的母鸡。25 周龄还没有产蛋的母鸡直接淘汰。判断是否开产通过类似人工授精的方式翻肛，翻肛失败的就是没有开产的。产蛋后期也要利用这种方式判断，但准确性大约有 80%，一些已经停产 1 个多月的母鸡也能翻肛成功。

（三）品系特征

对贵妃鸡的头部特征进行选择，大球冠、樱毛和胡须是贵妃鸡头部的特征，大球冠和樱毛基因型已经纯化，很少有变异的个体，发现变异的直接淘汰即可。胡须性状不是必需形状，但在生产性能接近时，应选择有胡须的个体。如同一家系的公鸡，其他指标都符合做后裔测定的条件，有胡须的优先安排，没有胡须不参加测定。

二、遗传稳定性选择

遗传稳定性是指群体各性状具有较小变异系数、较高的一致性或较高的均匀度，变异系数通常小于 10%。体重一致性是判断鸡群发育、保证适时开产的生产指标。体重一致性高，育成鸡发育整齐，便于光照和饲料的控制，能够获得较高的产蛋高峰。反之，体重一致性低，育成鸡发育不整齐，不利于统一控制光照，不容易获得产蛋高峰。引起体重一致性不好的原因包括饲料均匀度不好、密度过高和疾病等原因。如果配套系体重一致性从遗传上不好，会导致生产中对体重均匀度成绩的误判，不利于规模化生产的控制。蛋重一致性的影响主要在于销售，一致性差不利于品牌蛋的包装和分销。

（一）选择体重

选择体重在出雏、91～120 日龄和留种时分别进行。方法简单，即淘汰体重过小和过大的个体。出雏淘汰小体重个体，即淘汰弱雏，其他时期分别淘汰 1 个标准差以外的个体。这种方法选择体重比较直接。纯系鸡生产成本高，及时淘汰不符合标准的个体可降低育种成本。

在选择父母代公鸡时这个方法简单易行，普通的技术员就可以操作。只需要现场抽样后计算一下平均体重和标准差，根据需要的公鸡数量，淘汰不符合体重要求的公鸡即可。在公鸡数量不十分充足时，按留种比例淘汰，如存栏500只公鸡，按标准差计算，有40只在1个标准差以外，如果配种需要400只，选择时淘汰40只；但如果配种需要480只，在选择时只能淘汰体重最大的10只公鸡和最小的10只公鸡。

（二）选择蛋品质

蛋重、蛋形和蛋壳光泽度等蛋品质指标可以直观地观察到，在开产后就可以选择。蛋形过长或过短的个体记录后可以直接淘汰，不参与进一步的家系选择。

在留种时进行集中选择，淘汰蛋重超过平均值1.5个标准差的个体。蛋重选择主要是选择母本，而母本洛岛红鸡的蛋重变异系数较大。蛋重选择在家系选择前测定一次，列入综合选择指标，本章第四节详述。在自留种产蛋后再次选择，如果自留种期间产蛋数低于平均值，蛋形明显大的个体种蛋直接淘汰。

三、传统育种方法的遗传学解释

现代保种的畜禽品种都是传统育种法选育出来的，适合当地的自然生态和生活需要。传统育种方法费用低，易于操作，适合于极端性能或表型。

（一）关键的少数基因决定的性状

传统育种法对一些由少数几个关键基因决定的性状选择有效。

①品系内已经纯合的基因性状，发生突变后显现出与品系特征不一致的性状，如快慢羽基因由单基因决定，一旦发现突变及时淘汰。羽色基因也是这样。

②由关键的少数基因甚至单基因决定的不需要快速纯合的性状，如胡须和多趾。选择纯度要求不高，无须通过测交快速选择提高纯合度，通过表型选择缓慢提高即可。

（二）遗传力高的性状

遗传力高的性状通过高选择压，可以较快地提高纯合度。如肉鸡体重，40日龄体重每年选择进展可提高50g活重。高遗传力性状向一个方向选择效果明显，有研究机构进行了体重双向选择、脂肪含量双向选择，选择效果很好。但通过表型直接选择来稳定体重理论上不可行，需要通过家系选择才能保持稳定。关于稳定体重的选择，参见本章第四节。

新杨黑羽蛋鸡3个品系的开产日龄和母本的蛋重都是单向选择，即开产日龄和蛋重向下的选择，结果表明传统育种方法有效。

（三）遗传力低的性状

低遗传力性状表型选择无效。遗传力低的性状涉及的组织器官较多，或记录时间较长，或受环境影响较大。遗传低的性状一般采用家系选择法或后裔选择法，育种成本较高。将遗传力低的性状剖分成几个性状分别选择，可提高选择进展。如产蛋率，分成环境条件稳定的不同阶段分别选择；孵化率，分成精液品质、活胚蛋孵化率和健雏率分别选择。

第四节　家系育种法

家系育种法是新杨黑羽蛋鸡配套系各品系选择的主要方法。家系育种可以有效避开近交，提高低遗传力性状的生产性能。所有重要的生产性能都通过家系育种法获得提高。

一、提高体重一致性

每个畜禽配套系都需要商品代体重变异系数小于10%，而且是越低越好。如海兰褐蛋鸡20周龄体重均匀度可以达到100%，变异系数5%。目前新杨黑羽蛋鸡的体重均匀度还达不到海兰褐的程度，虽然每年体重一致性都有选择进展。

（一）个体选择体重均匀度无效

有研究认为，控制体重的基因数量超过20个，每个基因的频率和效应有差异。为了便于理解，假设控制体重的6对基因编号为A、B、C、D、E、F，基因频率都是50%，6个基因之间都不连锁，可以100%互换，每个基因位点有3种基因型，则有3^6=729个基因型。假设每个等位基因的效率都是相等的，A1=B1=C1=D1=E1=F1=0，A2=B2=C2=C3=D3=D4=1，环境效应为0，则有如附表5所示的生产效应。729个基因型值介于0～6，平均值为3，有1个为0，1个为6，最低的是A11-B11-C11-D11-E11-F11，生产效应是0，最高的是A22-B22-C22-D22-E22-F22，生产效应是6。

在附表5中，如果向上选择，只选择最高基因值为6的个体，则品系在第二代就可纯合，都是A22-B22-C22-D22-E22-F22。如果向下选择，只选择最低基因值为0的个体，则品系在第二代也可纯合，都是A11-B11-C11-D11-E11-F11。说明向两个极端方向选择可以提高基因频率。

如果选择平均体重，平均基因型值是3，合计有141种基因型值是3，其中20种基因型每个等位基因都是纯合的。统计这些基因型的等位基因，每个等位基因的频率并没有改变。下一世代群体只要足够大，基因型值的分布与上一世代一致。选择是无效的。

（二）家系选择法

家系选择方法是对每个个体进行称重，统计每个家系的平均值和标准差。选择家系内体重标准差最小的30%家系，从这30%家系中选择体重处于离目标体重0.5个标准差以内的个体留种。

1. 候选家系标准　选择全同胞标准差较小的家系后代参加留种，更容易使体重基因纯合。选择家系内体重标准差较小的公鸡，即选择体重基因较纯合的亲本。如果全同胞有5只鸡或以上，可以计算全同胞的体重标准差；如果全同胞数量小于5只，需要计算全部半同胞的体重标准差，根据标准差估计父本公鸡的基因纯合状况，选择较纯合的父本公鸡后裔家系。

2. 候选个体标准　体重选择需要兼顾产蛋性能、鸡蛋品质和精液品质。先将产蛋性能优秀的家系定下来，如40个公鸡家系的产蛋性能是最优秀的，40个公鸡家系中包含600只公鸡，从600只公鸡中选择200只符合体重候选家系标准同时与育种目标体重相差较小的公鸡留种，淘汰其中全同胞鸡蛋品质和个体精液品质较差的公鸡，最终保留100只公鸡留种。母鸡也采用相似的方法，产蛋性能选择保留50个家系，50个家系中包含2 000只母鸡，2 000只母鸡中选1 000只用于自留种。

3. 选择群体标准　选择群体产蛋期需要5 000只母鸡存栏，2 000只公鸡存栏。自留种时一般收集30d左右的种蛋，可以满足测定母鸡全同胞数量5只以上。自留种育雏时，每只亲本母鸡平均育雏种母雏7只、种公雏3只。

（三）后裔选择法

后裔测定是将选择的候选公鸡与母鸡按 1∶30 配种，每个后裔测定亲本有60～100只后裔母鸡。称重后裔母鸡体重，计算后裔母鸡体重的标准差。该测定方法适用于父本选择。

①选择体重距离目标体重 0.5 个标准差以内的公鸡，经过胫长、精液品质和家系产蛋量选择后，作为候选公鸡。

②与父母代母鸡配种，按 1∶（20～30）配种比例分配母鸡。测量每个母鸡体重，调整母鸡个体，将体重较大和较小的个体转出测定组合，计算组内标准差，控制组内变异系数差异在1%以内。

③按 1∶（20～30）配种，收集种蛋 7～12d。一个批次孵化，测量雏鸡重量，计算雏鸡平均体重和体重标准差。

④体重变异系数低于8%的公鸡继续后裔测定。

⑤饲养至 126 日龄，测量母鸡体重，计算平均体重、标准差和变异系数。选择变异系数低于5%的亲本公鸡进行进一步选择。

⑥按家系选择法，选择同胞母鸡体重变异系数小于7%的家系，并结合产蛋性状，采用避免半同胞配种的方法，选择体重距离平均体重 1 个标准差以内的母鸡配种。

⑦每个世代重复上述步骤①～⑥。

⑧经过 3～5 个世代的选择，配合良好的饲养方式，家系内变异系数可达到7%以下。

后裔测定法评价公鸡基因型纯合率的准确性较高。

二、提高产蛋数

产蛋数是重要的经济性状。提高产蛋数量和质量是新杨黑羽蛋鸡选育的长期工作，提高体重一致性的家系选择法和后裔测定法在提高产蛋数的选择上都有应用。产蛋数记录时间跨度长、生产环境变化多，因此常将产蛋数记录按特殊时期分为几个阶段，分别分析。

（一）开产日龄

开产日龄的遗传力较高，母鸡可以直接进行个体选择，公鸡根据同胞、后裔或系谱成绩选择。开产日龄与光照有关，但也有例外。解剖试验显示，在18周龄光照刚开始延长时，就有母鸡卵巢充分发育，甚至有母鸡产蛋（详见第四章）。选择开产日龄早的家系和个体，可提高总产蛋数。

开产日龄选择不需要考虑开产蛋重。一般情况下，开产越早，蛋重越小。但这是品系在不同的环境控制下的结果。在同一个环境条件下，25周龄前不同的个体开产早或开产晚，与开产蛋重没有遗传相关性。25周龄后才开产的鸡蛋重与开产日龄正相关，开产越晚蛋重越大。在新杨黑羽蛋鸡配套系育种中，168日龄还没有开产的母鸡直接淘汰或转为生产群。

开产日龄越小越好。总是选择开产日龄小的个体和家系留种。有母鸡产蛋后，饲料要及时换上高峰期产蛋料，使先开产母鸡的营养能够满足生产需要。否则先开产的母鸡停产早。

（二）连产期、排卵间隔与停产期

连产期是母鸡连续产蛋的平均天数。连产期越长表示母鸡排卵间隔越短。

排卵间隔时间用公式表示，即：

排卵间隔时间＝（连续产蛋天数＋1）/连续产蛋数

计算产蛋高峰期母鸡的排卵间隔时间，以最短的排卵间隔时间作为母鸡个体的指标。排卵间隔期的遗传力较高，一般为0.2～0.3。排卵间隔时间越短，产蛋率越高。选择排卵间隔时间比直接选择产蛋数更有效，排卵间隔需要每天记录产蛋数，工作量较大。

停产期是母鸡连续不产蛋的天数。停产期受应激、营养和疾病的影响较大，停产期越长，产蛋期越短。停产期不作为产蛋数的选择指标。

（三）留种前产蛋数

总产蛋数是一个综合指标，其反映的情况既包括卵巢和输卵管的功能，也包含鸡的抗应激能力。留种前产蛋数不必每天记录，新杨黑羽蛋鸡从开产至32周龄每天记录，32周龄后每周记录2～3d直至留种选择前，统计总产蛋数。连续4周不产蛋的，检查母鸡发育，不能翻肛的直接淘汰。

（四）留种产蛋数

留种产蛋数是种鸡选择后调群配种后的留种蛋数。留种前多数母鸡都经过

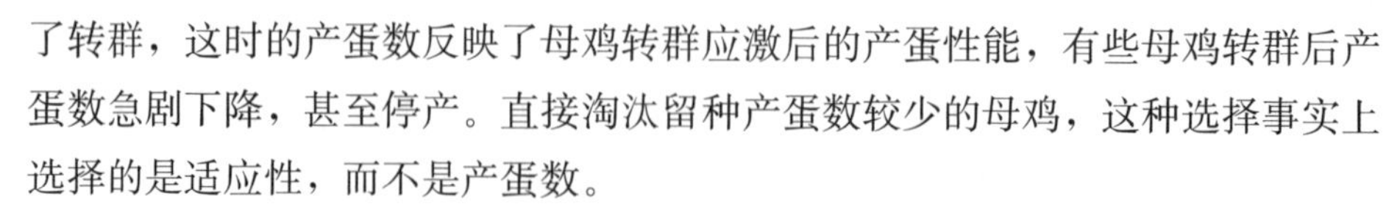

了转群，这时的产蛋数反映了母鸡转群应激后的产蛋性能，有些母鸡转群后产蛋数急剧下降，甚至停产。直接淘汰留种产蛋数较少的母鸡，这种选择事实上选择的是适应性，而不是产蛋数。

留种产蛋数不但是产蛋数性状，也是抗应激能力性状，还包括鸡蛋品质性状。自留种时淘汰蛋壳较薄的蛋、畸形蛋和大蛋。留种产蛋数不是个体真实产蛋数的表现。家系留种产蛋数反映了家系的综合产蛋性能，自留种出雏时淘汰排名靠后的 3～5 个家系。

（五）后期产蛋数

自留种后将有后代雏鸡饲养的母鸡集中起来，继续记录产蛋数，每周记录 3～7d，计算后期产蛋数。后期产蛋数选择是延迟生产周期的主要途径。产蛋后期不断有母鸡停产，可以分阶段淘汰后期产蛋数为 0 的个体。后期产蛋数与留种前产蛋数的相关性较小，通过选择前期产蛋数不能达到提高后期产蛋数的目的。后期产蛋数与母鸡抗癌变有关。40%停产母鸡都出现不同程度的输卵管系膜肿瘤，吸取了输卵管营养，蛋清无法形成。

三、提高鸡蛋品质

不断提高鸡蛋品质是新杨黑羽蛋鸡配套系的终极目标。蛋品质的外部指标如鸡蛋蛋壳强度和蛋壳光泽是重要的选择指标。蛋品质内部指标如鸡蛋蛋白高度、哈氏单位、蛋黄指数是选择时重点关注的指标，蛋黄颜色受营养因素影响大，未作为关注指标。鸡蛋内容物成分关注指标包括蛋清固体物质含量和蛋黄固体物质含量。从鸡蛋蛋白质组成和分布看，关注指标是鸡蛋内关键蛋白质含量。关于新杨黑羽蛋鸡鸡蛋品质的研究和选择所开展的工作有限。关于鸡蛋品质的描述参见第五章。

（一）蛋壳强度选择

蛋壳强度是重要的包装性状。鸡蛋从鸡舍转运到包装和储存的过程中，蛋壳强度低的鸡蛋容易出现裂纹，甚至破碎，造成较大的经济损失。选择蛋壳强度是新杨黑羽蛋鸡保持先进性的重要工作。

蛋壳强度在蛋鸡不同的生产期有差别，前期蛋壳强度大，后期蛋壳强度小。蛋壳强度的测定在完成产蛋数选择后进行，一般在 45 周龄前后和 60

周龄前后，每只母鸡测定 3 枚鸡蛋，以 3 枚鸡蛋的平均值作为母鸡的观测值。

①母鸡蛋壳强度选择根据个体测定值，公鸡选择根据母鸡半同胞数据，使用简单的算术平均值。

②新杨黑羽蛋鸡蛋壳强度选择的选择压低，一般淘汰蛋壳强度最低的 5%左右的个体和家系。

(二) 鸡蛋暗斑选择

鸡蛋暗斑是表观性状，鸡蛋产出后 1～4d 蛋壳上出现黑色斑点，鸡蛋暗斑与蛋壳膜和蛋壳 $CaCO_3$结构变化有关，温度、湿度、营养和应激等都对暗斑形成有一定影响，详见第五章。在夏季高温时，新杨黑羽蛋鸡配套系的父本暗斑率最高时可达 99%，母本鸡蛋暗斑率最高时可达 60%，配套系商品代暗斑率最高时可达 70%。鸡蛋暗斑测定结果受环境条件和气候变化影响，个体测定数据准确性低。鸡蛋暗斑选择还有待进一步研究。

第五节　杂种优势

新杨黑羽蛋鸡配套系具有强大的杂种优势，体现在成活率、产蛋率、鸡蛋品质、暗斑等各个主要生产性状和品质性状。本节探讨新杨黑羽蛋鸡杂种优势的遗传基础。

一、远缘杂交

亲缘关系越远的亲本后代杂种优势越明显。新杨黑羽蛋鸡配套系的母本 2 个品系都来自洛岛红，但相互之间没有血缘交换（生殖隔离）8 个世代以上，存在杂种优势，但优势率仅 2%左右。父本和母本是 2 个来自完全不同地区的品种，杂种优势高，优势率达 5%～100%。

(一) 母本杂种优势

洛岛红鸡品种的 2 个品系尽管来源相同，但由于存在生殖隔离，在成活率和产蛋率方面父母代母鸡的生产性能要高于纯系鸡。

1. 成活率　父母代母鸡在抗应激能力方面优于纯系母鸡。在配套系设计之初做配合力测定，两系配套和三系配套的商品代产蛋率差异不显著。但是两系配套的父母代生产性能显著低于三系配套，特别是在育成期受到疫病感染时，纯系成活率显著低于杂交后代。

2. 产蛋率　纯系洛岛红鸡的产蛋率比父母代低0.5%。

（二）父本和母本的杂种优势

新杨黑羽蛋鸡配套系的父本来自贵妃鸡，母本来自洛岛红。贵妃鸡和洛岛红的血缘关系远，贵妃鸡是来自欧洲的地方品种，洛岛红是来自美国的培育品种，洛岛红在选育过程中不含贵妃鸡的血缘。洛岛红在蛋用型鸡方向的选育过程中，也没有引进过贵妃鸡血缘。贵妃鸡引入我国后一直按照珍禽饲养，未按蛋用型鸡培育过，也没有引进过洛岛红鸡的血缘。

新杨黑羽蛋鸡配套系商品代的成活率、产蛋率和鸡蛋品质等各个性状都表现出强大的杂种优势。这提示我们在配套系选育中父母代公鸡和母鸡需要来自血缘较远的品种，这样可以获得更好的经济效率。

父本和母本尽量不要有近似的血缘。洛岛红由红色马来斗鸡、褐色来航鸡和鹧鸪色九斤鸡与美国当地土种鸡杂交而成，有单冠红羽、玫瑰冠红羽、单冠白羽（洛岛白）3个品变种。其中的单冠红羽是新杨黑羽蛋鸡的母本，也是海兰褐等进口蛋鸡配套系的父本。海兰褐等褐壳蛋鸡配套系的祖代父本和母本的杂种优势较低，可能由于洛岛红和洛岛白（海兰褐母本）源于相同的血缘。

二、杂种优势遗传学

基因效应来自于加性效应、显性效应和上位效应，亲本间的杂种优势应该也来自这三个方面。公鸡和母鸡来自不同的品系，两个品系的效应基因种类和频率不同。

（一）加性效应

由于公鸡和母鸡各提供1个单倍体给后代，即配套系后代获得来自父亲的50%加性效应和来自母亲的50%加性效应。配套系后代的生产性能应该是父母的平均性能，因此加性效应不能产生杂种优势。

分别提高公鸡的生产性能和母鸡的生产性能，配套系后代的生产性能随之提高。在新杨黑羽蛋鸡配套系的选择时，分别选择父本和母本品系的生产性能，后代的生产性能随之提高，每个世代可获得进展。

（二）显性效应

显性效应是杂合基因型值超出加性效应部分的效应。

假设公母鸡各有1对不同的显性基因，公鸡的加性效应为 $a1$、显性效应为 $d1$，母鸡的加性效应为 $a2$、显性效应为 $d2$，公鸡和母鸡的显性基因都是纯合的，则后代的杂种优势为：

$$\Delta=(a1+d1+a2+d2)-(a1+a2)=d1+d2$$

即后代是2个基因的显性效应之和。如果是完全显性，即显性效应等于加性效应（$a=d$），则杂种优势为100%。这只是一种理想状态。

如果公母鸡各有2对等位基因，其中1对等位基因是共同的，3对基因都是完全纯合的。则后代的杂种优势为：

$$\Delta=(a1+d1+2a2+a3+d3)-(a1+2a2+a3)=d1+d3$$

即后代是2个不同基因的显性效应之和。如果是完全显性，即显性效应等于加性效应，且3对基因的基因效应相同，则杂种优势为2/4=50%。

从显性效应的分析看，两个品系的差异化显性基因位点数越多，品系间杂交优势越大。

（三）上位效应

上位效应是不同基因间的相互作用，是基因间的互作。上位效应比较复杂，有些是正调控基因，有些是负调控基因。因此，品系之间的杂种优势需要进行配合力测定和基因分析，发现能够提高经济性状指标的上位效应基因。

生物体的上位效应和显性效应基因都是为了提高生物的适应性,通过选择配合力高的个体,可以达到提高生产性能杂种优势的目的。配合力后裔测定结果表明，家系育种值排序相同的公鸡，后裔性能不一定相同，有些有极显著的差异。

第六节　肠道微生物

人或动物是一个由大量真核细胞和原核细胞组成的复杂生物体，是“超级生物体（superorganism）”。肠道中存在大量有益微生物，表达动物代谢途径中关键的因子。近年来研究发现肠道微生物分布与动物的肥胖、糖尿病和肿瘤等相关，通过调整微生物菌群能保障动物健康。畜禽产业使用益生菌作为饲料添加剂维护畜禽健康，提高畜禽产能。

一、肠道菌群的生理学意义

动物体表及与外界相通的腔道中寄居着数以万亿的不同种类的微生物，其中78%的微生物存在于大肠和小肠，即肠道菌群。肠道菌群与宿主形成共生关系，通过参与宿主体内三大营养物质（糖类、脂肪和蛋白质）的代谢（分解、消化与吸收）、促进肠上皮生长发育和调控宿主免疫防御来维持宿主的生理健康。正常生理状态下，肠道菌群与宿主、外界环境间维持一种动态的生态平衡，此时肠道菌群的结构、种类和分布保持相对稳定。随着宿主饮食习惯、心理状态的改变以及免疫功能状况变化、抗菌药物的使用和环境变化等，肠道微生态平衡会被打破，从而导致肠道菌群失调，此时潜在的有害菌种大量繁殖，产生硫化氢、乙醛、酚类等有毒的代谢产物，引起肠黏膜炎症或直接造成肠道细胞DNA损伤，从而导致一系列疾病的发生，如肠应激综合征、炎症性肠病、糖尿病、肥胖和肿瘤等。

（一）神经系统

对小鼠的研究数据证明，肠道微生物对神经系统的影响在神经系统发育的早期就已经开始。在神经系统发育的关键时期，肠道微生物发挥了重要作用，缺乏肠道微生物会造成神经系统的缺陷，甚至造成永久性伤害。肠道微生物对成年小鼠的神经系统作用较小。

1. 心理疾病　研究发现自闭症模型小鼠肠道微生物紊乱，而且通过补充脆弱拟杆菌能对其进行治疗。另一个有趣的试验来自关于“焦虑”的研究，研究者们将“焦虑”小鼠的肠道微生物移植到“不焦虑”的小鼠体内，最终导致了“不焦虑”的小鼠表现出“焦虑”的行为。

2. 食欲　高脂肪饮食可影响小鼠的生物钟节律，“控制”小鼠抵抗肥胖，这可能来自宿主与肠道菌群之间某种双向调节作用。也有研究发现，肠道微生物通过细胞因子刺激大脑调控区域，间接控制着食欲，也就是虽然表面上是喜欢吃或者想吃某种食物，实际上是肠道内的微生物“想吃”这些食物。

近年来的研究表明，肠道微生物能够通过影响宿主中枢神经系统，调控宿主食欲。未被消化道降解的营养素在微生物发酵作用下，能够产生短链脂肪酸(SCFAs)、生物胺、吲哚、硫醇和神经递质等多种代谢物，这些代谢物可作为信号分子影响宿主摄食神经中枢，调控食欲。其中，SCFAs能够刺激胃肠上皮内分泌细胞产生胃肠饱感激素，胃肠激素通过肠-脑轴传导系统将饱感信号传递给中枢神经系统，进而调控食欲。肠道微生物代谢色氨酸产生的吲哚，可能在维持肠道菌群平衡方面具有重要作用，间接调控宿主食欲。神经递质则能够通过肠道迷走神经或者进入外周循环系统影响中枢神经系统功能。肠道微生物影响宿主食欲的研究不断深入，可为从肠道微生物营养角度调控宿主能量摄入和体重平衡等提供新策略。

（二）免疫系统

在无菌环境下长大的小鼠存在免疫缺陷，通过补充肠道菌，免疫缺陷可以迅速恢复。

1. 激活免疫系统　在生命早期接触病原体实际上有利于人免疫系统的训练和发育。当研究人员研究俄罗斯婴儿肠道微生物组中的脂多糖（LPS）时，他们观察到一种熟悉的模式：大肠杆菌LPS打头阵，很可能是执行它的常规作用——触发免疫反应。然而，当研究人员研究芬兰和爱沙尼亚婴儿肠道微生物组中的LPS时，他们发现来自拟杆菌的LPS称雄。更重要的是，他们发现在拟杆菌中的特定LPS并不能激活免疫系统，甚至会抑制来自大肠杆菌和其他细菌的免疫激活性LPS（即激活免疫系统的LPS）。婴儿肠道中的大肠杆菌可能是在生命早期负责训练宿主免疫系统的细菌之一。但是，如果将拟杆菌和大肠杆菌混合在一起，却能够抑制大肠杆菌的免疫激活性质。

2. 调节免疫细胞分化　肠道共生菌可以调节多种T细胞分化，从而改变肠道黏膜的免疫系统。普拉氏梭杆菌位于肠道的黏膜层，通过发酵作用产生丁酸，这种短链脂肪酸能刺激并调节T细胞分化，避免肠道炎症的发生。所有的梭菌类细菌都有类似的机制。

（三）肠道健康

肠道微生物维护肠道健康。雏鸡在1日龄开始使用抗生素比3日龄开始使用抗生素预防细菌性腹泻的效果差，且在14日龄时体重及其均匀度有显著差异，因此3日龄使用优于1日龄。既然肠道微生物在肠道里，那么肠道的病理变化应该与肠道微生物更有关联性。这方面的研究非常多，例如来自纽约大学的研究者通过结直肠癌患者的肠道微生物研究发现，在结直肠癌患者中，梭杆菌和卟啉单胞菌有增加的趋势。利用肠道微生物组成可用来筛查及预测结直肠癌。华盛顿大学医学院的研究者研究了各种肠炎的微生物组成，发现肠道在发生炎症时，微生物的拓扑结构发生了变化，也就是说微生物之间的关系发生了变化。

（四）抗生素耐药性

抗生素可用于体内细菌感染，由此可知，肠道微生物也会受到抗生素的影响。但是这种影响究竟有多大却鲜有人知。新生儿早期的抗生素治疗会对其产生系统性影响，造成新生儿免疫系统构建障碍等问题。不同种类抗生素对不同种类肠道菌群的作用差异较大，抗生素治疗会打破固有的肠道菌群生态平衡，降低肠道菌群的多样性。重复使用相同抗生素还会造成肠道菌群的耐药性，并随着粪便菌群的流动造成环境微生物的耐药性。

（五）衰老的影响

随着年龄的增加特别是到了老年，人体的肠道微生物组成与其成年和婴儿期有很大差异。首先，老年性肠炎会经常发生，肠道微生物的多样性下降，特别是类杆菌、普氏菌、双歧杆菌等下降明显，而肠杆菌、葡萄球菌、链球菌和白色念珠菌等则会上升。

二、肠道菌群的性质

（一）互惠互利

不同细菌物种之间存在相互作用。Seth Rakoff-Nahoum 研究发现卵形拟杆菌（*Bacteroides ovatus*）消化膳食中的多糖，是以自己付出为代价，让其他细菌物种获益。通过利用体外试验和模式小鼠开展研究发现，卵形拟杆菌接受来自其他的肠道细菌物种的互惠利益作为回报。

（二）可体外培养

过去认为大多数微生物在体外是“不能培养的（unculturable）”，但近期研究结果揭示出很多之前“不能培养的”肠道微生物属于新菌种菌株。而且为了在人体外存活下来，它们当中将近60%能形成孢子。目前更多的过去不法培养的菌种菌株被分离培养。

为了评估在体外能够分离培养人肠道来源的菌种种类，来自韦尔科姆基金会桑格学院研究所的Trevor Lawley和同事们利用来自6名健康人的新鲜粪便样品开展研究。他们对这些样品进行测序以便从中鉴定出细菌多样性，在含有YCFA培养基的培养皿上培养来自这些样品的细菌，然后对原始样品的基因组测序数据与能够在培养皿中生长的细菌菌种的基因组测序数据进行比较。结果表明，两组基因组序列有72%是相同的。

最终，研究人员分离出137种截然不同的细菌，它们当中的90%位列人类微生物组项目（Human Microbiome Project）中“最想要的”但之前不能在体外培养也没有测序过的微生物清单中。研究人员分离和保存的这些细菌菌落占这6名研究参与者体内鉴定出的细菌群体的90%。Lawley表示在此之前，人们的一般观点是只能培养这些菌群中的1%～5%，但是，实际上能够培养它们当中的绝大多数。

肠道微生物群落中的很多菌种能够在体外生成孢子而存活。这些孢子只在人胆酸存在时才能萌发，这提示着肠道细菌在不同人之间传播时靠形成孢子存活下来，而且依赖作为“定植信号（colonization cue）”的胆酸在肠道内生长。研究人员估计，这些形成孢子的菌种占肠道总菌群的30%(Nature，doi：10.1038/nature17645)。

（三）肠道内不同菌群之间的竞争有助于维持肠道生态系统稳定

最近一项研究发现人类肠道中的菌群生态系统复杂多样，不同菌群之间的竞争有助于维持肠道生态系统的稳定，这对于保持机体健康是必不可少的。两种以上的病菌，如大肠杆菌与滑液囊支原体分别感染鸡时，鸡不会有严重的病理表现，但若同时感染，则会引发较严重的滑液囊支原体病，使鸡不能正常站立。而肠道内有益细菌之间的竞争关系会通过负反馈回路抑制菌群多样性造成的不稳定，从而使肠道生态系统保持稳定。

三、新杨黑羽蛋鸡肠道菌群分布

对50只45周龄的新杨黑羽蛋鸡的肠道微生物16S DNA V3～V4序列检测，显示肠道菌群非常丰富，共检测到201 979个不同OTU（operational taxonomic unit，数量分类学方面作为对象的分类单位总称)。1个OTU代表肠道菌株基因具有相似的16S DNA V3～V4序列，具有1个碱基差异的所有序列归类到1个OTU，对其中3 039个OTU进行分析，代表了99%的肠道菌群。

对唾液乳杆菌SNK-6 16S rRNA基因序列，结果如下。

(一) 门及其分布

共检测到已经分类的31个门的细菌，其中包括1个古细菌的泉古菌门、9个未命名的细菌门、1个未鉴定的门。表4-1列出了已经定义的21个门的细菌，其中厚壁菌门（Firmicutes)、拟杆菌门（Bacteroidetes)、变形菌门（Proteobacteria）和放线菌门（Actinobacteria）4大门细菌占回肠菌群的98.6%，盲肠菌群的95.7%，直肠菌群的95.6%。

表4-1 肠道菌群门及分布

门	回肠菌群（%）	盲肠菌群（%）	直肠菌群（%）
厚壁菌门（Firmicutes)	81.795	64.748	74.350
拟杆菌门（Bacteroidetes)	0.925	24.371	5.311
变形菌门（Proteobacteria)	12.952	2.228	11.357
放线菌门（Actinobacteria)	2.911	4.371	4.552
柔膜菌门（Tenericutes)	0.023	0.963	0.572
酸杆菌门（Acidobacteria)	0.320	0.001	0.853
梭杆菌门（Fusobacteria)	0.020	0.327	0.702
绿弯菌门（Chloroflexi)	0.340	0.001	0.542
互养菌门（Synergistetes)	0.006	0.442	0.107
蓝藻门（Cyanobacteria)	0.261	0.094	0.197
芽单胞菌门（Gemmatimonadetes)	0.077	0.000	0.314
迷踪菌门（Elusimicrobia)	0.006	0.326	0.053
泉古菌门（古细菌）(Crenarchaeota)	0.014	0.000	0.242
浮霉菌门（Planctomycetes)	0.144	0.000	0.085
硝化螺旋菌门（Nitrospirae)	0.025	0.000	0.139
脱铁杆菌门（Deferribacteres)	0.004	0.048	0.021
疣微菌门（Verrucomicrobia)	0.005	0.004	0.061
衣原体门（Chlamydiae)	0.007	0.000	0.024
黏胶球形菌门（Lentisphaerae)	0.000	0.013	0.014

（续）

门	回肠菌群（%）	盲肠菌群（%）	直肠菌群（%）
螺旋体门（Spirochaetes）	0.000	0.009	0.002
装甲菌门（Armatimonadetes）	0.004	0.000	0.002
未定义门（Unclassified-Bacteria）	0.003	0.000	0.001
合计	99.844	97.947	99.502

1. 厚壁菌门　是新杨黑羽蛋鸡肠道菌群中数量最多的门类，包括厌氧的梭菌纲和兼性或者专性好氧的芽孢杆菌纲。厚壁菌门细胞壁含肽聚糖量高，为50%～80%，细胞壁厚10～50nm，革兰氏染色阳性，菌体有球状、杆状或不规则杆状、丝状或分枝丝状等，二分裂方式繁殖，少数可产生内生孢子（称为芽孢）或外生孢子（称分生孢子），化能营养型，没有光能营养型的。

2. 拟杆菌门　包括拟杆菌纲、黄杆菌纲、鞘脂杆菌纲3个纲。很多拟杆菌纲的种类生活在人或者动物的肠道中，有些时候成为病原菌。黄杆菌纲主要存在于水生环境中，也会在食物中存在。多数黄杆菌纲细菌对人无害，但脑膜脓毒性金黄杆菌（*Chryseobacterium meningosepticum*）可引起新生儿脑膜炎。黄杆菌纲还有一些嗜冷类群。鞘脂杆菌纲的重要类群为噬胞菌属（*Cytophaga*），在海洋细菌中占有较大比例，可以降解纤维素。

3. 变形菌门　包括很多病原菌，如大肠杆菌、沙门氏菌、霍乱弧菌、幽门螺杆菌等被人熟知的种类。也有自由生活的种类，包括很多可以进行固氮的细菌。变形菌门主要是由核糖体RNA（rRNA）序列定义的，名称取自希腊神话中能够变形的神普罗透斯（这同时也是变形菌门中变形杆菌属的名字），因为该门细菌具有极为多样的形状。

变形菌门根据rRNA序列被分为5类（通常作为5个纲），用希腊字母α、β、γ、δ和ε命名。其中有的类别可能是并系的。

α-变形菌除光合的种类外，还有代谢C1化合物的种类、与植物共生的种类（如根瘤菌属）、与动物共生的种类和一类危险的致病菌立克次体目。此外，真核生物的线粒体的前身也很可能属于这一类。

β-变形菌包括很多好氧或兼性厌氧细菌，通常其降解能力可变，但也有一些无机化能种类［如可以氧化氨的亚硝化单胞菌属（*Nitrosomonas*）］和光合种类［红环菌属（*Rhodocyclus*）和红长命菌属（*Rubrivivax*）］。很多种类可以在环境样品中被发现，如废水或土壤中。该纲的致病菌有奈氏球菌目

(Neisseriales) 中的一些细菌（可导致淋病和脑膜炎）和伯克氏菌属（*Burkholderia*）。在海洋中很少能发现β-变形菌。

γ-变形菌包括一些医学上和科学研究中很重要的类群，如肠杆菌科（Enterobacteraceae）、孤菌科（Vibrionaceae）和假单胞菌科（Pseudomonadaceae）。很多重要的病原菌属于这个纲，如沙门氏菌属（*Salmonella*，有些可引起肠炎和伤寒）、耶尔辛氏菌属（*Yersinia*，有的可引起鼠疫）、弧菌属（*Vibrio*，有的可引起霍乱）、铜绿假单胞菌（*Pseudomonas aeruginosa*，可引起肺部感染或者囊性纤维化）。

δ-变形菌包括基本好氧的形成子实体的黏细菌和严格厌氧的一些种类，如硫酸盐还原菌［脱硫弧菌属（*Desulfovibrio*）、脱硫菌属（*Desulfobacter*）、脱硫球菌属（*Desulfococcus*）、脱硫线菌属（*Desulfonema*）等］和硫还原菌［如除硫单胞菌属（*Desulfuromonas*）］，以及具有其他生理特征的厌氧细菌，如还原三价铁的地杆菌属（*Geobacter*）和共生的暗杆菌属（*Pelobacter*）和互营菌属（*Syntrophus*）。

ε-变形菌只有少数几个属，多数是弯曲或螺旋形的细菌，如沃林氏菌属（*Wolinella*）、螺杆菌属（*Helicobacter*）和弯曲菌属（*Campylobacter*）。它们都生活在动物或人的消化道中，为共生菌（沃林氏菌在牛中）或致病菌（螺杆菌在胃中或弯曲菌在十二指肠中）。

4. 放线菌门　放线菌因菌落呈放射状而得名。大多有基内菌丝和气生菌丝，少数无气生菌丝，多数产生分生孢子，有些形成孢囊和孢囊孢子，依靠孢子繁殖。表面上和属于真核生物的真菌类似，从前被分类为放线菌目（Actinomycetes）。但因为放线菌没有核膜，且细胞壁由肽聚糖组成，和其他细菌一样，目前通过分子生物学方法，放线菌的地位被确定为广义细菌的一个大分支。放线菌用革兰氏染色可染成紫色（阳性），和厚壁菌门相比，放线菌的GC含量较高。放线菌大部分是腐生菌，普遍分布于土壤中，一般都是好氧性，有少数是和某些植物共生的，也有的是寄生菌，可致病，寄生菌一般是厌氧菌。放线菌有一种土霉味，使水和食物变味，有的放线菌也能和霉菌一样使棉毛制品或纸张变质。放线菌中也有致病菌，如牛放线菌，在口颊、齿龈等部位发生损伤时能侵入组织内，引起放线菌病。最主要的致病性放线菌是结核分枝杆菌和麻风分枝杆菌，可导致人类的结核病和麻风病。

放线菌最重要的作用是可以产生、提炼抗生素。目前世界上已经发现的

2 000多种抗生素中，大约有56%是由放线菌（主要是放线菌属）生产的，如链霉素、土霉素、四环素、庆大霉素等。此外，有些植物用的农用抗生素和维生素等也是从放线菌中提炼的。

（二）纲及其分布

共检测到已命名的含量超过0.01%的纲40个，见附表6新杨黑羽蛋鸡主要肠道菌群纲类及其分布。回肠的优势菌群是杆菌，盲肠的优势菌群是梭菌和拟杆菌，直肠的优势菌群是杆菌和梭菌。在肠道菌群较高含量的40个纲中，回肠33个纲，盲肠18个纲，白肠36个纲。回肠和直肠有更丰富的微生物多态性，其中最多的是芽孢杆菌纲，其次是梭菌纲，再次是拟杆菌纲。

1. 芽孢杆菌纲　包括芽孢杆菌目和乳杆菌目。对外界有害因子抵抗力强，分布广，存在于土壤、水、空气以及动物肠道等处。新杨黑羽蛋鸡配套系肠道菌群包括芽孢杆菌目（Bacillales）、乳杆菌目（Lactobacillales）和苏黎世杆菌目（Turicibacterales），分别有OTU数量17个、462个和5个。

2. 梭菌纲　是盲肠中的主导菌群，新杨黑羽蛋鸡中包括梭菌目和1个未分类目，梭菌目有1 146个OTU。

3. 拟杆菌纲　主要定植在盲肠中，是新杨黑羽蛋鸡配套系盲肠菌群的第二优势菌群。只有1个拟杆菌目（Bacteroidales），297个OTU。

（三）目及其分布

共检测到已经命名的含量超过0.000 1%的目67个，占新杨黑羽蛋鸡主要肠道菌群98%以上。回肠检测到63个已知目占回肠菌群的98.4%，盲肠检测到35个已知目占盲肠菌群96.8%，直肠检测到66个已知目占直肠的96.9%。各目的分布如附表7所示。乳杆菌目占回肠菌群71.1%，梭菌占回肠菌群9.9%。乳杆菌和梭菌都属于硬壁菌，二者之和占回肠菌群的81.0%，占盲肠菌群的63.7%，占直肠菌群的72.7%。拟杆菌为革兰氏阴性菌，在盲肠为第二优势菌。

1. 乳杆菌目　新杨黑羽蛋鸡有气球菌科（Aerococcaceae）、肉杆菌科（Carnobacteriaceae）、肠球菌科（Enterococcaceae）、乳杆菌科（Lactobacillaceae）、链球菌科（Streptococcaceae）和未分类乳杆菌科（Unclassified Lactobacillales），分别有1、3、60、368、24和6个OTU。

2. 梭菌目　新杨黑羽蛋鸡梭菌目有丰富的 OTU 数量，Mogibacteriaceae 13 个 OTU，Tissierellaceae 8 个 OTU，Caldicoprobacteraceae 1 个 OTU，Christensenellaceae 10 个 OTU，梭菌科（Clostridiaceae）58 个 OTU，Dehalobacteriaceae 8 个 OTU，EtOH8 1 个 OTU，Eubacteriaceae 3 个 OTU，毛螺菌科（Lachnospiraceae）191 个 OTU，Peptococcaceae 17 个 OTU，Peptostreptococcaceae 10 个 OTU，瘤胃菌科（Ruminococcaceae）554 个 OTU，Syntrophomonadaceae 1 个 OTU，未定义梭菌目（Unclassified-Clostridiales）234 个 OTU，韦荣球菌科（Veillonellaceae）35 个 OTU。

3. 拟杆菌目　新杨黑羽蛋鸡中有包括 Barnesiellaceae、Odoribacteraceae、Paraprevotellaceae、Bacteroidaceae、Rikenellaceae 和 Unclassified-Bacteroidales 6 个科，分别有 5 个、1 个、7 个、177 个、13 个和 75 个 OTU。

（四）科及其分布

新杨黑羽蛋鸡主要肠道菌群科类及其分布见附表 8。回肠中乳杆菌目的乳杆菌科和肠球菌科合计 68.2%，占乳杆菌目的 96%；盲肠中梭菌目的瘤胃菌科和毛螺菌科合计 41.8%，占梭菌目的 73.2%。有研究发现，毛螺菌科细菌的比例变化与肝病相关，与新杨黑羽蛋鸡的肝病相关性还有待研究。有定义的 86 个科类占回肠菌群的 97.3%，33 个科类占盲肠菌群的 77.5%，97 个科类占直肠菌群的 89%。新杨黑羽蛋鸡配套系的盲肠菌群中 22.5%的科还没有定义。

1. 乳杆菌科　新杨黑羽蛋鸡的乳杆菌科只有 1 个属，即乳杆菌属（*Lactobacillus*），有 366 个 OTU。

2. 瘤胃菌科　新杨黑羽蛋鸡有 6 个属，包括 *Anaerotruncus* 1 个 OTU，*Butyricicoccus* 1 个 OTU，柔嫩梭菌（*Faecalibacterium*）95 个 OTU，颤螺菌属（*Oscillospira*）64 个 OTU，瘤胃球菌属（*Ruminococcus*）37 个 OTU 和未定义瘤胃菌科 356 个 OTU。

3. 肠球菌科　新杨黑羽蛋鸡包括肠球菌属（*Enterococcus*）58 个 OTU，未定义肠球菌科（Unclassified-Enterococcaceae）2 个 OTU。

4. 毛螺菌科　新杨黑羽蛋鸡至少有 7 个属，分别是 *Lachnoclostridium* 98 个 OTU，*Anaerostipes* 1 个 OTU，*Blautia* 9 个 OTU，梭菌属（*Clostridium*）21 个 OTU，*Dorea* 7 个 OTU，*Roseburia* 2 个 OTU，未定义毛螺菌科

(Unclassified-Lachnospiraceae) 54 个 OTU。

5. 拟杆菌科　新杨黑羽蛋鸡只有 1 个属，即拟杆菌属（*Bacteroidaceae*），149 个 OTU。

6. 消化链球菌科　新杨黑羽蛋鸡只有 1 个属，还没有定义。

（五）属及其分布

新杨黑羽蛋鸡主要肠道菌群属类及其分布见附表 9。176 个有定义的属占回肠菌群 85.1%，72 个有定义的属占盲肠菌群的 42.7%，188 个属占直肠菌群的 65.2%。新杨黑羽蛋鸡肠道菌群中的许多属还没有定义，其中瘤胃菌科的大部分属都没有定义。

1. 乳杆菌属　26 个 OTU 定义到 4 个种，其中 1 个种 23 个 OTU，3 个种各 1 个 OTU，其余种都没有定义。

2. 肠球菌属　包括 1 个 1 种 *Enterococcus cecorum*，47 个 OTU 和 1 个没有定义的种，10 个 OTU。

3. 拟杆菌属　*Bacteroides barnesiae* 66 个 OTU，*Bacteroides fragilis*82 个 OTU，*Bacteroides uniformis*1 个 OTU，未定义拟杆菌属 74 个 OTU。

4. 柔嫩梭菌属　新杨黑羽蛋鸡只有 1 个种即柔嫩梭菌属普拉梭菌（*Faecalibacterium prausnitzii*），95 个 OTU。

四、唾液乳杆菌提高鸡蛋品质

提高鸡蛋品质的途径主要有使用蛋品质好的蛋鸡品种、投喂优质饲料以及提供可控、符合蛋鸡需要的生产环境和较好的鸡蛋保存环境等。也有研究表明，在饲料中添加中药成分能够改善鸡蛋品质。但是，通过以上方法改善鸡蛋品质的效果差异较大，且对降低鸡蛋暗斑都没有实质性效果或效果不明显。通过纯系鸡选择方法改善鸡蛋品质的效率较低，通过调整饲料营养成分还不能够完全避免鸡蛋暗斑，而使用中药改善鸡蛋品质有一定效果，但效果不显著，也没有关于中药用于避免鸡蛋暗斑的相关报道。

在进行新杨黑羽蛋鸡鸡蛋暗斑与肠道微生物关联研究时，发现回肠中唾液乳杆菌含量低于 0.1%时，鸡蛋都会产生暗斑。通过分离唾液乳杆菌再将菌液饲喂新杨黑羽蛋鸡，经过 4 周发现饲喂后的鸡所产鸡蛋不产生暗斑，没有饲喂的母鸡会有 50%产生暗斑。

（一）唾液乳杆菌分离

先观察鸡蛋暗斑，找出生产鸡蛋没有暗斑或暗斑较少的母鸡，准备专用培养基和5个10cm平板。准备2mL离心管，加入1mL上述专用培养基，用棉签采集母鸡新鲜小肠来源粪便1g至上述装有专用培养基的离心管中，震荡10次，混匀后静置1min；然后吸取上层溶液至另一2mL离心管，补充培养基至1.5mL，震荡10次，混匀后静置1min。重复该操作一次。

再将1mL的上层培养基分配到5个平板，涂板，在厌氧培养箱中42℃培养24h，挑取突出明显的浅白色菌落，革兰氏染色后光学显微镜观察。取形态疑似唾液乳杆菌SNK-6的菌落小管厌氧培养13h，并用PCR检测16S DNA序列验证。

TATACATGCAAGTCGAACGAAACTTTCTTACACCGAATGCTTGCATTCACCGTAAG
AAGTTGAGTGGCGGACGGGTGAGTAACACGTGGGTAACCTGCCTAAAAGAAGGGG
ATAACACTTGGAAACAGGTGCTAATACCGTATATCTCTAAGGATCGCATGATCCTT
AGATGAAAGATGGTTCTGCTATCGCTTTTAGATGGACCCGCGGCGTATTAACTAGT
TGGTGGGGTAACGGCCTACCAAGGTGATGATACGTAGCCGAACTGAGAGGTTGATC
GGCCACATTGGGACTGAGACACGGCCCAAACTCCTACGGGAGGCAGCAGTAGGGAA
TCTTCCACAATGGACGCAAGTCTGATGGAGCAACGCCGCGTGAGTGAAGAAGGTCT
TCGGATCGTAAAACTCTGTTGTTAGAGAAGAACACGAGTGAGAGTAACTGTTCATT
CGATGACGGTATCTAACCAGCAAGTCACGGCTAACTACGTGCCAGCAGCCGCGGTAA
TACGTAGGTGGCAAGCGTTGTCCGGATTTATTGGGCGTAAAGGGAACGCAGGCGGT
CTTTTAAGTCTGATGTGAAAGCCTTCGGCTTAACCGGAGTAGTGCATTGGAAACTG
GAAGACTTGAGTGCAGAAGAGGAGAGTGGAACTCCATGTGTAGCGGTGAAATGCGT
AGATATATGGAAGAACACCAGTGGCGAAAGCGGCTCTCTGGTCTGTAACTGACGCT
GAGGTTCGAAAGCGTGGGTAGCAAACAGGATTAGATACCCTGGTAGTCCACGCCGT
AAACGATGAATGCTAGGTGTTGGAGGGTTTCCGCCCTTCAGTGCCGCAGCTAACGCA
ATAAGCATTCCGCCTGGGGAGTACGACCGCAAGGTTGAAACTCAAAGGAATTGACG
GGGGCCCGCACAAGCGGTGGAGCATGTGGTTTAATTCGAAGCAACGCGAAGAACCT
TACCAGGTCTTGACATCCTTTGACCACCTAAGAGATTAGGCTTTCCCTTCGGGGACA
AAGTGACAGGTGGTGCATGGCTGTCGTCAGCTCGTGTCGTGAGATGTTGGGTTAAG
TCCCGCAACGAGCGCAACCCTTGTTGTCAGTTGCCAGCATTAAGTTGGGCACTCTGG
CGAGACTGCCGGTGACAAACCGGAGGAAGGTGGGGACGACGTCAAGTCATCATGCC
CCTTATGACCTGGGCTACACACGTGCTACAATGGACGGTACAACGAGTCGCAAGACC
GCGAGGTTTAGCTAATCTCTTAAAGCCGTTCTCAGTTCGGATTGTAGGCTGCAACT
CGCCTACATGAAGTCGGAATCGCTAGTAATCGCGAATCAGCATGTCGCGGTGAATA
CGTTCCCGGGCCTTGTACACACCGCCCGTCACACCATGAGAGTTTGTAACACCCAAA
GCCGGTGGGGTAACCGCAAGGAGCCAGCC

（二）饲喂试验

选用新杨黑羽蛋鸡做饲养试验。将其平均分成两组，其中一组蛋鸡按标准化饲养方式饲养，另一组在标准化饲养方式饲养的同时，按 1 000 只母鸡 1×10^{10}CFU 唾液乳杆菌 SNK-6 的量，配成 1 000mL 唾液乳杆菌生理盐水溶液，整栋鸡舍饲喂相同料后试验鸡群后使用喷壶喷在饲料表面，第二天重复喷一次。连续使用唾液乳杆菌 SNK-6 菌剂 3 周后，第四周的鲜蛋开始不产生暗斑；之后每周喷上述唾液乳杆菌 SNK-6 菌剂 1 次，鲜蛋不产生暗斑。测试产下的鸡蛋暗斑发生率及哈氏单位结果如表 4-2 所示，可以看出，与不添加唾液乳杆菌 SNK-6 的饲养方式相比，添加唾液乳杆菌可以避免鸡蛋暗斑，且鸡蛋品质明显好于不喂唾液乳杆菌的母鸡。

表 4-2　添加唾液乳杆菌对鸡蛋品质的影响

组别	暗斑发生率（%）	存放 7d 鸡蛋哈氏单位	存放 14d 鸡蛋哈氏单位
添加组	0	83	79
不添加组	60	80	75

第五章
鸡蛋品质控制技术

新杨黑羽蛋鸡配套系的成功推广主要是基于消费者对其鸡蛋品质的认可。从不同角度评价鸡蛋品质可能会有不同的结论。有人从蛋壳颜色评价鸡蛋品质，但是不同人群的评价标准有较大差异，有人喜欢褐壳蛋，有人喜欢绿壳蛋，还有人喜欢粉壳蛋。有人从蛋重评价鸡蛋品质，不同人群的评价标准也有较大差异，有人喜欢大蛋，有人喜欢小蛋。有人从蛋黄颜色评价鸡蛋品质，认为蛋黄颜色深黄至橙色的为优质鸡蛋。有人从鸡蛋的哈氏单位评价鸡蛋品质，认为哈氏单位高的鸡蛋品质好。有人从鸡蛋的口味评价鸡蛋品质，认为口味优的鸡蛋品质好。

各个鸡蛋品质评价标准之间存在着文化、遗传或生物化学上的联系。从食品学角度看，鸡蛋作为食品原料，应符合国家食品标准和规范，具有安全、无残留、美观、美味等属性，在这些前提下，口感和气味符合消费者的消费习惯、能得到消费者青睐的即优质鸡蛋。

第一节　鸡蛋结构

鸡蛋包括蛋壳、蛋清和蛋黄。蛋清和蛋黄是鸡蛋主要可食营养部分。鸡蛋品质如何，蛋清和蛋黄形态是重要的参考指标。鸡蛋品质好的标志是蛋清凝聚在蛋黄周边，蛋黄隆起，色泽鲜亮。随着鸡蛋储存时间增加，蛋壳失去表面光泽的同时，鸡蛋内部也发生变化，蛋清凝聚力降低、变得稀薄，蛋黄不再隆起而逐渐摊开，甚至蛋黄破裂散开。

现在有专门量化测定鸡蛋内部品质的设备，即通过光线测定蛋白的平均高度，并用蛋清高度和蛋重的函数计算结果评价鸡蛋品质（哈氏单位）。蛋黄指数是蛋黄高度与蛋黄直径的比，新鲜鸡蛋的蛋黄指数大于储存时间长的鸡蛋。在低温保存时，哈氏单位差异不显著，但蛋黄指数差异极显著。在常温下，哈氏单位和蛋黄指数是评价鸡蛋内容物品质的主要指标，在鲜蛋冷藏时，蛋黄指数是主要指标。

一、蛋壳

蛋壳包括基质和间质两部分。基质是由交错的蛋白质纤维和蛋白质团构成，间质由方解石晶体构成。方解石晶体呈长轴堆积，轴与轴之间形成的空洞，即蛋壳的气孔。

（一）蛋壳厚度

蛋壳厚度由方解石晶体轴长决定，鸡的品种、日龄、饲料中钙的含量和鸡的健康都会影响鸡蛋蛋壳厚度。

1. 鸡日龄影响蛋壳厚度　蛋壳厚度受鸡输卵管分泌碳酸钙量的影响，随着日龄增加，碳酸钙分泌量虽不随之增加，但由于产蛋率降低，如产蛋率从90%降为80%，鸡蛋在输卵管中的停留时间增加，鸡蛋的重量增加，即相同的蛋壳包裹更大的鸡蛋，因此产蛋后期蛋壳厚度变薄。

2. 饲料中钙的含量影响蛋壳厚度　鸡采食饲料中钙的含量越高，鸡蛋中的含钙量也越高。夏季鸡的采食量下降，蛋壳质量也随之下降。

3. 健康影响蛋壳厚度　钙的吸收和运输需要多种酶的参与，如果鸡处于亚健康状态、肝肾有器质性疾病，或输卵管存在器质性疾病，都会影响钙运输到鸡蛋，造成软壳蛋或其他各种蛋壳畸形。

（二）蛋壳强度

蛋壳强度是衡量鸡蛋是否易碎的指标。鸡群日产蛋破蛋率、鸡蛋加工及运输过程中的破蛋率都能反映鸡蛋的蛋壳强度。目前已有专门的仪器用来测定个体鸡蛋的蛋壳强度。

蛋壳厚度对蛋壳强度的贡献约40%（相关系数0.35～0.45）。蛋壳强度除了受蛋壳厚度影响外，还受蛋壳中有机质含量和结构的影响，因此一些影响蛋壳基质蛋白质构成的因素会影响蛋壳强度。

1. 饲料氨基酸组成　产蛋后期，为避免鸡蛋过大，需调整饲料粗蛋白质比例时。此时，要保证必需氨基酸满足需要，否则即使鸡蛋重量没有继续增长，也会造成蛋壳强度下降。

2. 饲料微量元素和维生素　参与蛋白质代谢和钙代谢的微量元素及维生素缺乏，会导致蛋壳强度下降。长期饲喂抗生素母鸡的鸡蛋易碎，其主要原因是肠道微生物种类和分布发生了较大变化，肠道微生物合成维生素的能力下降，导致体内维生素供应不足。肠道菌群被破坏后，饲料中补充维生素较难完全满足母鸡对维生素种类和含量的需求，补充维生素可以减轻症状，但不能完全恢复。

3. 母鸡健康影响蛋壳强度　母鸡亚健康导致合成蛋壳基质蛋白质的代谢通路受阻，同样会造成基质蛋白质不足，从而降低鸡蛋的蛋壳强度。

二、鸡蛋壳膜

鸡蛋壳膜包括鸡蛋蛋壳外膜和蛋壳内膜。鸡蛋壳膜结构的完整性是保障鸡蛋蛋壳强度、蛋黄指数和稳定鸡蛋品质的关键因素。鸡蛋壳膜可以阻止微生物从蛋外进入蛋内，是鸡蛋品质的重要屏障。

（一）蛋壳外膜

蛋壳表面包裹着一层胶质性的物质，称为蛋壳外膜，厚度0.005～0.01mm。蛋壳外膜是无色透明的可溶性蛋白质。完整的蛋壳外膜能够反光，使蛋壳外膜具有光泽。蛋壳表面的光泽度主要反映蛋壳外膜的完整性。

蛋壳外膜能够保护鸡蛋不受细菌和霉菌等微生物侵入，防止蛋内水分蒸发和CO_2溢出。在与微生物的斗争中，蛋壳外膜有一定的贡献。蛋壳外膜一旦受到破坏，蛋内水分蒸发加快，细菌和霉菌等微生物就会易于侵入蛋内。水淋、水洗、摩擦、撞击都会破坏蛋壳外膜。

1. 避免水淋　鸡舍内喷雾消毒或喷雾降温都会淋湿鸡蛋，下雨天鸡蛋暴露也会被淋湿。

2. 避免水洗　水洗鸡蛋后必须进行消毒，消毒后必须进行涂膜，才能保护鸡蛋不受微生物侵染。如果没有进一步的涂膜，水洗后的鸡蛋要及时食用或加工，不宜继续储存。

3. 避免摩擦　鸡蛋滚动运输易造成蛋壳膜损伤，因此应避免反复滚动。一些规模化鸡场的自动化集蛋设备使鸡蛋多次转运，不仅使鸡蛋易于破裂，裂纹蛋率高，而且合格的鸡蛋如果不及时涂膜保存，也易于变质。

4. 避免撞击　主要发生在运输过程和鸡蛋检查过程。有些鸡蛋分拣设备通过敲击鸡蛋判断鸡蛋壳的完整性，在敲击的部位蛋壳膜受损。如果没有进一步的涂膜工艺，慎重采用敲击的方法检查鸡蛋壳的完整性。

（二）蛋壳内膜

蛋壳内膜是在蛋壳内面、蛋清外面的两层薄膜，由胶质蛋白质组成。敲开新鲜的鸡蛋，有一些蛋白粘在蛋壳上不易随蛋清和蛋黄离开蛋壳，这是蛋壳内膜黏附力的作用。水煮新鲜的鸡蛋较难剥壳，也是由于蛋壳内膜将蛋清粘在蛋壳上。

蛋壳内膜的蛋白质纤维结构透水透气，不溶于水，能够阻止微生物通过。但蛋壳内膜可以被微生物产生的蛋白酶降解，并形成较大的孔洞。因此，鸡蛋从鸡舍捡出后应及时消毒，杀死微生物是鸡蛋保持优秀品质的必要步骤。

三、蛋清（蛋白）

蛋清也称蛋白，约占蛋质量的60%。蛋清是胶体物质，呈白色、淡黄色或浅绿色（随饲料中色素颜色而变化），温度上升到80℃开始凝固为纯白色，要完全凝固需要上升到100℃。鸡蛋蛋清含水量85%～89%，干物质主要是蛋白质。

（一）蛋清结构

蛋清包括外层的稀蛋白、中间的浓厚蛋白和内层的稀蛋白。鸡蛋的锐端和钝端都有系带，白色似固体长条物连接蛋黄和浓厚蛋白，将蛋黄固定在鸡蛋中间。蛋清水分含量85%～89%，其中外层的稀蛋白89%，内层稀蛋白86%，中间浓厚蛋白84%，系带82%。将煮熟的鸡蛋小心剥开，可以一层一层地剥开获得4层蛋白。

衡量鸡蛋蛋清品质的指标主要是哈氏单位，哈氏单位值越高鸡蛋质量越好，哈氏单位值越低，鸡蛋质量越差。鸡的健康状况、饲料中蛋白质浓度和维生素含量等因素都能影响哈氏单位。鸡蛋储存后哈氏单位下降。

（二）哈氏单位

哈氏单位，也称哈夫单位，是蛋清高度和鸡蛋重量的函数。

将鸡蛋打开放在一个平面上，鸡蛋外层的稀蛋白散在四周，中间的浓厚蛋白围绕着蛋黄，系带连着蛋黄和浓厚蛋白。浓厚蛋白的平均高度定义为蛋白高度，取浓厚蛋白四周最高3个点的平均值为蛋白高度值。哈氏单位公式是：

$$哈氏单位 = 100 \cdot \log (H - 1.7W^{0.37} + 7.57)$$

式中，H 是蛋白高度，W 是鸡蛋重。

现在有机器直接称量鸡蛋重量、测定蛋白高度，输出哈氏单位。机器测定需要室内温度相对稳定，25℃左右。按照哈氏单位将鸡蛋分级，美国标准是＞为72为特级，61～72为甲级，30～60为乙级；日本标准是＞79为特级，61～78为一级，＜60为二级；中国标准与美国标准基本相同，＞72为特级，60～72为甲级，31～59为二级，≤30为三级。

哈氏单位与蛋鸡品种有关，新杨黑羽蛋鸡健康状态下40周龄前产新鲜鸡蛋的哈氏单位通常大于80，在72周龄前健康蛋鸡所产蛋的哈氏单位大于72，比一般蛋鸡的哈氏单位要高。

（三）气室

气室是衡量鸡蛋新鲜度的一个外观指标，也是评价鸡蛋保存条件是否合适的指标。气室是鸡蛋蛋白膜与蛋壳内膜分离形成的气囊。气室位置与鸡蛋放置位置有关，气室总是在最上端。刚产下的蛋没有气室，当鸡蛋内容物遇冷发生收缩，鸡蛋内部暂时形成一部分真空。蛋内水分蒸发，外界空气便由鸡蛋气孔和蛋壳膜孔进入鸡蛋，在蛋白膜和蛋壳膜之间驻留，形成气室。因此，气室形成条件首先是鸡蛋内水分蒸发，其次是空气进入蛋壳膜内。鸡蛋保存时间越长，鸡蛋内水分损失越多，气孔越大。

水煮鸡蛋需要较好的气室外形，气室位置偏移钝端或气室过大影响剥壳鸡蛋的美观。放置鸡蛋时将其放正，钝端朝上，锐端朝下，可保证鸡蛋气孔在鸡蛋钝端。鸡蛋涂膜可以减少水分蒸发，阻隔空气进入鸡蛋内。

四、蛋黄

蛋黄由蛋黄膜、蛋黄内容物和胚盘组成。胚盘是蛋黄表面的一颗乳白色小点，未受精的呈圆形，为胚珠，受精的呈多角形，为胚盘。受精蛋不稳定，当气温超过23.9℃时，胚盘开始发育，最初形成血环，随着胚盘进一步发育，蛋黄表面产生血丝。

（一）蛋黄内容物

蛋黄内容物是一种浓稠不透明的乳状液，由两种深浅不同黄色（白色蛋黄和黄色蛋黄）分数层交替排列，外层浅内层深。蛋黄含有约50%水分，其余主要为蛋白质和脂肪，蛋黄中蛋白质和脂肪的比例约为1∶2。蛋黄其余成分包括糖类、矿物质、维生素和色素，约占5%。

1. 蛋白质　蛋黄中的蛋白质主要是脂蛋白，低密度脂蛋白65%，卵黄球蛋白10%，卵黄高磷蛋白4%，高密度脂蛋白16%；蛋黄中的蛋白质还包括淀粉酶、蛋白酶、磷酸酶等酶，其中α-淀粉酶失活温度与沙门氏菌的失活温度一致，可用于低温杀菌的温度指示剂。

2. 脂质　蛋黄中脂质占蛋黄的30%～33%，其中甘油三酯20%，磷脂（包括卵磷脂、脑磷脂和神经磷脂）10%，还包括少量的固醇和脑苷脂等。蛋黄的甘油三酯由不同的脂肪酸和甘油组成。脂肪酸以油酸最多，之后依次是棕榈酸、亚油酸、硬脂酸和棕榈油酸，而亚麻酸和肉豆蔻酸微量。

3. 色素　蛋黄中含有的各种色素使蛋黄呈黄色或橙黄色。

4. 维生素　鲜蛋中的维生素主要存在于蛋黄中，不仅种类多，而且含量高，特别是维生素A、维生素E、维生素B_2、维生素B_6和泛酸等。

5. 无机物　蛋黄中含1.0%～1.5%无机物，其中P 0.6%～0.9%，Ca 0.1%～0.15%，还有Fe、S、K、Na、Mg等。

（二）蛋黄颜色

蛋黄中含有各种色素使蛋黄呈黄色。蛋黄的色泽由3种色素组成，叶黄素-二羟-α-胡萝卜素、β-胡萝卜素和黄体素。蛋黄颜色由饲料色素分泌到蛋黄中而形成，蛋黄颜色过浅表明沉积的色素较少，提示鸡蛋的其他营养成分可能也含量不足；但如果蛋黄颜色过深，并不意味着鸡蛋的营养更好，只能说明鸡蛋中沉积的色素较多。

（三）蛋黄膜

蛋黄内容物外周是一种透明的薄膜，包括内外2层黏蛋白和中间的类胡萝卜素。蛋黄内膜主要作用是分开蛋白和蛋黄，保护胚盘。蛋黄体积会因蛋白的水分渗入蛋黄而逐渐增大，当蛋黄膜的韧性和弹性随着水分的增加而减弱后，蛋黄逐渐易于破裂。

蛋黄指数是蛋黄的高度与蛋黄直径的比例，用于衡量蛋黄膜的韧性。蛋黄指数越高，蛋黄的韧性越强。蛋黄指数可反映鸡蛋储存时间和鸡蛋的品质。

第二节　蛋重和蛋色

新杨黑羽蛋鸡的生产主要是为了满足消费者对优质粉壳小鸡蛋的需求。鸡蛋品质控制主要是鸡蛋重量和蛋色。

新杨黑羽蛋鸡在江苏鸡蛋市场上被定位为“中蛋”，在湖北、河南和安徽部分市场被定位为“小蛋”。“中蛋”“小蛋”都是相对的，母鸡刚开产时，蛋重最小，产蛋1年后蛋重最大。随着周龄增加，新杨黑羽蛋鸡蛋重从刚开产的42g，增长到72周龄55g。鸡蛋长径从3.6cm增长为4.4cm，短径从3.0cm增长为3.8cm，蛋形指数基本不变，为1.31～1.32。

一、蛋重

（一）初产蛋

刚开产的鸡蛋为初产鸡蛋。18周龄开始有母鸡零星产蛋，到20～22周龄产蛋率可达50%，22～25周龄产蛋率可达90%以上。刚开产前3～5周蛋重比较小，42g左右，长径3.6cm左右，短径2.8cm左右。蛋重从42g增长到46g一般需要4～6周时间。

1. 母鸡体重影响初产蛋重　体重大蛋重大。体重大小与营养供给和气候条件相关。吃得多体重大，吃得少体重小；舍温高体重小，舍温低体重大。

2. 开产时间影响蛋重　开产早蛋重小，开产晚蛋重大。事实上在相同气候条件下，开产晚的母鸡也比开产早的母鸡体重大。母鸡体重到30多周龄才会基本停止自然增长。但22月龄开产（开产晚）母鸡有可能比19月龄开产（开产早）母鸡的体重小，而22月龄开产蛋重比19月龄开产蛋重略大0.5～2g。

3. 肠道寄生虫影响蛋重　寄生虫与母鸡争夺营养，可造成所产蛋蛋重小。

（二）高峰期蛋重

高峰期是指产蛋率85%以上的产蛋期。高峰期蛋重比较稳定，稳定在

46～49g。产蛋高峰期持续时间与育成期饲养管理和产蛋期的营养管理相关，通常持续100d。40周龄后产蛋率缓慢下降，伴随产蛋率下降的同时蛋重增加。因此，在以蛋重为单位销售的鸡场可能感觉不到产蛋率下降。这个过程要持续到60～65周龄，产蛋率下降到80%以下后总产蛋量也会下降。

1. 营养平衡影响产蛋率　母鸡产蛋是自然的生理过程，受激素控制。代谢能供给是产蛋率的决定因素。能量不足时，母鸡首先要满足维持正常生理代谢的需要，提供给卵黄的营养物质量减少，产蛋率下降。鸡蛋最初是一个卵细胞，卵细胞受精后成为受精卵。受精卵需要全面的营养才能正常生长发育，只有满足受精卵完全的营养需求，受精卵才能孵化出健康的雏鸡。因此鸡蛋需要足够的蛋黄能量满足胚胎发育的需要。如果体内能量不足，就继续积蓄能量，等待能量足够时再排卵。营养不平衡时，母鸡往往多吃饲料，获得营养因子满足自身最基本的需要。这也是不同饲料配方母鸡采食量有差异的主要原因。有关营养平衡详见第六章。

2. 采食量影响产蛋率和蛋重　决定蛋重的主要因素是饲料蛋白质含量，摄入蛋白质不足蛋重降低。地方鸡种蛋重小的主要原因是母鸡采食量小。相同周龄的母鸡采食量小的所产鸡蛋蛋清少、蛋黄大。夏季如果采食量小，产蛋率下降，蛋重减小，产蛋母鸡的体重下降，腹脂贮备减少。因此稳定采食量是保持蛋重和产蛋率的重要工作。

3. 蛋白质含量影响蛋重　蛋清主要成分是蛋白质和水，固体物含量20%。可以认为母鸡输卵管多分泌0.2g蛋白质，鸡蛋增加1g。要想快速增加蛋重，避免产生小蛋，就要在产蛋率上升时保障优质蛋白质的供给。

（三）产蛋后期蛋重

产蛋后期蛋重自然增加的主要原因是由于母鸡脏器功能特别是输卵管功能下降，此外营养因素也能影响后期蛋重。

1. 输卵管功能下降　产蛋后期输卵管功能下降，鸡蛋在输卵管分泌部运动能力下降，滞留时间延长，分泌到卵黄上的蛋清量增加。产蛋后期输卵管峡部功能下降，水分重吸收能力下降，蛋清含水率增加。鸡蛋的一些营养成分需要肝脏和肾脏合成，鸡蛋在输卵管中的运动受卵巢、下丘脑和垂体的控制，产蛋后期蛋重增加是由于母鸡器官功能决定的。利用遗传育种手段提高输卵管功能是稳定产蛋后期蛋重、提高鸡蛋品质的主要途径。

2. 母鸡耗料量　后期采食量增加，输卵管分泌的物质增加，鸡蛋蛋重增加。如果后期采食量不足（如夏季炎热时），母鸡产蛋后期的蛋重也不会增加。如能在饲料中补充维生素或一些微生物和植物提取物添加剂，提高母鸡肝、肾功能，则不仅能改善母鸡产蛋后期鸡蛋品质，还能提高产蛋率，降低鸡蛋重量。

二、不合格鲜蛋

不合格鲜蛋表现为脏蛋、破裂蛋、畸形蛋和软壳蛋。新杨黑羽蛋鸡的鲜蛋正品率可达99%，畸形蛋和软壳蛋很少见，不合格蛋主要是脏蛋和破裂蛋。

（一）脏蛋

脏蛋主要是指鸡蛋上有粪便或粉尘。粪蛋的产生主要源于鸡的肠道环境变化、应激和笼具设计不当；粉尘源于干燥天气时饲料过细或风速过大。

1. 粪蛋

（1）腹泻　产蛋时腹泻，鸡蛋沾上稀便。引起肠道环境变化的因素较多，比较常见的原因是疾病，细菌和病毒都能引起肠道不适造成腹泻。非疾病因素包括电解质失调，加入了过多的食盐、小苏打或水质过硬等营养问题均能引起腹泻。母鸡腹泻时会持续产粪蛋。

（2）应激　受到应激因素刺激，排便时产蛋。应激主要存在于饲养密度大的鸡群，鸡笼内母鸡拥挤，产蛋时受到其他母鸡的影响，不能安静产蛋和排便。受应激影响造成的脏蛋有不确定性。

（3）笼具　笼具设计问题也能导致母鸡产生粪蛋。如斜度不足，鸡蛋不能滚下；网孔过细，粪便不易落下；鸡笼过浅，母鸡不能在鸡笼中转身，粪便位置固定。

（4）光照　平养蛋鸡产蛋窝光照较强，母鸡在光照较暗的地面产蛋。

（5）转群时间晚　平养蛋鸡晚于105d转群，一些母鸡已经开产，来不及熟悉产蛋舍环境，会在地面产蛋。

2. 粉尘蛋

（1）粉尘　舍内粉尘落到鸡蛋上，在鸡蛋上累积。粉尘来源于饲料、粪便和舍外的灰尘。及时收集鸡蛋是防止鸡蛋上积累粉尘的主要方法。饲料颗粒不要太细、料槽中不要积料过多、及时清粪等管理措施可以降低舍内粉尘。舍内干燥容易增加粉尘，通过带鸡消毒设施增加鸡舍湿度可减少粉尘蛋。

（2）风机 夏季开过多风机、舍内风速过大也会带起粉尘，母鸡吸入粪便粉尘，还会引起呼吸道和消化道疾病，导致脏蛋增加。但夏季需要进行通风降温，所以需要加以平衡。一般每只母鸡的通风量 9L/s 即可满足鸡舍防暑降温需要，超过 9L/s 时减少启动风机能够减少鸡蛋上的粉尘。

（二）破蛋、裂纹蛋

引起破裂蛋的主要原因是蛋壳强度不足（详见本章第一节蛋壳强度）。破裂蛋依程度不同包括碎蛋、破壳蛋和裂纹蛋。碎蛋和破壳蛋可以在舍内直接观察到，裂纹蛋需要通过光照才能看到。新杨黑羽蛋鸡的蛋壳质量优于目前蛋鸡产业中多数蛋鸡配套系。

1. 蛋壳强度不足 饲料中钙或维生素 D_3 含量不足，蛋壳薄，易造成破裂蛋。通过检测蛋壳厚度可以判断破裂蛋是否由于饲料钙或维生素 D_3 不足造成。产蛋后期肝肾功能不足，也能引起钙沉积不足。蛋壳有机质不足，蛋壳强度也低。通过增加维生素含量、添加某些微量元素或植物提取物能够改善蛋壳有机质，提高蛋壳强度。

2. 底网弹性不足 母鸡产蛋时，从泄殖腔到底网有一定的距离，如果底网弹性不足，鸡蛋易破裂。

3. 笼具有效产蛋位不足 母鸡喜欢在安静且光线暗的地方产蛋，当给予母鸡较大的活动空间，母鸡有选择自由时，多数母鸡产蛋位置会集中到某个局部区域，母鸡所产蛋叠加在一起，相互碰撞，从而导致破蛋、裂纹蛋增加。

4. 鸡蛋传输过程中反复碰撞导致机械损伤 在直线传输时，鸡蛋在传输带上不动不会引起鸡蛋破裂，破裂主要发生在转弯时鸡蛋相互推挤。从一个传送带转移到另一个传送带时，也是靠推挤传送，发生鸡蛋破碎或裂纹的概率更大。因此，在传输过程中要尽量减少转弯和交接的次数。

三、蛋壳颜色和色泽

粉壳蛋是新杨黑羽蛋鸡的市场定位，是一个包装性状，与鸡蛋品质、产蛋率和饲料转化效率等指标无相关性。鸡蛋的色泽则反映了新杨黑羽蛋鸡的健康状况，亚健康母鸡的鸡蛋色泽差。蛋壳色泽是鸡蛋品质的外在评判指标，可评

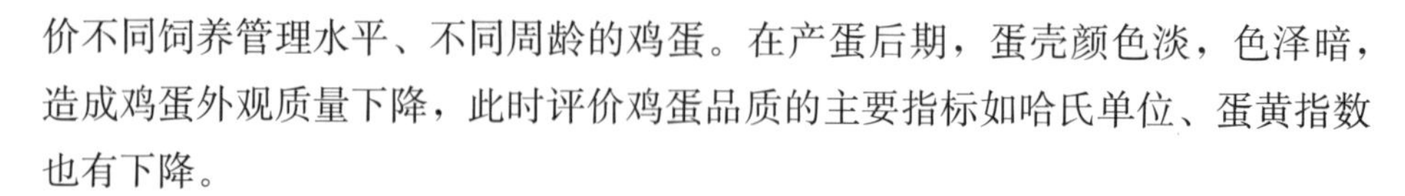

价不同饲养管理水平、不同周龄的鸡蛋。在产蛋后期，蛋壳颜色淡，色泽暗，造成鸡蛋外观质量下降，此时评价鸡蛋品质的主要指标如哈氏单位、蛋黄指数也有下降。

（一）粉壳类别

新杨黑羽蛋鸡鸡蛋粉壳的类别差异比较大。蛋壳颜色是由多基因控制的，除了加性基因外，还存在显性基因，如白壳对褐壳显性。当所有基因都是白壳效应或隐性纯合时，蛋壳为白色，如海兰白壳蛋鸡。当存在褐壳加性效应基因时，蛋壳呈粉色。贵妃鸡的蛋壳基因含褐壳效应基因，所产蛋壳为浅粉色。在与完全褐壳的母鸡配种后，后裔不表现为中间色，而是偏浅粉色。关于蛋壳颜色基因还没有深入研究，还没有发现形成蛋壳褐色深浅的基因机制。

（二）蛋壳光泽度

鸡蛋表面的光泽度是由蛋壳表面的致密性和蜡层厚度决定的。肉眼可以观察到蛋壳的光泽度，但目前还没有合适的设备可以测量。蛋壳光泽度的间接测量方法是观察蛋壳的透光程度，通过观察蛋壳的纹路和是否有透光孔评价光泽度，有透光孔表示光泽度差，没有透光孔表示光泽度好，蛋壳表面的纹路一致性越好，光泽度越好。光泽度评分1～5，光泽度评分如下：

1——最低，有大的透光孔；

2——有中等透光孔；

3——有细的透光孔；

4——没有透光孔，不均匀；

5——没有透光孔，均匀。

鲜蛋放置一段时间后，光泽度降低。影响蛋壳光泽度的研究还不充分，但鸡的周龄、健康状况、舒适度、饲料营养和饲养密度能够影响鸡蛋的光泽度。

1. 母鸡健康状况　保持鸡蛋光泽的前提条件，健康鸡分泌到蛋壳上的蜡质多而均匀，蛋壳光泽度更好。

2. 饲料中添加油和维生素　饲料中添加的油更容易转化成蜡质，添加的维生素可促进代谢酶的合成，因此在饲料中添加油和维生素能够增加蛋壳光泽度。另外，一些植物提取物也能增加蛋壳光泽度。

第三节 水煮鸡蛋技术

通过观察鸡蛋品质可以了解鸡群健康，鸡群可能发生疫病的前兆首先是鸡蛋品质下降，然后是鸡产蛋率下降，最后是死亡鸡增加。在鸡场，不一定要通过仪器才能测定鸡蛋品质，可将鸡蛋打开放在平板玻璃上，通过稀蛋白在平面上的含量估测出哈氏单位，打开鸡蛋后蛋清流到平面的边缘，不能聚集在浓蛋白周边，表明鸡蛋的哈氏单位较低；另外，通过抽测品尝水煮鸡蛋可以测试鸡蛋的风味和口味，了解鸡蛋品质。

壳蛋消费是新杨黑羽蛋鸡主要的消费方式，其中水煮鸡蛋是营养损失最少也是最方便的消费形式。饲养者每天通过水煮鸡蛋，能从中观察鸡蛋品质，评价水煮鸡蛋的风味和口味，由此了解鸡蛋生产过程的问题，化解生产风险。

水煮放置 2d 以上的未涂膜鸡蛋容易观察鸡蛋品质。2d 以内的鸡蛋剥壳困难，不方便了解蛋清结构。鸡蛋剥壳是否容易与鸡蛋放置时间有关，新开产的鸡蛋蛋白膜和蛋壳膜紧紧贴在一起，水煮（蒸）后即使放在凉水里鸡蛋壳也难以与蛋白分开。涂膜鸡蛋清洗鸡蛋后有热风吹干的程序，蛋壳膜与蛋白膜能够分开，涂膜后直接蒸煮，蛋白和蛋壳也能分离。

一、水煮（蒸）鸡蛋技巧

水煮鸡蛋是有技巧的。不同的水煮方式获得的鸡蛋口味差异极大。相同的鸡蛋，有些被煮得蛋黄很干，蛋黄表面青黑。稍稍煮过头的鸡蛋蛋黄中没有溏心；可在蛋黄看到 1 个黑点，这个黑点是胚盘；在胚盘和系带连接点位置有 3 个黑点和零星的黑斑，储存时间较长的鸡蛋看不到 3 个黑点，只看到蛋黄上有零星的黑斑。随着水煮的时间延长，蛋黄外表面看不到黄色，都被青黑色包围。

适宜程度的煮（蒸）鸡蛋蛋黄含水较多，入口易溶，中间有米粒大小没有完全凝固的蛋黄或蛋黄微软，即溏心蛋。水煮（蒸）鸡蛋技巧在于掌握好加温时间。水煮鸡蛋的容器很多，不同容器水煮鸡蛋的技巧也有所差异，要根据具体容器摸索不同的方式。

（一）煮蛋器煮鸡蛋

煮蛋器煮鸡蛋的原理是水烧开后用蒸汽蒸鸡蛋，有煮蛋器说明书标注加水

量、鸡蛋数，但是完全按说明书煮出的鸡蛋通常都有点过头。

鸡蛋用自来水清洗后放入煮蛋器，按刻度添加不同剂量的水。煮蛋器自动断电后，分别在 3min、5min、10min 和 15min 打开煮蛋器，待水蒸气挥发，鸡蛋温度降低后检查蛋清蛋黄凝结程度。加入的水量以 10～15min 后打开，成溏心蛋为最佳水量。

（二）敞口锅煮鸡蛋

敞口锅煮鸡蛋是完全的水煮鸡蛋。鸡蛋用自来水清洗后，放入锅中，水要没过鸡蛋 0.5cm，水开后小火再煮 3～6min 关火，自然冷却后倒去煮蛋水，检查成为溏心蛋的小火煮蛋时间。新杨黑羽蛋鸡鸡蛋冬天 5min、夏天 4min，即可获得溏心蛋。如果不小心水煮时间长了，立即倒去水，自然冷却。

（三）奶锅煮鸡蛋

要求奶锅密闭性好，水煮时锅内有一定压力。鸡蛋用自来水清洗后放入锅中，水没过鸡蛋即可，水开后立即关火，分别过 4、6、8 和 10min 倒去热水，自然冷却。检查成为溏心蛋的倒水时间。新杨黑羽蛋鸡鸡蛋冬天 7min、夏天 5min，即可获得溏心蛋。

二、鸡蛋品质评价

水煮鸡蛋营养全面、不流失，可以通过水煮鸡蛋了解鸡群的健康状况和饲料质量。

（一）观察蛋白

水煮鸡蛋蛋白横切面层次分明，有蛋白将有的气味，在口中有嚼劲，到达咽部后有融合感。不正常的鸡蛋有异味，蛋白不成形或粗糙，口中没有嚼劲。

1. 有腥味或其他异味　热鸡蛋有腥味或其他异味，与鸡发病、不当原料或抗生素等有关。

2. 蛋白没有嚼劲，像豆腐脑　检查未煮的鸡蛋，打开鸡蛋后鸡蛋蛋清凝聚力差，蛋白高度低，哈氏单位 60 以下。这种情况与鸡的健康状况不良或鸡蛋放置时间过长变质有关，不要食用这样的鸡蛋。

3. 蛋白粗糙，像豆腐渣，难以下咽　这种鸡蛋与饲料原料有关，一些杂粕（如棉籽粕）的成分进入鸡蛋，虽然设计的营养成分达到了营养标准，但由于有害成分如棉酚未能完全消除，会进入鸡蛋中。

（二）观察蛋黄

正常的水煮鸡蛋蛋黄位置在鸡蛋中间。蛋黄被钝端和锐端的两根系带连接在浓蛋白上，如果一个系带断裂，蛋黄会贴近鸡蛋的周侧；两根系带都断裂，蛋黄会掉到锐端。

观察到煮熟的鸡蛋蛋黄贴着蛋壳，说明鸡蛋系带断了，仔细检查未煮鸡蛋可以验证。若储存时间过长，鸡蛋系带会断裂；如果储存时间短，则要检查饲料中氨基酸平衡情况，找出饲料中缺乏的氨基酸。

煮蛋时间稍长，蛋黄表面变黑，首先是卵泡变黑，然后是蛋黄膜变黑。鸡蛋放置时间较长时，煮鸡蛋放置 2h 后，蛋黄表面也逐渐变黑，品质较差的鸡蛋也是这样。

第四节　母鸡生殖生理

一、鸡蛋形成过程

母鸡产蛋包括卵子形成、排卵、蛋清形成、蛋壳形成和产蛋等几个步骤。

（一）卵子形成和排卵过程

卵泡在卵巢发育，吸收脂肪和蛋白质，形成卵子（卵泡和卵黄）。新杨黑羽蛋鸡 13 周龄后卵巢开始发育，19 周龄可见成熟卵黄（详见第二章第七节）。卵黄体积逐步增大，卵子成熟后在激素作用下进入输卵管漏斗部。卵巢内有 2 000个左右不同发育程度的卵泡，卵黄是卵泡的营养部分，主要成分是卵黄蛋白、高密度脂蛋白。

卵黄一般分层，由黄卵黄与白卵黄以同心圆形相间排列组成，卵中心的白色卵黄呈球状，有卵黄心，以卵黄心颈与胚盘相连。沿鸡蛋长轴，卵黄的两端由浓稠的蛋白质组成系带，它使卵细胞维持在蛋白中心，起着缓冲作用。

卵泡有足够数量时，卵黄发育速度是关键。卵黄成熟越快，排卵间隔越短，产蛋间隔也越短。

（二）蛋清形成过程

卵子在漏斗部停留 15～25min 后进入蛋白分泌部。蛋白分泌部内的卵子在旋转中向峡部移动，蛋黄的表面依次包裹系带、内浓蛋白层、内稀蛋白层、外浓蛋白层和外稀蛋白层，约 3h 后到达峡部。在峡部卵子水分被再吸收，表面覆盖柔韧的蛋壳膜，约 80min 后，进入子宫部。

（三）蛋壳形成过程

在输卵管子宫部，卵子在子宫部肌层的作用下旋转，经 20h 左右，卵壳膜表面均匀地沉积了钙质、角质和特有的色素，经硬化形成蛋壳；在子宫部与阴道部交汇处，蛋壳的外表面又覆盖一薄层致密的角质膜，起着防止蛋内水分蒸发、润滑阴道并阻止微生物侵入。

蛋完全形成后，在输卵管的强烈收缩下产出。新杨黑羽蛋鸡产蛋高峰期连续产蛋 10d 左右，停产 1～2d，有些新杨黑羽蛋鸡个体连产 1 个月才停产。后期连续产蛋 6～10d，停产 1～3d，个体间差异较大。

二、产蛋过程调控

产蛋过程调控比较复杂，由脑垂体、卵巢和输卵管等分泌的性激素调控，以及血液中的钙离子调控。

（一）性激素调控

①脑垂体分泌促卵泡成熟激素刺激卵巢中卵子的生成，分泌促黄体生成激素促进卵巢排卵，分泌催产素促进输卵管平滑肌的收缩。

②卵巢分泌雌二醇、孕酮和睾酮诱导输卵管的发育和稳定，合成鸡蛋蛋白。

③输卵管分泌前列腺素调节输卵管的运动和卵子的移动。

（二）钙离子调控

①蛋壳腺诱导肝脏血浆钙结合蛋白的形成，并与睾酮一起诱导生成骨髓；黄体调控蛋壳钙化和钙结合蛋白基因合成；蛋壳形成诱导甲状旁腺分泌甲状旁腺激素。

②甲状旁腺激素诱导肾合成1，25-维生素 D_3，甲状旁腺激素、血液中 Ca^{2+} 和1，25-维生素 D_3 调控肠道 Ca^{2+} 的吸收、肾脏 Ca^{2+} 的重吸收和骨髓中 Ca^{2+} 的释放。

③Ca^{2+} 的转运相关因子诱导了蛋壳腺钙结合蛋白和一些其他蛋壳腺相关mRNAs的合成。

三、影响鸡蛋形成的因素

根据母鸡产蛋的生殖生理规律，影响母鸡产蛋的因素主要有健康、营养和光照。

（一）健康

健康的鸡才能产下优质的蛋。与产蛋相关需要的健康器官包括肠道、肝脏、心脏、肾脏、骨髓、垂体、甲状旁腺、卵巢和输卵管等，这些器官发生病变都会导致鸡蛋品质下降或停产。肠道、肝脏与鸡蛋蛋白质的合成相关，肠道、心脏、肾脏和甲状旁腺与 Ca^{2+} 平衡相关，垂体与卵巢和输卵管的发育相关。

鸡群亚健康的最初表现就是鸡蛋品质下降。

（二）营养

母鸡产蛋消耗的营养需要从饲料中得到补充。如果营养得不到及时补充，母鸡就会释放体内贮存，同时影响鸡蛋品质，如鸡蛋蛋重、蛋壳质量和哈氏单位下降等。

1. 饲料蛋白质含量和氨基酸平衡　饲料蛋氨酸浓度大于0.38%、色氨酸浓度低于0.16%或高于0.22%时，哈氏单位显著下降。饲料原料中粗蛋白质成分复杂，氨基酸总量或必需氨基酸不足可导致鸡蛋哈氏单位下降，并进一步降低鸡蛋蛋壳质量和产蛋率。使用杂粕时需要测定氨基酸需求平衡。

2. 饲料中维生素含量和微量元素充足　母鸡对维生素需求量较低，一些维生素可以通过肠道微生物合成。目前对维生素影响鸡蛋形成的研究较少，特别是水溶性维生素的研究更少。在观察鸡蛋哈氏单位时，饲喂饲料的预混料标识上维生素含量较低的鸡群哈氏单位极显著地低于维生素含量高的鸡群。

（三）光照

光照可刺激脑垂体合成分泌促卵泡成熟激素，促进卵巢发育。在垂体、肝

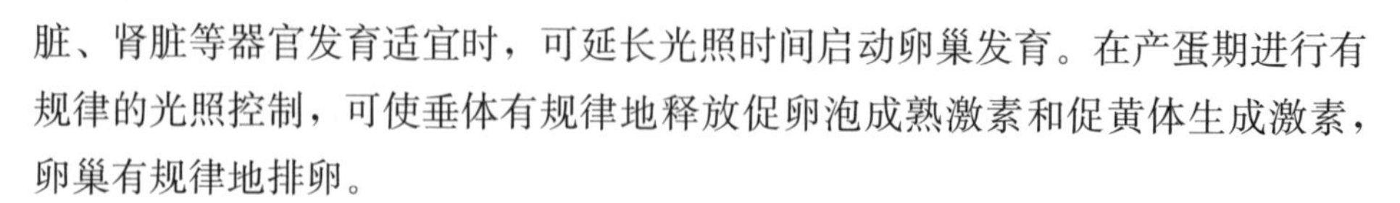

脏、肾脏等器官发育适宜时，可延长光照时间启动卵巢发育。在产蛋期进行有规律的光照控制，可使垂体有规律地释放促卵泡成熟激素和促黄体生成激素，卵巢有规律地排卵。

第五节 鸡蛋品质控制方案

新杨黑羽蛋鸡的鸡蛋品质较好，但生产过程中也会有一些原因导致鸡蛋品质下降，如鸡群发病、饲养管理不良等。鸡蛋品质控制的好坏决定着新杨黑羽蛋鸡获得经济效益的高低。提高鸡蛋品质的技术主要包括疫病控制、饲料控制和环境控制等。其中，疫病控制和环境控制在第七章有详细介绍，本节重点介绍蛋品控制方案，包括产前控制、产中控制和产后控制。

一、产前控制

产前控制即要做好生产计划，避免鸡群引进后产生无法控制的状况。产前控制包括生物安全、饲养准备和储存销售准备。生产控制首先是生物安全控制，详见在第八章生产管理技术第一节生物安全制度部分内容。饲养准备在第八章有详细阐述。本段重点介绍储存和销售准备。储存和销售准备是经营优质鸡蛋成功的基础之一。

（一）储存冷库建设

储存需要恒温恒湿通风的环境。根据鸡蛋储存的时间和销售渠道，确定储存的方案。如果直接冷链运输，在鸡场也应建冷库，于 0～3℃储存。夏季临时储存可以建 15～18℃冷库。

1. 鸡蛋表面水珠　鸡蛋表面温度与空气温度相差 4℃，会产生冷凝水。避免鸡蛋表面冷凝水的关键是缓慢升温，蛋库建设时需要有缓冲通道，即过渡房间或空间，使鸡蛋温度缓慢上升；如果整间冷库同时出库，要有使冷库缓慢升温的装置。

2. 墙壁、屋顶或地面水珠　墙壁、屋顶或地面的水珠是空气中水蒸气凝集形成的。这是由于蛋库外温度与蛋库内温度差异较大，且蛋库的墙壁、屋顶或地面的保温性能差形成的冷凝水，且湿度越大越易积水。避免墙壁、屋顶和地面水珠的关键是做好保温层，而且蛋库建设尽量不与热源（如锅炉，食堂）相邻。

（二）与市场需求衔接

新杨黑羽蛋鸡的蛋品质较好，是包装壳蛋的理想蛋品。市场需求有淡季和旺季区别，生产计划要根据销售计划和区域蛋品质要求科学制订生产计划。一般来讲，包装壳蛋销售的旺季在每年的中秋和春节，淡季在春节后和雨季。如上海地区清明至梅雨期，鸡蛋价格较低。因此，要根据市场需求量，科学制订存栏计划。

1. 库存计划与生产计划衔接　鸡蛋库存时间长，会影响鸡蛋品质，库存时间越长，鸡蛋品质下降越多。在制订生产计划时要考虑鸡蛋的库存期，尽量减少库存时间。

2. 蛋重计划与生产计划衔接　随着鸡龄增长，鸡蛋重量增加，鸡蛋品质下降。要求蛋重和体重大的，适当延迟开产，蛋重和体重可以稍稍增大；要求蛋重和体重小的，适当提前开产，蛋重和体重可以稍稍减小。

3. 鸡蛋品质计划与生产计划相衔接　随着鸡龄增长，鸡蛋品质下降。不同客户对鸡蛋品质要求有差异，在细分市场时需要考虑针对性的鸡蛋品质市场。

4. 淘汰老母鸡计划与生产计划相衔接　各地区对淘汰老母鸡的质量要求有所差异。母鸡饲养周龄越长，蛋重越大，蛋品质越低。如果制订较长的饲养周期计划，则要在营养上加强管理，使母鸡的后期产蛋率和鸡蛋品质符合市场需求。

二、产中控制

鸡蛋品质控制需要及时掌握鸡蛋品质。鸡蛋的外观品质主要是蛋壳强度和光泽度；内部品质主要是蛋清的黏稠度，蛋清是否聚集在一起；差异化特色品质是鸡蛋特别的口感和香味。生产优质鸡蛋需要每天关注鸡蛋的品质，这样管理者才能够识别出任何细微的变化。

蛋品质产中控制主要从母鸡健康和饲料原料控制两个方面下功夫，使鸡蛋安全、营养和美味。

（一）母鸡健康保障技术

要获得高品质鸡蛋，首先要确保母鸡健康。健康的母鸡才能生产优质的鸡蛋，母鸡才能存在健康问题时，首先表现在鸡蛋品质上，然后才是产蛋率下降，死淘率上升。当母鸡遭受应激刺激时，体内的能量、氨基酸、脂肪酸、矿物质、维生素、激素等首先要满足抗应激的需求，分泌到鸡蛋中的营养物质必然减少；体现在鸡蛋品质上，鸡蛋的蛋壳强度下降，蛋白高度下降，浓蛋白含量下降且稀薄，蛋黄膜易破。因此，在产蛋期保持母鸡健康不仅是生产性能的需要，更是保持鸡蛋品质的需要。

1. 避免发生流行性传染病　做好生物安全工作，避免流行性传染病的侵入，同时做好本场病原微生物的净化工作（详见第七章）。

（1）科学建场　鸡场建设不仅要远离疫区，而且要避免疫病滋生。鸡场内的低洼地、水沟、病死鸡和粪便利于病原微生物滋生。鸡场建设时要求鸡场平整，能够及时清理污水、病死鸡和粪便，鸡场设计能够做到全进全出。

（2）做好隔离　尽可能不让外来车辆、人员、小动物进入鸡场，避免将外来病原微生物引入鸡场。

（3）科学免疫　尽可能免疫针对已知病原的疫苗，认真落实免疫程序和免疫效果评价，及时调整免疫计划。

（4）加强营养　在鸡群出现亚健康状态时，要及时补充维生素和限制性氨基酸，提升母鸡抗病能力。

（5）及时淘汰　发现零星病鸡及时淘汰。发现群体性疾病及时找专家，对症用药。

2. 避免热应激　热应激会导致鸡蛋品质大幅度下降，应在夏季来临之前做好充分准备。抗热应激能力技术详见第六章第四节。

3. 避免冷应激　寒冷天气时，母鸡需要更多的能量用于产热。冷刺激不仅造成鸡蛋品质下降，还会诱发各种疾病。冷空气易使鸡的黏膜损伤，利于微生物侵入造成感染。

（1）鸡舍密闭性　建设鸡舍时，考虑鸡舍的密闭性，鸡舍不应有贼风进入。

（2）鸡舍内存栏数量足够　夏季存栏量少有利于鸡抗热应激，冬季存栏量偏少则有害。存栏量较大有利于鸡舍保持温度，这是热辐射效应。

（3）饲料中增加能量原料的比例　可适当添加能量饲料，如玉米，而且采食玉米时鸡本身也会产热，从而提高鸡的抗冷应激能力。

（4）自由采食　天气寒冷时，鸡的采食量会增加，应让鸡群自由采食。如果定量饲喂，鸡采食不能满足维持需要，会导致鸡蛋品质下降，并进一步造成产蛋率下降和死淘率上升。

（5）鸡舍加温　在高寒地区，冬季需要配备锅炉，给鸡舍加热，满足鸡舍温度需求。

（二）营养控制技术

“好料产好蛋”。一般蛋鸡饲料配方估计营养需求时，较注重母鸡的生产性能，而对免疫需要和蛋品质需要研究较少。优质的蛋鸡饲料不仅要能够满足母鸡的生长、生产和免疫需要，而且要满足生产安全优质鸡蛋的需要。

饲料原料不得有农药残留，产蛋母鸡饲料中不得添加农药、违禁抗生素和违禁化工合成物，在使用非玉米-豆粕型饲料时，需要特别关注原料中的抗营养因子。

1. 抗营养因子及其分类和属性　植物中对人和动物消化、吸收和利用营养物质产生不利影响，以及使人和动物产生不良生理反应的物质，统称为抗营养因子。抗营养因子是植物进化的结果，通过抗营养因子保护植物种子不被动物采食，完成世代更替。

抗营养因子主要包括蛋白酶抑制剂、植酸、凝集素、芥酸、棉酚、单宁酸、硫苷等。一些抗营养因子对人体健康具有特殊的作用，如大豆异黄酮、大豆皂苷等，但这些物质在食用过多的情况下，会对人体的营养物质吸收产生影响，甚至会造成中毒。

（1）蛋白酶抑制剂　主要存在于豆类、花生等及其饼粕内，也存在于某些谷实类块根、块茎类饲料中。在自然界中已经发现有数百种的蛋白酶抑制剂，它们可抑制胰蛋白酶、胃蛋白酶和糜蛋白酶的活性。

（2）植酸　即肌醇-6-磷酸酯，其磷酸根可与多种金属离子（如 Zn^{2+}、Ca^{2+}、Cu^{2+}、Fe^{2+}、Mg^{2+}、Mn^{2+}、Mo^{2+} 和 Co^{2+} 等）螯合成相应的不溶性复合物，形成稳定的植酸盐，而不易被肠道吸收。

（3）凝集素　主要存在于豆类籽粒、花生及其饼粕中。大多数植物凝集素在消化道中不被蛋白酶水解，可识别并结合红细胞、淋巴细胞或小肠壁表面的特定受体细胞，破坏小肠壁绒毛从而产生病变和异常发育，并干扰多种酶（肠激酶、碱性磷酸酶、麦芽糖酶、淀粉酶、蔗糖酶、谷氨酰基和肽基转移酶等）的分泌，导致糖、氨基酸和维生素 B_{12} 吸收不良以及离子运转不畅。

（4）多酚类化合物　包括单宁、酚酸、棉酚和芥子碱等，主要存在于谷实类、豆类籽粒、棉籽、菜籽及其饼粕和某些块根饲料中。

①单宁：以羟基与胰蛋白酶和淀粉酶或其底物（蛋白质和碳水化合物）反应，影响蛋白质和碳水化合物的利用率；还通过与胃肠黏膜蛋白质结合，在肠黏膜表面形成不溶性复合物，损害肠壁，干扰某些无机盐（如铁离子）的吸收。单宁既可与钙、铁和锌等金属离子化合形成沉淀，也可与维生素 B_{12} 形成络合物而降低其利用率。

②酚酸：包括对羟基苯甲酸、香草酸、香豆素、咖啡酸、芥子酸、丁香酸、原儿茶酸、绿原酸和阿魏酸等。它们的酚基可与蛋白质结合而形成沉淀。

③ 棉酚：棉籽中含有棉酚、棉籽酚、二氨基棉酚等。游离棉酚为棉籽色腺的主要组成色素，属多酚二萘衍生物，是细胞、血管及神经毒素。

④ 芥子碱：是芥酸的胆碱酯，有苦味，存在于油菜、芥菜等十字花科植物及油饼中。母鸡采食芥子碱后，芥子碱在肠道内转变的三甲胺如果不被继续氧化而沉积于蛋中，则鸡蛋出现鱼腥味。

⑤非淀粉多糖：谷实类籽粒细胞壁主要由非淀粉多糖组成。非淀粉多糖是除淀粉以外的多糖类物质，有戊聚糖、β-葡聚糖、果胶、葡萄甘露聚糖、半乳甘露聚糖、鼠李半乳糖醛酸聚糖、阿拉伯糖、半乳聚糖和阿拉伯半乳聚糖等。非淀粉多糖溶于水后黏性高，鸡体不能降解，降低了胃肠道运动对食糜的混合效率，从而影响消化酶对饲料的消化和养分的吸收。非淀粉多糖还可与消化酶或消化酶活性所需的其他成分（如胆汁酸和无机离子）结合而影响消化酶的活性。另外，非淀粉多糖还能引起肠黏膜形态和功能变化，以及雏鸡胰腺肿大。

2. 去除抗营养因子技术　抗营养因子不仅影响母鸡的消化吸收，一些抗营养因子还会进入蛋清中，影响鸡蛋品质。去除饲料中抗营养因子的主要方法包括破碎、热加工和生物发酵。

（1）破碎　非淀粉多糖、单宁、木质素和植酸等抗营养因子主要集中于禾谷籽实的表皮层，通过机械加工进行去壳处理，可以大大减少它们的抗营养作用。

（2）加热　有干热法的烘烤、微波辐射和红外辐射等，湿热法的蒸煮、热压和挤压等。几种方法可以结合使用，如浸泡蒸煮、加压烘烤、加压蒸汽处理和膨化等。通过微波磁场（波长 1～2nm）使原料中的极性分子（水分子）震荡，将电磁能转化为热能，从而灭活饲料（如大豆和花生饼粕等）中的蛋白质毒素和抗营养因子。

（3）酶制剂法　外源性酶制剂不仅可以补充、保持动物体内的酶活性，还可以灭活和钝化饲料中的抗营养因子。饲料中加入适量植酸酶，既可使植酸对金属离子的螯合作用消除，又可使植酸生成磷酸盐被动物吸收利用。由β-葡聚糖酶、果胶酶、阿拉伯木聚糖酶、甘露聚糖酶、纤维素酶组成的非淀粉多糖酶能对多种植物原料起作用，可以根据原料的不同来选择合适的复合酶。

① 小麦、大麦（燕麦）-豆粕型饲粮：添加以β-葡聚糖酶和果胶酶为主，辅以纤维素酶和α-半乳糖苷酶的复合酶，可以提高饲料养分的利用率。

②含有米糠、麦麸和次粉的日粮：添加含有阿拉伯木聚糖酶的酶制剂。

（4）发酵法　利用微生物的发酵作用可以消除饲料中的亚硝酸盐、游离棉酚和生物碱等抗营养因子。一些细菌和真菌可消除硫葡萄糖苷及其降解产物的抗营养作用。

3. 饲料原料选择技术　饲料质量取决于原料及其配方。在满足营养因子能量、粗蛋白质、氨基酸、维生素和矿物质需求的前提下，需要根据原料的种类制订消除抗营养因子的方案，如果没有合适的去除抗营养因子的方法，则要更换原料。

（1）原料符合国家质量标准　玉米、豆粕等主要原料都有国家标准，应按照国家标准检测原料是否达标，选用符合国家标准的原料，详见第六章第二节。

（2）慎用非主流原粮　在使用非主流原粮前，需要检测原粮的营养价值，添加合适的复合酶，并进行小规模的饲养试验，评估鸡蛋品质。

（3）提高鸡蛋品质　因饲养周龄、鸡舍温度、饲料原料品种和批次的差异，母鸡的营养需求和实际采食到的饲料营养成分会有较大差异。配合饲料的目的不仅是提高蛋鸡生产性能，还要提高鸡蛋品质。

三、产后控制（储存控制）

鸡蛋从鸡舍到餐桌需要少则2d多则1个月的时间，科学的储存可保障鸡蛋保持特有的品质。鸡蛋蛋库内要保持卫生，安装紫外线灯，放置电子温度计和湿度计。带有能够保留电子记录功能的温湿度计可以追踪蛋库内温度、湿度的变化。

（一）鸡蛋储存前和储存过程中消毒

鸡蛋表面携带有肠道微生物，但鸡蛋表面、蛋壳膜和鸡蛋蛋清中都有抑制肠道微生物的抑菌酶，因此新鲜鸡蛋内通常检测不到微生物。但鸡蛋的抑菌酶活性是有限的，如果不及时清除鸡蛋表面的微生物，随着保存时间的增加，抑菌酶活性会不断下降直至丧失，微生物也会逐渐进入鸡蛋内，并逐步使鸡蛋变质。

1. 紫外线消毒　消毒前挑出表面有鸡粪便的鸡蛋，水洗后涂膜，或直接按次品蛋销售。经过挑拣后，将干净的鸡蛋储存于蛋库。紫外线灯每天密闭消毒 40min，可抑制鸡蛋表面微生物的生长。1 个 $8m^2$ 的蛋库，有 25W 的消毒紫外线灯即可。

2. 鸡蛋水洗　如果鸡蛋需要水洗，则需要建立水洗-烘干-涂膜洁蛋系统。如果没有进一步的烘干和涂膜程序，鸡蛋不能水洗，更不可以使用消毒水清洗。在清洗过程中会破坏鸡蛋壳表面的蜡质保护层，细菌更容易进入蛋内。消毒水还可通过气孔渗透到鸡蛋壳内，造成药物残留。

（二）低温且恒温保存

鸡蛋尽可能低温恒温保存。低温保存不仅可以抑制微生物的生长，而且可以减少鸡蛋内水分的蒸发，抑制鸡蛋内的酶活性反应，减少鸡蛋内蛋白质的降解。随着保存时间的增加，鸡蛋内的浓蛋白逐步变为稀蛋白，蛋清中的水分逐步进入蛋黄，低温可延缓浓蛋白变为稀蛋白。夏季鸡蛋在 4℃冰箱中放置 63d，鸡蛋的蛋白高度和哈氏单位不发生显著改变。

恒温保存可避免鸡蛋表面积水。15℃左右时，鸡蛋内温度低于鸡蛋外温度 4℃以上，蛋壳表面的水蒸气会凝结成水停留在鸡蛋表面。鸡蛋表面积水汽会诱发霉菌和细菌生长。

（三）较高的湿度

鸡蛋失重主要是鸡蛋内水分蒸发造成的，较高的湿度可减少鸡蛋内水分的蒸发，降低失重。但较高的相对湿度容易导致霉菌生长，因此，蛋库内加湿需要与蛋库鸡蛋消毒相结合。

1. 加湿器　蛋库保持 85％的相对湿度有利于减少鸡蛋失重，还能降低鸡蛋表面暗斑的形成。在蛋库内放置加湿器。通过加湿器激发出的水蒸气雾化好、水珠直径较小，易于悬浮在空气中，并随空气流动而分散。加湿器需放在空气进出口处。

2. 排风扇　蛋库内要保持空气流通，通过向外间歇性排放空气，略微造成蛋库内间歇性负压，容易使水蒸气均匀地分布在蛋库内。

3. 进风口紫外线消毒　在进风口位置要安装紫外灯，消毒进入蛋库的空气。紫外灯需要24h开灯。

四、特制鸡蛋生产

新杨黑羽蛋鸡的鸡蛋本身是特色鸡蛋。特色鸡蛋的进一步细分，特色鸡蛋市场还包括小蛋重市场、富锌鸡蛋市场、富硒鸡蛋市场、富ω3鸡蛋市场等。

（一）小蛋重鸡蛋

新杨黑羽蛋鸡所产蛋的蛋重50g左右、30周龄47g左右、60周龄53g左右，正常蛋重50g左右，鸡蛋品质好，适合一般包装壳蛋市场。还有市场需要更小蛋重的鸡蛋。

为满足更小鸡蛋市场，要从育成期开始控制蛋鸡体重，降低目标体重，要提前延长光照时间，产蛋期控制饲料量，提高能量蛋白比。生产小蛋的关键是提前开产，并控制饲料喂量，20～30周龄期间体重增加每周不超过20g。

1. 育雏期　与正常蛋重目标的鸡采用相同的饲养程序。

2. 育成期和产蛋期　推荐下列饲喂程序。

91日龄：采用新的育成鸡计划。光照时间控制在12h，自由采食，确保11h料槽中有饲料。调整鸡群均匀度，使局部均匀度达85%以上。

112日龄：增加光照1h。确保11h料槽中有饲料，此时光照时间13h。饲料中增加1%～2%石粉。

119日龄：增加光照0.5h。确保11h料槽中有饲料，此时光照时间13.5h。饲料中增加1%～2.5%石粉。此时产蛋率应为1%～5%。称体重，计算均匀度，调走发育不好的母鸡。

126日龄：增加光照0.5h，确保11.5h料槽中有饲料，此时光照时间14h。饲料中增加3%～4%石粉。产蛋率此时应为5%～15%。饲料粗蛋白质含量17%。称体重，制订后期喂料计划。

137日龄：夜间增加光照1h，确保12h料槽中有饲料，日耗料量75～80g，粗蛋白质17%。此时光照时间15h。饲料中增加5%～6%石粉。产蛋率此时应该为25%～40%。称体重，制订后期喂料计划，为迎接产蛋高峰的到来需要大幅增加喂料量。

144 日龄：光照时间 15.5h。确保 13h 料槽中有饲料，日耗料量 79～85g，粗蛋白质 17%，料中加油 0.1%。此时饲料中增加 8%石粉。产蛋率此时应为 50%～80%。

151 日龄：光照时间 16h。料槽中有饲料不超过 13h，日耗料量 79～88g，饲料配方不变。此时，饲料配 8%石粉，17%粗蛋白质。产蛋率此时应为 60%～90%。

158 日龄：光照时间 16h。料槽中有饲料不超过 13h，日耗料量 83～92g，饲料配方不变。产蛋率 80%～95%。称体重，制订后期喂料计划。如体重增加超过 30g/周，不增加喂料量。

165～216 日龄：光照时间 16h。料槽中有饲料不超过 13h，日耗料量85～94g，饲料配方加植物油到 0.4%。此时产蛋率应为 85%～95%。期间如体重增加超过 30g/周，不增加喂料量，隔周再增加喂料量。

217 日龄：光照时间 16h。料槽中有饲料不超过 13h，日耗料量 90～95g，饲料配方粗蛋白质降低至 16.8%，用玉米替代部分豆粕，加植物油减少到 0.3%。此时产蛋率应为 85%～90%。日耗料量不变。

350 日龄后：粗蛋白质降低至 16.6%，植物油降到 0.2%，用玉米替代减少的豆粕和植物油，此时产蛋率应为 80%～85%。日耗料量不变。

（二）富营养素鸡蛋

富营养素鸡蛋，如富锌鸡蛋、富硒鸡蛋、富 ω_3 鸡蛋都是通过在饲料中添加富含锌、硒、ω_3 等营养素的原料或添加剂，而使得鸡蛋内锌、硒、ω_3 含量比普通鸡蛋含量高。几乎所有品种的鸡蛋都可以生产富含锌、富含硒或富含 ω_3 的鸡蛋。下面以生产富硒鸡蛋介绍相关生产技术。

硒是谷胱甘肽过氧化物酶的组成部分，能清除自由基。富硒鸡蛋是在正常饲养基础上，调整饲料配方，在饲料中添加富含硒元素的添加剂。添加无机硒对母鸡生产性能有影响，要通过生物转化后成为有机硒再饲喂。添加酵母硒和苜蓿硒不仅能增加鸡蛋中硒的含量，还可以提高鸡蛋品质。

1. 酵母硒添加剂　含量为 0.3mg/kg 的酵母硒是以无机硒为培养基生产的酵母。配制前应检测酵母硒的有机硒含量，确保有足量硒。饲料中添加酵母硒能够提高鸡蛋中的硒含量，还可以提高鸡蛋白的质量。

2. 苜蓿硒　含硒 5～6mg/kg，植物体内的硒主要是有机硒，紫花苜蓿

（*Medicaco sativa* L.）是富硒能力较强的饲料资源。富硒能力略低于酵母硒，但苜蓿作为纤维素来源可以提高肠道活性，增加肠道微生物活力，加深鸡蛋黄的颜色。

第六节　控制鸡蛋暗斑技术

鸡蛋暗斑过去没有受到重视，近年来有消费者提出暗斑影响鸡蛋外观，需要避免暗斑。鸡蛋暗斑是在鸡蛋表面的局部或者布满整个鸡蛋表面的一种浅黑色斑点。暗斑在鸡蛋上的分布主要以圆点状分布为主，也有不规则的暗斑，如条带状、片状、圆盘状等；单个暗斑的大小不均一，直径从几毫米到数厘米不等；每个鸡蛋上暗斑存在的数量从数个到数千个不等。

一、鸡蛋暗斑简介

暗斑与蛋壳色泽、蛋壳厚度、蛋壳比率、蛋壳强度、蛋白高度、蛋黄色泽、哈氏单位等蛋品质性状无显著相关性。通过凯氏定氮法对暗斑鸡蛋和正常鸡蛋壳下膜的蛋白质含量进行测定的结果表明，暗斑鸡蛋壳下膜蛋白质含量显著低于无暗斑鸡蛋。同时，暗斑鸡蛋的暗斑部位石灰质硬蛋壳硬度值极显著地小于正常鸡蛋和暗斑鸡蛋的无斑部位，而暗斑鸡蛋的无斑部位和正常鸡蛋硬度值差异不显著。此外，暗斑鸡蛋的暗斑部位石灰质硬蛋壳含水量相比暗斑鸡蛋的无斑部位和正常鸡蛋较低。

（一）暗斑观察

刚产下的鸡蛋看不到暗斑，需要放置一段时间才能观测到。有些鸡蛋放置2h就能够观察到暗斑，有些放1d出现暗斑，而有些鸡蛋存放2～3d才能够看到暗斑（图5-1）。暗斑一旦产生就不会消退。

（二）暗斑蛋壳的微观结构

暗斑蛋的乳突层厚度比正常无斑蛋的厚度值高。鸡蛋蛋壳从内到外一共可以分为非矿化的内层蛋壳膜、部分矿化的外层蛋壳膜、乳突层、栅栏层、垂直晶体层、表皮层6层。有研究指出，暗斑蛋没有观察到乳突层的晚期融合。此外，暗斑蛋的乳突核心处有向四周额外钙化现象。正常无斑蛋的乳突层孔隙率

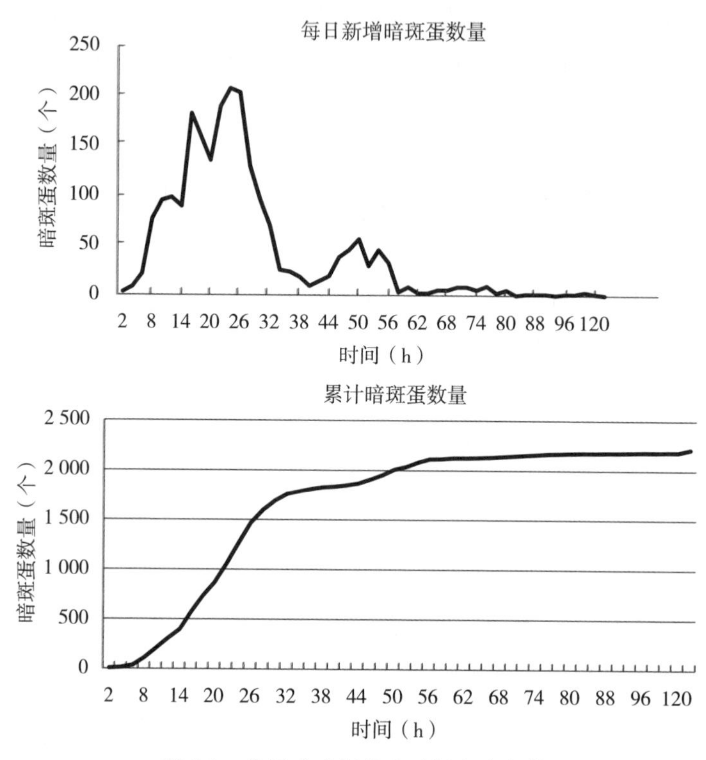

图 5-1　贵妃鸡暗斑发生时间和暗斑数

显著低于暗斑蛋。

（三）暗斑蛋形成机制

四川农业大学张铭容认为，鸡蛋壳暗斑的形成原因在于暗斑位置的壳下膜厚度较薄，有更大的网孔，石灰质硬蛋壳中的空隙被蛋内水分所填充，在宏观上表现为暗斑的形式。国外学者 Solomon 认为，蛋壳乳突层的变异是形成暗斑蛋的根本原因，这种情况在老年鸡所产的鸡蛋表现更为突出，青年鸡乳突层融合较快，形成乳突层核心的概率更低。

二、影响鸡蛋暗斑产生的因素

（一）品种决定鸡蛋暗斑形成

对我国现有家禽品种和蛋鸡配套系进行鸡蛋暗斑调查发现，大部分品种鸡蛋都有暗斑，只是暗斑率高低不同。如高产褐壳蛋鸡、白壳蛋鸡、地方鸡种和国内培育的蛋鸡配套系鸡蛋都有暗斑，但暗斑发生率有明显差异，在同一个蛋鸡配套系中，各品系鸡蛋的暗斑率也有极显著的差异。

通过家系分析发现，在相同的条件下，一些家系鸡蛋暗斑率较低，而另一些家系鸡蛋暗斑率较高。有人将鸡蛋暗斑发生的严重程度作为评分依据，遗传评估暗斑的遗传力为0.3。在新杨黑羽蛋鸡配系中有部分个体鸡蛋始终是没有暗斑的，没有暗斑与有暗斑是属于质量性状的范畴，通过直接遗传选择或标记选择没有鸡蛋暗斑的个体能达到配套系鸡蛋都没有暗斑的目标。

（二）维生素影响鸡蛋暗斑形成

维生素影响鸡蛋暗斑发生。图5-2显示了在基础饲料中不添加、添加250mg/kg、500mg/kg和750mg/kg DSM复合多维后的新杨黑羽鸡蛋暗斑率。新杨黑羽蛋鸡鸡蛋在试验前暗斑率70%左右，添加复合多维后，暗斑率下降，发现添加500mg/kg多维能够显著降低鸡蛋暗斑率。添加500mg/kg复合多维2d后，鸡蛋暗斑率显著下降，随后保持稳定下降，添加250mg/kg多维不能满足需要，添加750mg/kg则过量。

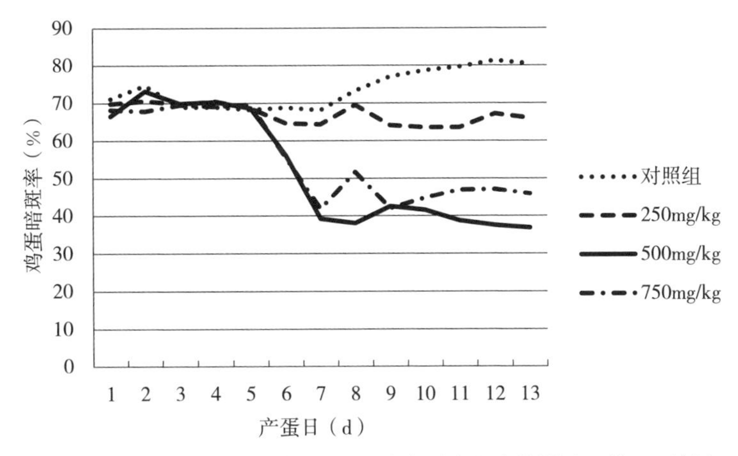

图5-2 添加复合多维对新杨黑羽蛋鸡鸡蛋暗斑率的影响（第4天添加）

（三）保存方式影响鸡蛋暗斑生成

1. 保存温度 新鲜鸡蛋如在产后2h内放置在4℃冰箱内则不易产生暗斑。

2. 保存湿度 在相对湿度90%时，暗斑率只有3%，且暗斑程度较低；而相对湿度60%时，暗斑率48%。

（四）肠道微生物影响鸡蛋暗斑生成

肠道微生物影响动物的代谢和生产。产蛋暗斑较多母鸡与产蛋暗斑较少母鸡的肠道微生物存在极显著差异。唾液乳杆菌 SNK-6 是从产蛋暗斑较少的母鸡肠道中分离出来证明对鸡蛋暗斑影响较大的一个菌株。饲喂不同浓度的唾液乳杆菌 SNK-62 周后，饲喂 2.5×10^{7} CFU/只母鸡能较好地降低暗斑，而饲喂浓度小于等于 5×10^{6} CFU/只或大于等于 1.25×10^{8} 都不能显著降低暗斑。肠道微生物影响暗斑生成的原因包括：

①肠道微生物代谢产物参与鸡的代谢，形成糖蛋白、脂蛋白，通过血液进入输卵管，成为蛋壳的组成成分。由于肠道微生物的作用，丰富的有机质提高了蛋壳质量。

②肠道微生物可改善肝脏、肾脏等鸡的器官功能，提高钙、镁和其他微量元素沉积的效率，提高蛋壳质量。

三、预防鸡蛋暗斑形成的方法

控制鸡蛋暗斑是一项综合技术，需要从配套系选择、饲料营养和鸡蛋储存方法上协同开展工作。

母鸡采食饲料需要满足鸡的自身需要和生长生产需要，才能生产出优质的鸡蛋。夏季鸡蛋品质较差，鸡蛋的暗斑发生率也较高。冬季如果限制采食，鸡蛋暗斑率也会很高。

一些营养元素超过需要会影响另一些营养元素的吸收。暗斑形成受到某些特定营养元素的影响，平衡的饲料营养是避免鸡蛋暗斑的内在条件。

鸡蛋储存于高湿低温条件下可以避免暗斑形成。在25℃、相对湿度90％时，鸡蛋暗斑率较低，即使发生暗斑，暗斑程度也较轻。在高湿条件下，做好鸡蛋消毒，避免霉菌产生。详见第五章第五节鸡蛋储存控制部分。

饲喂 SNK-6 可以降低鸡蛋暗斑，提高鸡蛋品质，详见第四章第六节部分内容。

第六章
饲料营养与环境控制技术

饲料配制技术是鸡场最重要的技术工作之一，关系到鸡的生长、生产和健康。本章重点介绍新杨黑羽蛋鸡的营养标准、饲料原料的营养成分、饲料添加剂和饲料质量的关键控制点。

第一节　蛋鸡营养需求

鸡的营养需要包括水、能量、蛋白质、脂肪、矿物质和维生素。其中，能量、蛋白质、脂肪、矿物质和维生素主要从饲料中摄取。

一、饲料提供的营养成分

（一）能量

蛋鸡摄入饲料后，饲料能量有多个去向，包括提供鸡的生长和生产用能、维持鸡的组织器官活动用能、产热用能、排泄的尿液能和粪能。蛋鸡的代谢能是前三项能量总和，满足蛋鸡生长生产、维持组织器官和产热需要的能量。采食饲料后，不能被吸收的能量和体内代谢产物的能量随着尿液和粪便排出体外。通过检测蛋鸡饲料与排泄物（尿和粪）中能量水平的差异可以估计饲料的代谢能。

1. 能量不足会影响鸡的健康、生长和生产　饲料能量首先满足维持需要，这是生物本能。在维持需要中，首先满足体温需要。当低温时，能量不足，鸡的组织器官正常功能会受到影响。气温下降时一些鸡的免疫功能下降，可能与采食饲料能量没有随之提高有关，鸡产热需要的能量需求增加，导致组织器官活动的能量不足。

2. 鸡采食量与饲料能量并不成反比　饲料能量高，采食量并不成比例下降；同样，饲料能量低，采食量也不是成比例增加。鸡采食高能量饲料比采食低能量饲料更容易超过本身的能量需要。在制订饲料蛋白-能量比时，要充分考虑鸡的采食量，根据采食量调节蛋白质水平。

3. 为能而食，为产热用能而食　鸡体内存在反馈调控机制，气温较低时鸡的采食量增加，气温较高时鸡的采食量下降。自由采食条件下，鸡冬季更容易积累脂肪，夏季更容易减少脂肪。冬季为产热需要多采食的能量以脂肪的形式储备，积累的脂肪同时增加了维持需要，需要采食更多的饲料满足需要。因此，冬季保持较高的鸡舍温度有利于减少蛋鸡的脂肪沉积，提高蛋鸡的生产性能。夏季尽量降低鸡舍温度，采取措施提高蛋鸡的采食量，可以提高蛋鸡生产性能。

4. 不同饲料的代谢能有差异　被利用的能量称之为代谢能，而排泄出体外的能量包括没有被利用的能量和作为废弃物排泄的能量。不同品种和来源的饲料因化学成分差异，被蛋鸡消化吸收的效率有差异；相同品种和来源的饲料因蛋鸡肠道健康的差异，被蛋鸡消化吸收的效率也有差异。碳水化合物是能量的重要来源。玉米、小麦、大麦和高粱等含有丰富的淀粉类碳水化合物，鸡容易消化。但有些多糖，如纤维素、半纤维素、戊糖和低聚糖等碳水化合物，鸡不容易消化。

（二）蛋白质和氨基酸

鸡蛋白质需要量实际是所含氨基酸的需要量。从饲料蛋白中提取的氨基酸被家禽用来实现多种功能：①氨基酸是构成和保护组织的主要成分，如皮肤、羽毛、骨基质和韧带以及软组织，包括器官和肌肉；②从消化吸收获得的氨基酸和小肽可以行使多种代谢功能，并作为许多重要的非蛋白质成分的前体。

体内蛋白质处于动态，持续不断合成蛋白质和降解蛋白质，因此需要适当地摄取氨基酸。如果饲料蛋白质（氨基酸）不足，则减少或停止生长、生产，如这种不足达到一定程度则从身体组织中降解蛋白质获取氨基酸，以维持机体重要组织的功能。

1. 必需氨基酸与非必需氨基酸　蛋白质通常包括 22 种氨基酸，它们在生理上都很重要。从营养学角度看，这些氨基酸可以分为两类：第一类是必需氨基酸，是鸡不能完全合成或足够快地合成以满足代谢需求的氨基酸，必须由饲料来供应；第二类是非必需氨基酸，是鸡能够利用其他氨基酸合成的氨基酸。如果饲料中不含非必需氨基酸，家禽可以合成这些氨基酸。

2. 鸡蛋白质和氨基酸的需求随着鸡的状态有很大的变化　由于鸡的生长速度或产蛋量差异，鸡的蛋白质和氨基酸需要也有很大差异。例如成熟公鸡的氨基酸要求比产蛋母鸡低，尽管它的体型更大，饲料消耗也很相似。鸡的体型、生长速度和产蛋量由其遗传因素决定。氨基酸需求也存在遗传差异，不同品种个体的消化、营养吸收和吸收营养代谢效率存在差异。

3. 饲料中蛋白质和氨基酸含量需要随着鸡舍温度调整　环境温度影响家禽饲料的摄入。蛋白质和氨基酸的需求基于蛋鸡在适宜的温度（18～24℃）条件的研究数据。在此范围之外的环境温度会导致饲料消费的逆向反应，即温度越低，采食量越大，温度越高，采食量越小。在较温暖的环境中，饲料蛋白质和氨基酸的含量应提高，而在较冷的环境中，则应根据预期的饲料摄入量差异而减少。

4. 某些氨基酸之间可替代和转化

（1）蛋氨酸和胱氨酸　蛋氨酸和胱氨酸都是含硫氨基酸，可生成硫酸，有替代作用。

（2）苯丙氨酸和酪氨酸　酪氨酸是苯丙氨酸在生物降解过程中形成的初始产物。因此，苯丙氨酸可以用来满足蛋鸡对酪氨酸的需求。

（3）甘氨酸和丝氨酸　甘氨酸和丝氨酸可以相互转化。

每种氨基酸的浓度都满足蛋鸡的需求是最佳的选择，一些氨基酸浓度过高或过低都会导致蛋鸡代谢障碍，从而影响健康或生产性能的发挥。

5. 氨基酸平衡和毒性　22 种氨基酸在蛋鸡不同生长期的需求量有差异，一些氨基酸之间有相互颉颃作用。当饲料中必需氨基酸缺乏时，称该氨基酸为限制性氨基酸，如玉米-豆粕型饲料，如果不添加额外的氨基酸，蛋氨酸是限制性氨基酸。饲料中最缺乏的氨基酸为第一限制性氨基酸，其次是第二限制性氨基酸，依次类推。当饲料中必需氨基酸含量不足时，增加非必需氨基酸含量会加重第一限制性氨基酸不足的代谢障碍。一般浓度的氨基酸水平是没有毒性的，但过量的氨基酸可能会产生毒性，如饲料中含 4％的蛋氨酸（需求量为 0.3％）会导致雏鸡生长停滞，体重增加减少 90％以上。

(三) 脂肪

1. 脂肪的作用　脂肪不仅是能量物质，也是机体的一部分；高脂肪饲料可显著延长饲料在肠道停留时间，使肠道可以更完整地消化和吸收非脂质成分，提高饲料利用效率。在大量细胞中，脂肪的氧化是一种有效的获取能量的方法。在合成代谢中，脂肪直接进入细胞，成为生长的一部分，细胞增殖也需要一系列的脂质来形成相关的膜。卵黄中大部分脂质是通过从饮食中获得的脂肪酸或来自新合成的脂肪酸而在肝脏中形成的。提供膳食脂肪可使肝脏合成脂肪酸，并增加蛋黄的形成和鸡蛋的重量。

2. 脂肪合成　鸡脂肪的合成主要发生在肝脏。在性成熟之前，合成的速度较快，而体内积累的脂肪也会较多。饲料脂肪比蛋鸡自身利用碳水化合物合成的脂肪效率更高。

3. 必需脂肪酸　亚油酸、亚麻酸和花生四烯酸是必需脂肪酸。多不饱和脂肪酸独特的双键，不能在鸡的细胞中形成。必需脂肪酸被转化为长链的多不饱和脂肪酸，通过一系列的减除（添加双键）和延长的步骤（链长 2 个碳），形成 20 和 22 个碳的多不饱和脂肪酸。亚油酸不足还会导致膜结构损伤。

4. 饲料脂肪　动物脂肪和植物油混合使用可提高饲料油脂的代谢能。影响脂肪代谢能的主要因素除了脂肪质量外，更关键的是鸡的生长发育时期，2～6 周龄是脂肪利用效率最高的阶段，尤其是长链脂肪酸和带有大量长链脂肪酸的脂肪。20 周龄前脂肪可以促进生长，20 周龄后的脂肪可以提高饲料效率。脂肪酸链长度、不饱和程度、酯化的性质都影响肠道吸收。饲料脂肪应含抗氧化稳定剂以保护不饱和脂肪酸，并需定期测定不溶解物、氯化烃类、非皂化物和过氧化物等不良残留物。饲料级脂肪可能来自餐馆的油脂、熬炼的动物尸体以及植物油精炼的废弃物，其中的水分、不溶于乙醚和不能皂化的物质没有价值，会降低脂肪的代谢能。

(四) 矿物质

矿物质包括常量元素和微量元素。常量元素包括钙、磷、钾、钠、氯、镁等。微量元素包括铜、碘、铁、锰、硒、锌、钴等，机体需要量较少。骨骼的形成需要矿物质作为各种化合物的组成成分，在身体内具有特定的功能，作为酶的辅助因子，并在鸡体内维持渗透平衡。钙和磷对骨骼的形成和维持至关重要。钠、钾、镁、氯的功能与磷酸盐和重碳酸盐在体内维持渗透关系和 pH 的平衡相关。

1. 钙　在生长期，大多数钙用于骨骼的形成，而产蛋母鸡的钙用于蛋壳的形成。钙的其他功能包括血凝作用和细胞内通信中的第二信使。过量的饲料钙干扰其他矿物质，如磷、镁、锰和锌的代谢。在非产蛋期钙磷比 2∶1，产蛋期钙磷比 12∶1。但是高水平的碳酸钙（石灰石）和磷酸盐钙会使饲料适口性变差，并稀释其他营养成分。

2. 磷　除了在骨骼形成中发挥作用外，磷还在细胞的能量和结构成分的利用中发挥作用。含磷化合物有 5′-三磷酸腺苷（ATP）和磷脂。植物可消化的磷占总磷的 30%～40%。其余的磷作为植酸磷存在，通过植酸酶降解，供鸡利用。

3 钠、钾和氯　通常所使用的盐的饮食浓度是用来支持最大生长速率或产卵的。高浓度的盐会导致水的过度消耗，以及通风控制和湿粪便的问题。饲料中钠、钾和氯的比例是酸碱平衡的重要决定因素。其他阳离子和阴离子，如钙离子、硫酸根和磷酸根也可能参与其中。氯化物会降低血液 pH 和碳酸氢盐的浓度，而钠和钾则会增加血液 pH 和碳酸氢盐的浓度。钠、钾和氯的平衡对于生长、骨骼发育、蛋壳质量和氨基酸的利用都是必需的。

4. 微量元素　钴是必需的微量元素，但它不需要作为微量矿物质供应，因为它是维生素 B_{12} 的一部分。在实际饮食中，铜和铁通常在没有补充的情况下可以达到足够的水平。微量元素还可作为更大的有机分子的一部分，如铁是血红蛋白和细胞色素的一部分，碘是甲状腺的组成部分，铜、锰、硒和锌是酶的重要辅助因子。如果其中一种元素缺乏，那么需要该元素的有机成分的功能活性就会降低。

（五）维生素

维生素包括脂溶性维生素（维生素 A、维生素 D、维生素 E、维生素 K）和水溶性维生素（B 族维生素、维生素 C）。鸡能够合成维生素 C，只有在鸡处于应激状态时才需要添加。维生素 A、维生素 D 和维生素 E 的不同结构形式，在鸡体内的生物活性有差异，因此用活性国际单位（IU）表示含量，其他维生素使用质量单位毫克（mg）表示含量。

维生素通常被过量添加，维生素 A 可达到最低需要量的 10～30 倍，维生

素 D_3 达到 4～10 倍；烟酸、核黄素和泛酸通常被允许达到 10～20 倍的营养要求；维生素 E 一般可以在需要量 100 倍的条件下接受；维生素 K 和维生素 C、维生素 B_1 和叶酸在口服摄入量为需要量的 1 000 倍时可以耐受；维生素 B_6 可以达到最低要求的 50 倍。

（六）叶黄素

叶黄素又称"植物黄体素"，是一种具有维生素 A 活性的类胡萝卜素。许多类胡萝卜素色素形成蛋黄和鸡脂肪的黄橙颜色，也可能有助于皮肤、小腿、脚和喙着色。产蛋母鸡的卵巢含体内 50%的叶黄素，性成熟后在肌肉和脂肪中沉积的叶黄素都转移到卵巢中。

不同叶黄素着色能力不同。饲料中主要的叶黄素为胡萝卜素和黄质（表 6-1），约 1%的饲料胡萝卜素可着色到蛋黄上，7%的玉米黄质可着色到蛋黄上，而人工合成 β-apo-8-胡萝卜酸乙酯 34%能在蛋黄中着色。苜蓿草粉含有多种叶黄素，表现黄色，而玉米或玉米粕表现橙红色。几种原料的叶黄素含量如表 6-1，其中万寿菊花瓣粉的含量最高。

天然植物中的叶黄素并不稳定，一些合成类胡萝卜素在蛋鸡饲料中普遍使用。合成色素可以更精确地控制色素产生不同程度的黄-橙-红颜色。

表 6-1　几种原料的叶黄素含量

原　料	胡萝卜素	黄质
苜蓿粉（7%粗蛋白质）	220	143
苜蓿粉（22%粗蛋白质）	330	—
苜蓿蛋白抽提物（40%粗蛋白质）	800	—
海藻粉	2 000	—
玉米	17	0.12
玉米蛋白粉（60%粗蛋白质）	290	120
万寿菊花瓣粉	7 000	—

（七）抗生素饲料添加剂

抗生素饲料添加剂，虽然不是所需要的营养物质，但添加在饲料中可以促进生长、提高饲料利用率和成活率。饲料中抗生素浓度总体较低，依据不同药物和生长阶段一般为 1～50mg/kg。因此，它们被归类为添加剂和生长促进剂。抗生素提高生产性能的机制尚不清楚，可能是抑制了微生物生长。

低浓度的抗生素可能有利于抗生素耐药微生物的扩散，但这可能会对人类或蛋鸡的疾病控制造成严重后果。在全社会关心抗生素残留的大背景下，需要慎重使用抗生素，产蛋期不使用抗生素，后备鸡尽量少使用抗生素。

二、营养标准

新杨黑羽蛋鸡配套系的营养需求研究还不够充分。在中国《鸡饲养标准》（NY/T 33—2004）和 NRC（1994）蛋鸡营养标准基础上，参考国外蛋鸡配套系海兰褐和海兰白 80 的营养需求，推荐新杨黑羽蛋鸡商品代的饲料营养需求如下。

（一）NRC（1994）蛋鸡营养标准

NRC（1994）蛋鸡营养标准，是美国全国研究委员会家禽营养分会（Subcommittee on Poultry Nutrition ，National Research Council）1994 年完成的第 9 版《家禽营养需要》（Nutrient Requirements of Poultry：Ninth Revised Edition，1994）。该版本的蛋鸡营养需要（表 6-2）主要以来航鸡（Leghorn-type chicken）为研究素材。以来航鸡为素材培育的品种主要是白壳蛋鸡，如海兰白、罗曼白等品种。

来航鸡体型较小，平均体重 1 800g，日平均蛋重 47g（产蛋率 90%时的蛋重为 52g，85%产蛋率时的蛋重为 55.3g），与新杨黑羽蛋鸡的体重和蛋重接近。新杨黑羽蛋鸡产蛋期平均体重 1 700g，日平均蛋重 42g（产蛋率 90%时的蛋重为 47g，85%产蛋率时的蛋重 49g），来航鸡的体重略重，蛋重略大。

表 6-2　NRC（1994）蛋鸡营养标准

阶段	粗蛋白质（%）	代谢能（MJ/kg）	蛋氨酸（%）	赖氨酸（%）	色氨酸（%）	蛋氨酸+胱氨酸（%）	钙（%）	有效磷（%）
0～6 周龄	18	11.91	0.3	0.85	0.17	0.62	0.9	0.4
6～12 周龄	16	11.91	0.25	0.60	0.14	0.52	0.8	0.35
12～18 周龄	15	12.12	0.2	0.45	0.11	0.42	0.8	0.3
18 周龄至开产	17	12.12	0.22	0.52	0.12	0.47	2	0.32
产蛋期	15	12.12	0.3	0.69	0.16	0.58	3.25	0.25

（二）中国《鸡饲养标准》

中国《鸡饲养标准》以高产褐壳蛋鸡（中型鸡）为对象制定。营养标准分为5个阶段（表6-3）。与褐壳蛋鸡相比，新杨黑羽蛋鸡体型较小，产蛋后期平均体重相差300g；平均蛋重较小，相差15g。因此，在营养标准方面应有所差异。

表6-3　中国《鸡饲养标准》

阶段	粗蛋白质（%）	代谢能（MJ/kg）	蛋氨酸（%）	赖氨酸（%）	色氨酸（%）	蛋氨酸＋胱氨酸（%）	钙（%）	有效磷（%）
0～8周龄	19	11.91	0.37	1.00	0.20	0.74	0.9	0.4
9～18周龄	15.5	11.70	0.27	0.68	0.18	0.55	0.8	0.35
19周龄至开产	17	11.50	0.34	0.70	0.19	0.64	2	0.32
开产至产蛋高峰	16.5	11.29	0.34	0.75	0.16	0.65	3.5	0.32
产蛋高峰后期	15.5	10.87	0.32	0.70	0.15	0.56	3.5	0.32

（三）新杨黑羽蛋鸡营养推荐

新杨黑羽蛋鸡与来航鸡和国内其他鸡种的体重、产蛋率和蛋重有一定差异，蛋鸡饲养环境与美国蛋鸡也有较大差异。综合NRC标准、中国蛋鸡标准和国外蛋鸡配套系的推荐标准，制定了新杨黑羽蛋鸡商品代的营养推荐量（表6-4）。新杨黑羽蛋鸡营养推荐量分为7个阶段。随着新杨黑羽蛋鸡的不断选育，以及新杨黑羽蛋鸡饲料营养研究的深入，推荐量会不断进行修正。

表6-4　新杨黑羽蛋鸡商品代饲料营养推荐

阶段	粗蛋白质（%）	代谢能（MJ/kg）	蛋氨酸（%）	赖氨酸（%）	色氨酸（%）	蛋氨酸＋胱氨酸（%）	钙（%）	有效磷（%）
0～6周龄	19	11.90	0.45	1.1	0.2	0.8	1	0.45
6～8周龄	18	11.90	0.40	0.8	0.18	0.72	1	0.45
8～15周龄	17.0	11.51	0.28	0.7	0.16	0.50	1	0.44
16周龄至5%产蛋率	16.5	11.90	0.46	0.6	0.18	0.70	2.25	0.45
5%产蛋率至30周（按日采食90g）	17.5	11.29	0.42	0.7	0.18	0.70	3.50	0.39

（续）

阶段	粗蛋白质（%）	代谢能（MJ/kg）	蛋氨酸（%）	赖氨酸（%）	色氨酸（%）	蛋氨酸+胱氨酸（%）	钙（%）	有效磷（%）
31～50周龄（按日采食95g）	16	11.29	0.35	0.7	0.18	0.65	3.55	0.37
50周龄以上（按日采食95g）	15	10.87	0.32	0.6	0.17	0.60	3.65	0.35

第二节　主要饲料原料的质量控制

蛋鸡饲料原料包括谷物、豆粉、豆粕、动物副产品、脂肪、维生素和矿物质预混料等营养性物质，还包括色素、抗生素等非营养性物质。

一、玉米

玉米是禾本科玉蜀黍属一年生草本植物。别名玉蜀黍、棒子、包谷、包米、包粟、玉茭、苞米、珍珠米、苞芦、大芦粟，辽宁话称“珍珠粒”，潮州话称“薏米仁”，粤语称为“粟米”，闽南语称作“番麦”。玉米是一年生雌雄同株异花授粉植物，植株高大，茎强壮，是重要的粮食作物和饲料作物。玉米一直都被誉为长寿食品，含有丰富的蛋白质、脂肪、维生素、微量元素、纤维素等。

（一）玉米的质量标准

1. 等级指标——容重　容重是指玉米籽粒在单位体积内的重量。容重是玉米分级的重要指标，一级玉米的容重大于710g/L，二级玉米大于685g/L，三级玉米大于660g/L。

2. 等级指标——不完善粒　不完善粒包括虫蚀粒（被虫蛀蚀、伤及胚及胚乳的颗粒）、病斑粒（粒面带有病斑、伤及胚及胚乳的颗粒）、破损粒（籽粒破损达该籽粒体积1/5以上的籽粒）、生芽粒（芽或幼根突破表皮的颗粒）、生霉粒（粒面生霉的颗粒）和热损伤粒（受热后胚或胚乳已经显著变色或损伤的颗粒）。不完善粒是玉米分级的重要指标，一级玉米的不完善粒≤5.0%，二级玉米的不完善粒≤6.5%，三级玉米的不完善粒≤8.0%。

3. 限制指标　不得有异常的色泽和气味；杂质≤1.0%，杂质包括能通过直径3.0mm圆筛孔的物质、无饲用价值的玉米和玉米以外的其他物质；生霉粒≤2.0%；粗蛋白质（干基）≥8.0%；水分含量≤14.0%。

（二）影响玉米质量的因素

影响玉米质量的因素包括玉米品种、种植地区的气候条件、收获时的气候条件和干燥方法。

1. 容重　容重受地理和气候条件影响。一般年景，黑龙江、辽宁、吉林和内蒙古玉米的容重较高，其中通辽和赤峰玉米的质量基本在二等以上，一等占到90%；吉林玉米70%以上为二等；黑龙江玉米质量一般，60%～70%能达到三等；辽宁玉米50%能达到二等，80%能够达到三等。但玉米容重受年景影响较大，比如2003年由于天气原因，玉米水分较大，容重减少，吉林省的二等玉米只占总产量的50%左右，黑龙江玉米大部分都为等外。在正常年景，华北、山东和河北的玉米基本都在二等以上。

2. 不完善粒　在烘干过程中，水蒸发过快极易造成破碎，机械操作也会造成破碎粒比例增加，同时烘干造成热损伤粒增多，因此破碎粒普遍高于5%。烘干玉米经过储存、出库、港口转运等一系列环节后，破碎粒还会增加到8%。华北地区玉米采用自然晾晒，破碎粒较少，基本都控制在5%以内，质量稍好一些的只有2%。

3. 生霉粒　生霉粒与收割期气象条件和干燥方法相关。东北玉米收获时期水分很高，如果在收获期雨水多，收割后玉米保管储存不善，极容易出现玉米生霉现象。在年景不好的时候，大部分玉米生霉粒都会超过2%。小农户受储存环境和储藏技术的限制，无法严格按照标准进行储存和通风，因此东北玉米在4月份以后生霉粒比例会大幅提高，其中辽宁的略高些；黑龙江玉米水分不均，生霉粒含量最高。而内蒙古玉米的生霉粒含量较低，一般不超过2%。

4. 杂质　玉米中的杂质与干燥方法相关。东北玉米由于采用机器烘干，杂质较少，一般不超过1%，有的地区杂质甚至小于0.5%。华北玉米采用自然晾干，晾晒过程会掺入大量杂质，因此华北地区玉米的杂质偏多，有时超出1%。

5. 水分　在正常年景，东北地区玉米收获时水分为28%～30%，年景不好时最高达到35%～40%。内蒙古玉米的水分稍低，一般为24%左右，有时会达到27%～28%。华北玉米收获时水分较低，大多为18%～20%，而且气温高于东北地区，一般晾晒5～6d可以达到15%以下。正常年景时，河北玉米水分为16%～18%，山东玉米的水分为14%～16%。

（三）玉米营养价值差异

不同来源的玉米营养价值略有差异。根据中国饲料成分及营养价值表（第26版）几个批号玉米的主要营养价值如表6-5所示。相同干物质时，粗蛋白质相差1.6%，代谢能相差0.29MJ/kg。因此，建议使用量较大的企业应先测定玉米的粗蛋白质和代谢能水平，再做饲料配方。

表6-5 玉米的主要营养价值

中国饲料号	干物质（%）	粗蛋白质（%）	代谢能（MJ/kg）	蛋氨酸（%）	赖氨酸（%）	色氨酸（%）	蛋氨酸+胱氨酸（%）
4-07-0278	86.0	9.4	13.31	0.19	0.26	0.08	0.41
4-07-0279	86.0	8.7	13.56	0.18	0.24	0.07	0.38
4-07-0280	86.0	7.8	13.47	0.15	0.23	0.06	0.3
4-07-0288	86.0	8.5	13.60	0.15	0.36	0.08	0.33
平均值		8.6	13.49	0.16	0.27	0.07	0.36
标准差		0.66	0.13	0.02	0.06	0.01	0.05
变异系数		7.7%	1.0%	12.3%	21.9%	13.2%	13.9%

二、豆粕

豆粕是大豆提取豆油后得到的一种副产品，又称“大豆粕”。按照提取豆油的方法不同，可将豆粕分为一浸豆粕和二浸豆粕。其中，以浸提法提取豆油后的副产品，称为一浸豆粕；而先以压榨取油，再经过浸提取油后所得的副产品，称为二浸豆粕。在整个加工过程中，对温度的控制极为重要，温度过高会影响到蛋白质含量，从而直接关系到豆粕的质量和使用；温度过低会增加豆粕的水分含量，而水分含量高则会影响储存期内豆粕的质量。一浸豆粕的生产工艺较为先进，蛋白质含量高，是中国国内目前现货市场上流通的主要品种。豆粕包括去皮大豆粕和大豆粕。

（一）豆粕的质量标准

1. 感官性状　豆粕应呈浅黄褐色或浅黄色不规则的碎片状或粗粉状，色泽一致，无发酵、霉变、结块、虫蛀及异味异臭。

2. 夹杂物　豆粕中不得掺入饲料用大豆粕以外的物质，若加入抗氧剂、防霉剂、抗结块剂等添加剂时，要具体说明加入的品种和数量。

3. 技术指标及质量分级　豆粕等级指标主要是水分和粗蛋白质指标，技术质量指标包括粗纤维、粗灰分、尿素活性和氢氧化钾蛋白质溶解度（表6-6）。其中，尿素酶活性是大豆饼粕类加工正确与否的标志，它的活性与大豆饼粕加工（热）程度有直接关系，美国豆粕的标准是0.05～0.2。不加热脱脂大豆的尿素酶活性为1.75 mg/（min·g），当尿素酶活性低于0.05时，意味着大豆蛋白受到了不同程度的破坏。

表6-6　豆粕的质量等级和技术指标

项目	等级			
	特级品	一级品	二级品	三级品
粗蛋白质（%）	≥48.0	≥46.0	≥43.0	≥41.0
粗纤维（%）	≤5.0	≤7.0	≤7.0	≤7.0
赖氨酸（%）	≥2.5		≥2.3	
水分（%）	≤12.5			
粗灰分（%）	≤7.0			
尿素酶活性（U/g）	≤0.3			
氢氧化钾蛋白质溶解度*（%）	≥73.0			

*大豆饼浸提取油获得的饲料原料豆粕，该指标由供需双方约定。

（二）豆粕的营养价值差异

豆粕是主要的蛋白质原料，含有全部的蛋鸡必需氨基酸。豆粕主要营养成分如表6-7所示，其中所列的粗蛋白质含量是基于干物质。不同来源的豆粕质量也存在差异，一般豆粕的粗蛋白质含量为37%～39%。

表6-7　豆粕的主要营养成分

中国饲料号	饲料原料名称	干物质（%）	粗蛋白质（%）	代谢能（MJ/kg）	蛋氨酸（%）	赖氨酸（%）	色氨酸（%）	蛋氨酸+胱氨酸（%）
5-10-0102	豆粕	89.0	44.2	10.00	0.59	2.68	0.57	1.24
5-10-0103	去皮豆粕	89.0	47.9	10.58	0.68	2.99	0.65	1.41

三、植物油

植物油是由脂肪酸和甘油组成的液体化合物，广泛分布于自然界中，是从植物的果实、种子、胚芽中得到的油脂，如花生油、豆油、菜籽油、亚麻油、蓖麻油等。植物油的主要成分是直链高级脂肪酸和甘油生成的酯，还含有维生素 E、维生素 K 等维生素，以及钙、铁、磷、钾等无机盐。植物油中的脂肪酸能使皮肤和蛋壳滋润、有光泽。

（一）植物油的营养价值

植物油是动物生命活动和机体代谢过程中不可或缺的物质，不仅为人体提供能量、必需脂肪酸，还含有植物甾醇、维生素 E、多酚、角鲨烯和类胡萝卜素等多种营养成分。

1. 不饱和脂肪酸　植物油不饱和脂肪酸占 90%以上，如表 6-8。鸡不能合成亚油酸和亚麻酸，必须从饲料中获得。油酸和亚油酸是植物油的主要成分，占植物油脂肪酸含量的 60%以上。不同植物油不饱和脂肪酸种类和含量有差异，同时使用 2 种以上植物油营养价值更高。

2. 植物甾醇　是植物在生长过程中产生的一种次级代谢产物，具有降低胆固醇水平、抗动脉粥样硬化、抗炎症、抗氧化、抗肿瘤等功能。植物甾醇在结构上与动物性甾醇如胆固醇相似，而且它能“识别”血液中的高密度脂蛋白胆固醇（“好”胆固醇）和低密度脂蛋白胆固醇（“坏”胆固醇）。植物甾醇能抢占“坏”胆固醇在肠道中的位置，并促使其排出体外，从而降低血液中总胆固醇和“坏”胆固醇的含量，同时并不影响“好”胆固醇的含量。豆油含植物甾醇 2.5g/kg，花生油含 2.2g/kg，菜籽油含 4.3g/kg。

表 6-8　植物油脂肪酸类别及其标准含量

类别	碳及不饱和键数量	大豆油（%）	花生油（%）	菜籽油（%）
十四碳以下	<14	ND 至 0.1	ND 至 0.1	ND
豆蔻酸	C14：0	ND 至 0.2	ND 至 0.1	ND 至 0.2
棕榈酸	C16：0	8.0～13.5	8.0～14.0	1.5～6.0
棕榈一烯酸	C16：1	ND 至 0.2	ND 至 0.2	ND 至 0.3
十七烷酸	C17：0	ND 至 0.1	ND 至 0.1	ND 至 0.1
十七碳一烯酸	C17：1	ND 至 0.1	ND 至 0.1	ND 至 0.1
硬脂酸	C18：0	2.5～5.4	1.0～4.5	0.5～3.1
油酸	C18：1	17.7～28.0	35.0～67.0	8.0～60.0
亚油酸	C18：2	49.8～59	13.0～43.0	11.0～23.0

（续）

类别	碳及不饱和键数量	大豆油（%）	花生油（%）	菜籽油（%）
亚麻酸	C18：3	5.0～11.0	ND至0.3	5.0～13.0
花生酸	C20：0	0.1～0.6	1.0～2.0	ND至3.0
花生一烯酸	C20：1	ND至0.5	0.7～1.7	3.0～15.0
花生二烯酸	C20：2	ND至0.1	—	ND至0.1
山嵛酸	C22：0	ND至0.7	1.5～4.5	—
芥酸	C22：1	ND至0.3	ND至0.3	ND至2.0
二十二碳二烯酸	C22：2	ND	ND	ND至2.0
木焦油酸	C24：0	ND至0.5	0.5～2.5	ND至2.0
二十四碳一烯酸	C24：1	—	ND至0.3	ND至3.0

注：ND表示含量较低，仪器未检测到。

（二）植物油质量控制

植物油质量标准包括气味、滋味、水分、不溶性杂质、酸值、过氧化值及溶剂残留量等指标（表6-9）。其中，一、二级的压榨成品大豆油或浸出成品大豆油没有气味，其他油品有原油固有的气味和滋味。

油脂的氧化稳定性是衡量油脂质量的一个重要指标。氧化腐败会破坏油中的不饱和脂肪酸和维生素等营养成分，改变色泽及黏度，降低油脂的稳定性。腐败产生的大量自由基会促进人体和动物衰老，产生的氢过氧化物具有潜在的致癌性，产生的异味挥发性产物危害人体健康。如果长期摄入劣化的油脂，会损坏机体酶（如琥珀酸氧化酶、细胞色素氧化酶等）系统，促进体内脂质过氧化，破坏生物膜，引起细胞功能衰退及组织的坏死，诱发各种生理异常。为防止植物油氧化腐败，除了添加抗氧化剂外，在植物油的保存过程中，应尽量低温避光保存，避免与空气和水接触。

表6-9 大豆油、花生油和菜籽油的主要质量指标

项目	质量指标
气味、滋味	无异味，没有或有原油固有的气味和滋味
水分及挥发物（%）	≤0.2
不溶性杂质（%）	≤0.2
酸值（KOH，mg/g）	≤4.0

（续）

项目	质量指标
过氧化值（mmol/kg）	≤7.5
溶剂残留量（mg/kg）	≤100

第三节　蛋鸡生产的环境因素

蛋鸡生产环境因素包括空气、水、温度、密度和光照。因饲养方式差异，蛋鸡的生产环境参数存在较大差异，环境控制的局限性也存在较大差异。

一、空气

空气中的氧气是动物保持生命第一要素。影响氧气质量的是空气中氧气的浓度、有害气体、微生物含量和粉尘的含量。鸡呼吸氧气，产生二氧化碳。在密闭鸡舍，为提高鸡舍的空气排空效率，出风口应集中在鸡舍的一个位置，向一个方向排风。

（一）氧气

大气中，氧气占空气体积约21%，氮气占78%，其他气体包括二氧化碳、水蒸气等占1%。在鸡舍中，空气中除了氮气、氧气、二氧化碳、水蒸气以外，还含有氨气、甲烷、硫化氢、一氧化碳等气体，各气体的浓度因饲养方式不同而有差异。鸡舍内氧气的浓度除了受到鸡舍内有害气体的影响外，还受到鸡舍气压影响，密闭鸡舍负压下空气密度下降，氧气浓度也随之下降。因此，任何时候都要保持通风，引入新鲜的空气，保持鸡舍内氧气浓度。

（二）有害气体

有害气体主要来源于鸡的活动，一些生产过程控制不当也会产生有害气体。

1. 二氧化碳　主要由鸡的代谢产生，通过呼吸系统排出。鸡舍内二氧化碳的浓度应小于0.15%。大于0.15%时，鸡的抵抗力下降；大于0.35%时会引发鸡腹水症，更严重的造成死亡。

2. 氨气　主要是鸡肠道微生物发酵和排泄物发酵产生的。氨气浓度过高，会减弱气管纤毛的摆动，损害气管内膜，降低呼吸道抵抗力，病原体容易侵入呼吸道，影响鸡群健康；还易造成腿足问题和眼睛损伤。鸡舍内氨气浓度大于0.001%，将损伤肺表面；大于0.002%，易感染呼吸道疾病，且人的嗅觉可以感觉到；大于0.005%，降低鸡的生长性能。

3. 硫化氢　主要来自鸡粪和碎鸡蛋发酵。硫化氢浓度，成年舍应小于0.001 6%；雏鸡舍小于0.001%。

（三）微生物含量

空气中适当的微生物有利于蛋鸡的生产性能发挥，但大部分情况下，空气中的微生物含量是过高的。在“第四章第六节肠道微生物”有关于鸡肠道微生物的详细介绍，空气中的大部分微生物没有致病性，但如果微生物浓度过高，会导致微生物生态系统紊乱，一些条件致病型微生物大量繁殖，导致鸡体代谢紊乱。

1. 清洁卫生的环境　鸡场环境中微生物来源主要是粪便。粪便在鸡舍内外发酵产生大量的需氧微生物，包含致病菌和条件性致病菌等有害微生物。微量的有害微生物可以被鸡的免疫系统清除，并产生免疫记忆，能够提高鸡的免疫力。但随着有害微生物数量的增加，鸡的免疫系统需要调动更多的资源抵抗外来病菌，鸡的生长生产会受到影响；如果超过了鸡免疫系统的承受能力，就会对鸡的健康状况产生影响，甚至导致鸡只死亡。

2. 益生菌和益生素　总体上对鸡的健康有利，适当使用能够提高肠道中有益微生物数量，降低有害微生物数量。但益生菌和益生素使用需要根据具体条件而定。

（四）粉尘

粉尘来源包括大气污染、饲料、粪便和鸡的羽毛皮屑。影响鸡舍粉尘浓度的主要因素是鸡舍的湿度和通风速度。

1. 进入鸡舍的空气质量　秋冬季节鸡易发呼吸道疾病的主要原因之一是空气中粉尘过多。此时农村秋收后耕地泥土暴露，土壤中的微生物随着扬尘进入空气，加上北方燃煤使用量上升，空气中污染物和其他颗粒物量大幅上升。以上因素综合使得秋末、冬季和春初季节是空气质量较差的时期。夏季天气炎热，尽管耗料量下降、产蛋率下降，但鸡发病率较少，夏季空气质量较好是主要原因之一。

2. 湿度和风速　风速是保障鸡舍氧气浓度并及时排出鸡舍内废气、粉尘和微生物的重要因素。风会带走鸡舍内的水分，提升平面上的颗粒量。风速也是降低鸡舍湿度、增加鸡舍粉尘的重要影响因子。合理的风速与鸡舍温度、饲养密度和结构有关。夏季炎热季节，风可以增加风冷效应，但随着风速增加，风冷效应的边际效应会下降。新杨黑羽蛋鸡舍内风速不应超过 $8m^3/(s \cdot m^2)$，过大的风速，即使进风口有湿帘，降温效果不会提高。有研究数据表明，风速过高时，实际通风量反而下降，不利于鸡舍降温，还会增加鸡舍内的粉尘，造成呼吸障碍，增加高温天气鸡中暑的风险。

二、水

水是氧气之外的第二营养物质。水的质量关乎鸡的健康和生长发育。如鸡舍停水会导致鸡采食量下降。污染的水会导致鸡腹泻。鸡饮用水需达到人饮用水标准，好的水质才能产出好的鸡蛋。

（一）水的质量标准

水应经消毒处理，感官性状良好，不得含有危害人体健康的病原微生物、化学物质和放射性物质，达到人饮用水标准。

1. 消毒剂　可使用氯制剂、臭氧、酸制剂等对饮用水消毒。

2. 微生物指标　饮用水中不得含有大肠杆菌、沙门氏菌、弯曲杆菌等病原微生物，水中细菌不得超过 100CFU/mL。

3. pH　6.5～8.5。

（二）水线污染

从水处理点获取的饮用水需要经过水箱、减压阀和饮水管，最后到达饮水器或饮水乳头，在这些位置都有可能发生污染。

1. 水箱污染　水箱不密闭时，空气粉尘和微生物可进入水箱，导致水箱污染。定期检查、清洗和消毒，可减少水箱污染。

2. 减压阀污染　减压阀的水压指示管和小水箱暴露在空气中，空气粉尘和微生物可进入减压阀。使用透气盖盖住减压阀水管，可减少微生物和粉尘进入。

3. 水管　细菌和粉尘可以随着饮水乳头进入水管内，导致水管内微生物繁殖，而饮水中添加维生素更可以加速水管中微生物的生长。

三、温度

成年鸡的体温为40.8～41.5℃。1日龄雏鸡体温较低，为38～39℃，之后逐步升高，10日龄后趋于稳定。雏鸡维持体温的能力较差，育雏开始的几周保持育雏舍气温稳定有利于雏鸡的生长发育。育雏第1周，鸡舍适宜的温度为32～35℃，之后每周下降2～3℃。成年鸡适宜的环境温度18～28℃。

（一）低温对鸡生长发育的影响

鸡舍温度低于鸡的适宜温度时，鸡的采食量增加，这是鸡的非条件反射，即“为能而食”。环境低温时，需要更多的能量饲料，如果饲料中淀粉、脂肪类能量物质不足，蛋白质会优先代谢为能量，造成氨基酸不足。

鸡舍低温可导致鸡呼吸系统黏膜自我保护能力下降，从而易引发呼吸道疾病。

（二）高温对鸡生长发育的影响

鸡舍温度高于鸡的适宜温度时，鸡的能量需求下降，导致采食量下降，从而使摄入的氨基酸、矿物质和维生素等不足。

高温可导致体液平衡失调，产生热应激。调控饲料营养和肠道微生物组分可以提高蛋鸡抗热应激和生产发育水平。

（三）鸡舍温度控制原理

影响鸡舍温度变化的因素包括热对流、热辐射、热传导、水蒸发等。

1. 热对流　包括自然对流和强制对流。

风机关闭时，鸡舍外的热（冷）空气进入鸡舍内引起的热量传递为自然对流。在风机开启时，鸡舍外的热（冷）空气进入鸡舍内引起的热量传递为强制对流。由于鸡舍建设材料的差异，鸡舍的热对流能力差异较大。密闭性和板材结构等都影响热对流。夏季风机开启后从屋顶进风产生的热对流是鸡热应激产生的主要原因。

2. 热辐射　物体由于具有温度而辐射电磁波的现象为热辐射。舍外气温高时，会提升舍内温度。鸡的体温高于环境温度时，会提升环境温度。在其他环境条件相同时，鸡舍内的温度随着单位体积内鸡数量的增加而增加。夏季鸡舍内的饲养密度尽量小些可以减少热应激的风险，冬季鸡舍内的饲养密度尽量大些可减少饲料消耗。

3. 热传导　从物体温度高的部分传热到温度低的部分为热传导，如舍外热的墙体传热给舍内。不同的建筑材料热传导能力不同，电的良导体也是热的良导体，如铁皮房比瓦房热。

4. 水蒸发　蒸发是人工调控温度的主要方式之一。湿帘降温是通过水的蒸发带走热量达到降温目的的主要方式。鸡舍中湿度较高时保持空气流动，可以降低鸡的体感温度。水蒸发量与表面积、水温度和风速有关，水表面积越大蒸发量越大，水温越高蒸发量越大，风速越大蒸发量越大。

四、饲养密度

饲养密度是鸡舍环境控制的重要因素，适宜的密度是新杨黑羽蛋鸡发挥生产性能的保障。适宜的饲养密度与饲养方式和鸡舍通风条件有关。

（一）不同饲养方式下的饲养密度

不同饲养方式下，鸡的适宜饲养密度差异较大。受条件的限制，蛋鸡存在不同的饲养方式，主要包括放养、地面平养、网上平养、梯架平养、阶梯笼养、叠层笼养、叠层梯架立体饲养。放养和平养的饲养密度须与产蛋箱数量、饮水位和料位相匹配。

1. 放养　放养方式下鸡舍内密度≤11 只/m^2。舍外面积与舍内面积比（1～2）∶1。舍外需要有饮水设施。舍外地面平整，铺设沙砾，易于排水，避免雨季有水坑。放养饲养的蛋鸡需要在 16 周龄前放置产蛋设施，并在 17～18 周龄开始训练母鸡到产蛋箱产蛋，发现有开产的鸡要引导其到产蛋箱内产蛋。放养适宜密度与气候有关，雨量越多越不宜放养。雨量多的季节饲养密度控制在≤7 只/m^2。

2. 平养　地面平养密度≤7 只/m^2，网上平养密度≤9 只/m^2，梯架平养密度≤10 只/m^2。适宜的平养饲养密度受气候条件的影响，湿度越大适宜饲养密度越小。适宜的平养饲养密度可以降低鸡感染球虫的风险，减少窝外鸡蛋的发生。

3. 笼养　不同笼养条件下的饲养密度受限于饲料料位，适宜的饲养密度为确保80%以上的母鸡可以同时采食。按地面面积，8层叠层饲养密度≤75只/m^2。

4. 叠层梯架立体饲养　按地面面积，4层梯架立体饲养密度≤25只/m^2。立体饲养需要与传送带清粪系统结合。

（二）不同通风条件的饲养密度

鸡舍通风条件包括进风口、气流路线和风速。

1. 进风口　鸡舍通常有多个进风口，进风口与鸡舍的密闭性有关。鸡舍正常的进风口主要是山墙、门、窗。密闭性差的鸡舍，除了从山墙一侧和门窗可以进风以外，侧墙和屋面都可以进风。进风口越多，鸡舍的内环境越难控制。鸡舍的密闭性影响鸡舍的温度，密闭性越差，鸡舍内温度越接近鸡舍外温度。从保温性能看，密闭性较差的鸡舍，夏季炎热时蛋鸡适宜饲养密度较小，冬季高寒时适宜饲养密度较大。

2. 气流路线均匀性　气流路线是空气从进风口至出风口的前进路线。放养、平养和阶梯式笼养的气流受到的舍内阻力比较小，气流较均匀。而笼养和立体饲养气流受到的设备阻力较大，气流路线不均匀；叠层笼养鸡舍笼具层次间隔越大，气流路线越均匀；气流路线越均匀，适宜饲养密度越大；反之，气流路线越不均匀，适宜饲养密度越小。

3. 风速　风速决定了鸡舍内的氧气浓度和排除废气的效率。一定范围内风速越大，鸡舍适宜饲养密度越大。风速与进风口面积、风机的功率和型号有关。进风口面积越大，风速越大；风机的功率越大，风速越大；有喇叭口的风机风速比没有喇叭口的风速大。

五、光照

光照影响母鸡开产、采食和状态。适宜的光照控制可以提高蛋鸡的生产性能。

（一）对鸡开产的影响

自然条件下母鸡白天产蛋，长日照刺激会使母鸡提前开产，短日照刺激会使母鸡延迟开产，甚至停产。在密闭鸡舍通过调整光照时间，可调控母鸡的开产时间。

1. 光照刺激　育成期光照需要维持在10～11h。第一次光照刺激需要在11h光照的基础上增加1h，增加1h比增加30min更有利于促进母鸡输卵管发育。

2. 光照颜色　红色光照能够提高产蛋性能和鸡蛋品质。使用发红光的LED灯能提高产蛋率。

3. 光照度　光照度10.8 lx可刺激鸡开产。在延长光照时间的同时更换灯泡，提高光照度，可刺激母鸡性发育。

（二）对鸡采食的影响

鸡采食与光照有关，有光照时鸡采食，无光照时鸡不采食。光照时间越长，鸡的采食量越大。因此，在1～3日龄时需要22～23h光照，确保雏鸡有足够的时间采食。育成期的光照时间是保障鸡体重达标的重要因素。

1. “14＋1”光照　“14＋1”光照制度是白天光照14h，夜间开灯1h。产蛋期夜间延长1h母鸡可在夜间采食，可提高母鸡的产蛋率和蛋壳质量。

2. 间歇光照　间歇光照是打破正常的24h光照制度的一种饲养方式，在全黑鸡舍可使用间歇光照制度，提高育成期母鸡的生长速度。有研究显示，育成期8h光照8h黑暗的光照制度，可提高育成期采食量，增加母鸡生长速度，提前开产。

（三）对鸡啄癖的影响

鸡啄癖是代谢障碍导致的神经性疾病，包括啄羽、啄蛋、啄肉等。新杨黑羽蛋鸡不易产生啄癖，但偶尔也会在育成期发生。导致鸡啄癖的主要原因是采食量不足，必需氨基酸、维生素或矿物质等营养缺乏。鸡有啄的习惯，营养不足或料槽中没有饲料时会相互啄。光照时间和光照强度都会影响鸡的兴奋性，可能对啄癖的发生有一定影响。

1. 育成期啄癖　育成期光照时间超过12h或光照度超过10lx会刺激母鸡啄癖。啄癖群体一旦形成很难根除。一旦发现啄癖母鸡，需要及时移出有啄癖的母鸡，单独饲养，避免形成群体性啄癖。检查饲料配方、光照度和光照时间。育成期鸡舍每隔8m设1个1W的LED灯即可满足育成鸡的采光强度需要。自然光照鸡舍需要遮黑窗户。一旦发生群体性啄癖，要给鸡佩戴眼镜。

2. 产蛋期啄癖　产蛋期啄癖通常由于饲料混合不均匀或喂料不均匀造成，

或者由于一些母鸡采食量比较大，自动喂料机的饲料量不能满足母鸡采食，料槽空时较长引起。产蛋期啄癖无法通过改变光照治疗，需要及早发现，一旦发现及时转出鸡笼，单鸡单笼饲养，并调整饲养方式，保障营养供给。单鸡单笼饲养1周左右，可治愈啄癖。但在发生群体性啄癖时，需要改变营养和佩戴眼镜同时进行才能根治。

第四节　南方地区提高母鸡抗热应激能力技术

南方夏季炎热，最高气温超过37℃，湿度大于80%，给蛋鸡生产造成很大的困难。随着鸡场设施设备建设水平的提高，夏季防暑降温技术水平也在不断提升。通过科学建设鸡场鸡舍，科学配制饲料和科学管理可以提高母鸡的夏季抗热应激能力。

一、鸡场建设

鸡场建设需要根据南方高温高湿的气候特点，在鸡场地址选择、鸡场布局、鸡舍建设材料选择和饲养设备等方面考虑夏季防暑降温的需求。

（一）鸡舍建设

鸡舍建设地址除了符合国家和地方政府的建设规划外，需要满足鸡舍废气排放的需求。通过风机排放的气体要能够快速释放到大气中，不能集中在一起分散不开，形成窝风。

1. 忌背风向阳　鸡舍排风口10m内不应有山坡、房屋或围墙。背风区积累大量空气，形成局部高压，降低风机的有效风速。背风区还会累积大量微生物，导致微生物大量繁殖，形成污染区。

2. 鸡舍纵向与夏季主导风向一致　鸡舍排列应与夏季主导风向一致，且排风方向与主导风向一致。这样有利于降低排风阻力，快速稀释鸡舍的废气。

（二）鸡场布局

鸡场布局包括鸡场分区、鸡舍分布和净道污道设置3个方面。鸡场一般都涉及生活区、办公区、生产区。生产区又分为育雏育成区、产蛋区。夏季微生物大量繁殖会累积在鸡场的各个区域，气温下降后来自场内外的累积微生物成为鸡场发生细菌性疾病的重要传染源。因此，养鸡场设计时要考虑保持各个区域的相对独立。

1. 分区布局　鸡场区域布局重点考虑夏季主导风向，适宜的分区是在主导风向下，各区域风向互不交叉，即生活办公区的风到达不了生产区，生产区的风也到达不了生活办公区；场内建有有机肥场的风在主导风向下也到达不了生活办公区和生产区。

2. 鸡舍布局　鸡舍分布需采用相同方向的鸡舍并排排列，进风口在同一个方向，出风口在同一个方向。鸡舍设计采用纵向通风技术，鸡舍间的距离只要满足防火需要即可。

3. 污染区建设　鸡场污染区是生产区的排风口区域。污染区重点建设的项目包括保持污染区域地面平整，不积水，粪便羽毛易于及时清理；有水源，易于开展石灰水喷洒消毒；有除尘喷雾装置，降低出风口的粉尘。

4. 全进全出制度　鸡场应建立全进全出制度，并尽量做到全场实行全进全出制度，单个鸡舍全进全出制度无法保障传染病的隔离，生物安全效率低。小型鸡场全进全出不仅可以净化鸡场，也可以使管理人员和工人有一个短期的休息时间。大型鸡场占地面积较大（大于 13.3hm^2），如果无法做到全场全进全出，在鸡场建设时，应设立多个生产分区，每个生产分区管理上相互独立，饲养制度上全进全出。

（三）鸡舍建设

鸡舍建设材料应采用隔热材料，板材间采用无缝对接方式。

1. 隔热　鸡舍的屋顶和墙面应铺设隔热层。泡沫板材有隔热效果，但泡沫板材的密度和厚度对隔热的影响很大，不同的生产工艺也会存在差异。材料隔热效果越好，夏季防暑降温的能力越强。

2. 无缝对接　一般建筑板材接合部都有缝隙，有利于施工。但鸡舍实行负压纵向通风技术，板材缝隙会将舍外的热空气引入鸡舍内，造成夏季降温困难。鸡舍建设板材间的无缝对接是夏季防暑降温的关键技术。

（四）饲养设备

饲养设备包括鸡笼、灯、风机和湿帘等。饲养设备对夏季防暑降温效果的影响很大。

1. 鸡笼　夏季通风的关键是将热空气排出舍外。因此，同样鸡舍结构条件下，平养的空气排出效率大于立体养殖，立体养殖大于阶梯笼养殖，阶梯笼养大于叠层笼养。叠层饲养时的鸡笼结构对鸡舍内空气流通影响很大，特别是夏季，对防暑降温的效果影响很大。适宜的叠层鸡笼结构方便空气对流，鸡笼内外的温差、废气浓度差较小，笼内温度易于对流到笼外，废气易于排出。叠层笼粪带距离下层鸡笼底网的距离越大，笼内空气越容易流通，应不小于 800mm。

2. 灯具　灯具主要考虑灯的寿命、产热性和光色。LED 灯的寿命较长，不产热，使用发红光的 LED 灯可以使鸡更安静。夏季防暑降温需要夜间采食，并设置熄灯 4h 后光照 1h 的光照计划。依需要设置定时钟可以自动设计光照时间。

3. 风机　风机设在出风口山墙上，不得在其他位置设置风机，鸡舍内风向要一致。如同时在侧墙安装风机，会造成旋风，降低风速。选择带有喇叭口的风机型号，排风效率高。风机数量根据鸡舍横截面大小设置，以安装全部设备后最大风速 $10\sim11m^3/(s\cdot m^2)$ 为最多风机数量。

4. 湿帘　也称湿垫。湿帘材料需要耐风蚀。在进风口山墙上安装湿帘，尽量使用全部山墙面积安装湿帘。侧墙湿帘需距离山墙湿帘 4m 以上，侧墙湿帘对中间鸡群的风冷效果较差，两列鸡笼的鸡舍可以在侧墙安装湿帘，但四列以上鸡笼的鸡舍应尽量充分利用山墙安装湿帘。为避免湿帘上生长苔藓，湿帘应有顶棚，防止阳光直射，循环水应有可封闭水箱保持水质，进风口区域建设要便于清洁卫生，避免有机物依附湿帘供应苔藓营养。

5. 喷雾管线　鸡舍内需要安装喷雾管线。喷雾管线可以用于鸡舍喷雾消毒、疫苗免疫和防暑降温。夏季炎热天气需要每日使用。喷雾嘴孔径以喷雾 15min 不形成水滴为标准。

二、饲料配制

夏季气温高，蛋鸡采食量低，需要制定特别的营养标准满足蛋鸡需要。重点需要调整氨基酸、维生素和矿物质的水平。一些添加剂能够提高体液酸碱平衡能力，添加后有利于提高蛋鸡采食量和防暑降温能力。

（一）修改饲料配方

蛋鸡会随着气温和产蛋率的变化，自我调控采食量。夏季气温高，鸡的维持能量需要下降，同时高温导致鸡的呼吸频率加快，体液酸碱平衡调节能力下降，刺激鸡的采食量下降。采食量下降后会导致鸡的氨基酸、维生素和矿物质需求量不足，从而导致鸡的产蛋率和鸡蛋品质下降。表 6-10 所示为不同饲料日消耗量下的饲料营养需求。代谢能保持不变，随着采食量的降低，蛋白质、氨基酸、维生素和矿物质需要相应增加。

表 6-10　不同采食量下的营养需求

营养成分	日采食量（g）				
	100	95	90	85	80
粗蛋白质（%）	14.70	15.50	16.40	17.30	18.40
代谢能（MJ/kg）	11.30	11.30	11.30	11.30	11.30
蛋氨酸（%）	0.33	0.35	0.37	0.39	0.42
赖氨酸（%）	0.67	0.70	0.74	0.78	0.83
色氨酸（%）	0.17	0.18	0.19	0.20	0.21
蛋氨酸+胱氨酸（%）	0.62	0.65	0.69	0.73	0.77
钙（%）	3.37	3.55	3.75	3.97	4.22
有效磷（%）	0.35	0.37	0.39	0.41	0.44

（二）补充限制性氨基酸

夏季蛋鸡采食量下降，鸡采食粗蛋白质量也会随着下降，一些必需氨基酸会因采食不足而不能满足蛋鸡的需要。

表 6-11　相同饲料配方不同摄入量的必需氨基酸营养差异

营养成分	每日营养需要量	差异化日采食量摄入的氨基酸量			
		100g	95g	90g	80g
粗蛋白质（g）	14.73	15.47	14.70	13.93	12.38
赖氨酸（g）	0.67	0.77	0.73	0.69	0.61
蛋氨酸（g）	0.30	0.33	0.32	0.30	0.27
蛋氨酸+胱氨酸（g）	0.53	0.58	0.55	0.52	0.47
苏氨酸（g）	0.48	0.58	0.56	0.53	0.47
色氨酸（g）	0.14	0.17	0.16	0.15	0.14
精氨酸（g）	0.66	1.02	0.97	0.92	0.82
亮氨酸（g）	0.93	1.38	1.32	1.25	1.11

（续）

营养成分	每日营养需要量	差异化日采食量摄入的氨基酸量			
		100g	95g	90g	80g
异亮氨酸（g）	0.63	0.68	0.64	0.61	0.54
苯丙氨酸（g）	0.49	0.76	0.72	0.68	0.61
苯丙氨酸＋酪氨酸（g）	1.01	1.30	1.24	1.17	1.04
组氨酸（g）	0.22	0.40	0.38	0.36	0.32
缬氨酸（g）	0.51	0.71	0.68	0.64	0.57

表6-11是不改变饲料成分不同采食量鸡实际采食的蛋白质-氨基酸量。根据表6-11配方，鸡采食100g饲料时，粗蛋白质和大部分氨基酸水平比实际需要量偏高；鸡采食95g饲料时，粗蛋白质基本满足蛋鸡需要，全部必需氨基酸都能满足需要；采食90g饲料时，粗蛋白质不能满足蛋鸡需要，异亮氨酸不足；采食80g饲料时，粗蛋白质不能满足蛋鸡需要，赖氨酸、含硫氨基酸、色氨酸和异亮氨酸不能满足需要。

根据实际采食量，适时调整必需氨基酸的水平满足母鸡营养需要，可提高新杨黑羽蛋鸡的防暑降温能力。

（三）饲料添加剂

一些饲料添加剂可改善母鸡的抗热应激能力，包括小苏打、丁酸盐和丁酸梭菌等。

1. 小苏打　即碳酸氢钠，摄入后补充 HCO_3^-。高温天气，母鸡呼吸频率加快，呼出 CO_2 量大，造成体液酸碱度失衡。补充小苏打后有利于酸碱平衡。小苏打添加量0.1%～0.15%，依天气炎热程度调整。首次添加不要超过0.05%，避免鸡腹泻。

2. 丁酸盐　丁酸是肠道微生物，特别是盲肠微生物发酵产物，也是利于鸡体液酸碱平衡的重要添加剂。添加丁酸钠可快速提高鸡的采食量和生产性能。

3. 丁酸梭菌　与丁酸钠的功能类似，但丁酸梭菌的效果较慢，需要经过3周左右才能体现，需要在高温还没有到达时开始使用，才能体现其作用。

4. γ-氨基丁酸　具有抗热应激的作用。蛋鸡饲料中添加50～100g/t γ-氨基丁酸具有缓解热应激，提高采食量和产蛋性能的作用。

三、饲养管理要点

夏季炎热，为减少新杨黑羽蛋鸡热应激，除了需要科学设计鸡场、调整饲料配方外，还需要在蛋鸡管理上给予特别的重视。夏季蛋鸡管理重点包括光照和喂料管理、防暑降温、及时清粪、洁蛋低温储存等。

（一）光照和喂料管理

鸡采食时产热，气温高时鸡的采食量少，甚至不采食，因此应尽量使鸡在气温较低时采食。光照管理的关键是使鸡尽量早采食，同时又不打破其生物节律。

1. 早开灯　可以刺激鸡在凉爽的气温下采食。在华东地区实行（15＋1）h或（16＋1）h模式，清晨3：00—4：00开灯，下午7：00熄灯，晚上11：00开灯，凌晨12：00熄灯。

2. 每周校正定时钟　确保光照开始和结束的时间与本地日照时间吻合。

3. 每天喂料2次　上午5：00喂料1次，下午5：00喂料1次。上午捡蛋时观察鸡采食情况，并及时匀料，上午喂料量以鸡下午2：30之前能基本采食完为标准。一般下午2：30—5：00是夏季最炎热的时间段，可安排喷雾降温。

（二）防暑降温管理

夏季防暑降温管理的关键是做好鸡舍的湿帘-风机系统和喷雾降温系统。

1. 鸡场设备设施检查　在高温来临之前，需要检查水线和电线是否完好，如有老化，需要在高温来临前更换；检查发电机是否能正常发电，配件是否有库存，如关键配件没有库存，需要在高温来临前购买入库；还应检查柴油储备是否充足。

2. 湿帘-风机系统管理　在高温来临前需要做好湿帘-风机的清洁卫生工作，并检查湿帘-风机系统是否能正常工作，及时更换老化的水管、皮带，适时给抽水机和风机的电机更换机油。在舍外气温超过28℃时开始使用湿帘，第1～3天开50％湿帘，水浸湿50％的面积。以后根据气温情况逐步开足，使鸡群有逐步适应的过程。如气温低于28℃或下雨天不开湿帘。如果夜间舍外最低温度超过30℃，需要一直开湿帘。湿帘用水采用饮用水，避免使用含金属离子的消毒剂，因为水中电解质不利于水的蒸发；慎重使用地下水作湿帘水，水温过低甚至结冰不利于水的蒸发。

3. 喷雾系统管理　下午 2：30—5：00 是鸡舍最热的阶段，此阶段如果鸡舍内气温高于 32℃，需要通过喷雾降低鸡舍温度。喷雾降温前要确认料槽中没有饲料堆积，或料槽中的少量残余饲料能在下午喂料前全部采食完成。如果料槽中有残料堆积，喷雾降温会导致饲料含水量增加，刺激微生物生长。喷雾降温根据鸡舍气温情况，可 0.5～1h 喷雾 1 次，每次 10～20min。喷雾不仅能通过水分蒸发降低温度，还可以降低鸡舍内的粉尘，改善鸡呼吸系统舒适度。喷雾降温时要保持风机正常运转，排除舍内废气，且水雾在运动中更容易蒸发，可提高降温效率。

4. 冰块降温　持续极端高温天气下，借助湿帘和喷雾系统如果还不能使鸡舍温度下降到 30℃以下，则需要使用冰块降温。将冰块放在泡沫箱或任何不漏水的容器中，均匀放置在鸡舍中前端走道。放置冰块前，要做好鸡舍地面的清洁卫生工作，避免鸡舍积水污染。根据天气预报情况，需要提前预订冰块。

（三）及时清粪

鸡粪发酵产生热，同时肠道微生物还污染鸡场环境，因此需要及时清理鸡粪，日产日清。减少鸡粪产热可提高鸡的抗热应激能力。

1. 粪不落地　加强鸡粪传送带管理，避免跑偏。接近地面的传送带的鸡粪如不能刮干净，鸡粪会掉落到传送带下的地面，日积月累地面上会有大量鸡粪。加强传送带管理，特别是最下层传送带的管理是粪不落地的关键。

2. 日产日清　鸡粪菌群离开肠道环境后，不受鸡体环境控制，会大量增殖。为避免微生物过度增殖污染环境，需要每天清理鸡粪，清理出鸡舍的鸡粪应及时处理。

（四）洁蛋低温储存

夏季鸡蛋容易变质，货架期短。刚产出鸡蛋总是有肠道微生物附着，这些肠道微生物在条件适宜时能进入蛋壳内部。夏季气温高，蛋壳表面的肠道微生物繁殖快，因此需及时清洁消毒，并低温保存鸡蛋，才能有效保持鸡蛋的质量。与其他季节相比，夏季蛋鸡采食量低，如果营养不均衡，鸡蛋品质也会随之下降。因此，为了销售优质鸡蛋，夏季鸡蛋的管理尤其重要。

1. 捡蛋时间　夏季天气炎热，喷雾降温前需要将中午之前的鸡蛋全部捡出，中午之前产的鸡蛋留在鸡舍内会导致鸡蛋质量下降。

2. 鸡蛋分类保存　沾有粪便的鸡蛋要及时捡出，不与无粪便的鸡蛋混放。有粪便的鸡蛋要特别加强清洁消毒管理。

3. 捡蛋消毒　捡出后的鸡蛋需要及时进行消毒，消毒剂应符合食品卫生要求。对消毒过的鸡蛋要定期抽查检测细菌含量，评估消毒效果。

4. 低温保存　鸡蛋需要低温高湿保存。蛋库温度低于20℃，湿度大于80%，有利于维持鸡蛋品质，减少鸡蛋表面暗斑形成，降低鸡蛋失水率。

5. 紫外灯消毒　鸡蛋不能及时转运出场的蛋库，蛋库内应保持紫外灯消毒状态（人在时关闭），避免病原大量繁殖，保障鸡蛋品质和蛋库卫生。

第七章 鸡场致病性微生物净化技术

鸡场致病性微生物包括引起蛋鸡发病的微生物和引起人发病的微生物（即引起人鸡共患病的微生物）。开展鸡场致病性微生物的净化可减少鸡场疫病风险，提高鸡蛋的安全性。

传染病感染三要素是传染源、传播途径和易感动物。净化鸡场微生物的关键技术包括隔离、消毒、饲养、免疫、监测和扑杀等控制技术。扑杀控制技术的目标是消灭传染源，隔离控制技术和消毒控制技术的目标是切断传播途径，饲养控制技术和免疫控制技术的目标是提高鸡的抗病能力，降低疫病易感性。监测控制技术是及时掌握致病性微生物的状态，所谓“知己知彼，百战不殆”，净化致病性微生物是一场人与微生物的战争，做好监控，才能防患于未然。本章重点介绍隔离、消毒、免疫和监测五个方面的控制技术，营养控制技术、环境控制技术和饲养控制技术详见第六章和第八章。

第一节 鸡场致病性微生物概况

鸡场致病性微生物包括两个来源，外源和内源。外源微生物来源包括引种、交通运输、空气和野生动物带入；内源微生物是鸡场内存量微生物遗传变异及其增殖。鸡肠道正常菌群与鸡是共生关系，对鸡的健康具有重要意义（微生物种类详见第四章），因此鸡场在消灭致病性微生物的同时，要保护有益微生物。

鸡场致病性微生物主要包括禽流感病毒、新城疫病毒、禽白血病病毒、传染性支气管炎病毒、传染性法氏囊病病毒、传染性喉气管炎病毒、沙门氏菌、鸡毒支原体、滑液囊支原体、弯曲杆菌、大肠杆菌、副鸡嗜血杆菌等。其中禽流感病毒、沙门氏菌、弯曲杆菌和大肠杆菌能使易感人群患病，是主要污染鸡蛋的微生物。

鸡场致病性微生物主要来源于携带致病性微生物的家禽等媒介，致病性微生物通过粉尘、车辆、饲料、设备、人、老鼠和野禽，或在引进患病家禽时进入鸡舍，在鸡的抗病能力不足时，引起鸡发病。随着饲养技术水平的提高，控制致病性微生物的措施越来越多，一些烈性传染病如马立克氏病、新城疫、传染性法氏囊病和鸡毒支原体病等得到有效控制，发病案例逐年减少。另外，有一些原本危害较弱的疾病，如滑液囊支原体病和腺胃炎病等对蛋鸡产业的危害性增强，对鸡场致病性微生物净化提出了挑战。一些致病性微生物单独存在时不影响鸡的健康，但与其他微生物共同存在时会致病，严重时引起死亡。

一、细菌性疾病

家禽细菌性疾病主要有25种，其中绝大多数在我国有病例报道。目前可查阅的鸡细菌性疾病包括鸡白痢沙门氏菌病，鸡毒支原体病，滑液囊支原体病，禽弯曲杆菌病，金黄色葡萄球菌病，大肠杆菌病，鸡伤寒，鸡副伤寒，鸡肠炎沙门氏菌病，禽亚利桑那菌病，传染性鼻炎（副鸡嗜血杆菌），禽霍乱，禽波氏杆菌病，鼻气管鸟杆菌病，丹毒病，鸡衣原体病，梭菌病，禽结核病（分枝杆菌），肠球菌病，链球菌病，禽肠道螺旋体病，假单胞菌症，李氏杆菌病，波氏杆菌病，耶尔森氏菌病。其中，鸡毒支原体病和传染性鼻炎有国家批准的疫苗，可以通过疫苗免疫。一些细菌，如肠球菌和链球菌，是鸡肠道的常在菌，参与鸡的正常代谢，离开肠道进入血液后才会致病。一些细菌单独存在的时候不致病，但在与其他微生物共感染时发病，如滑液囊支原体在有大肠杆菌或病毒性关节炎发生时能够使鸡产生关节淀粉样病变。当家禽髓性细胞缺少中性粒细胞时，抗菌能力较差。

（一）大部分细菌性疾病没有疫苗

目前主要有2种细菌性疾病成功研制出了疫苗，分别是鸡毒支原体病（也称为慢性呼吸道病，简称慢呼）和传染性鼻炎，已经可以通过疫苗预防和净化。

1. 鸡毒支原体病　鸡毒支原体（MG）是引起鸡慢性呼吸道病的主要病

原，可以单独或与其他病原微生物共同作用引起鸡的慢性呼吸道病。临床症状包括鼻炎、打喷嚏、流鼻涕、咳嗽、呼吸啰音及呼吸困难。鸡毒支原体既可以垂直传播也可以水平传播，曾给鸡产业带来重大损失。MG疫苗包括活疫苗和灭活疫苗。鸡场连续开展活疫苗免疫，可以逐步净化鸡场的MG，直至彻底消灭MG。

2. 传染性鼻炎 鸡副嗜血杆菌是引起传染性鼻炎的病原菌。临床症状包括流鼻涕、打喷嚏和面部肿胀。能引起产蛋率下降10%～80%，并因继发感染引起鸡群死亡。鸡副嗜血杆菌有A、B、C 3个血清型，需要免疫含3个血清型的疫苗。在发生了传染性鼻炎的鸡场需要采取药物治疗同疫苗免疫接种相结合的措施控制传染性鼻炎。

（二）大部分细菌性疾病随环境变化而变化

大部分的细菌性疾病与环境因素有关。

1. 环境中的病菌种类和数量越多，鸡群越容易感染 大肠杆菌是肠道的正常菌群，如果进入血液则会引起大肠杆菌病。当鸡舍内温度较低时，容易发生通风不畅，舍内粪便中的细菌不能及时排出室外，导致鸡舍内细菌浓度升高。过多的细菌吸入呼吸道，不能被黏膜免疫细胞及时吞噬，则可能在血液中增殖。因此，冬季通风不畅时，要加强带鸡消毒。

每年秋冬季节是细菌性疾病的高发时期，此时鸡舍内细菌经过夏季的扩增，细菌种类多，繁殖速度快，到了晚上通风减少，细菌密度突然增加。同时由于鸡群经过夏季的高温后进入秋季，气温下降，鸡的循环系统还没有准备好迎接低温，免疫力下降。

2. 协同致病 多种细菌同时感染，细菌与病毒混合感染，或由于低温、饲料营养不足导致免疫力下降时，细菌性疾病更易发生，甚至加重。如滑液囊支原体（MS），即使在喉气管检测到MS，鸡个体表现依然是健康的，但在低温或者感染大肠杆菌时，MS会大量增殖，并导致鸡关节病变。

（三）细菌的耐药性日益严重

国内养殖场分离到的大肠杆菌、沙门氏菌、多杀性巴氏杆菌、空肠弯曲杆菌、副鸡嗜血杆菌等病原菌可同时对几种乃至几十种常用的抗菌药物都产生了抗性。

1. 可用的抗生素越来越少　随着世界范围内对抗生素使用的规范管理，国家在不断出台新的管理条例，许多抗生素被严禁使用。可以使用的抗生素耐药性在逐步增强，给细菌性疾病的治疗增加了难度。

2. 细菌的种类和分布是动态变化的　细菌的耐药性能可以在不同种类的细菌之间相互传播。新型的细菌不断产生，存量细菌在进一步变异。

二、病毒性疾病

可感染蛋鸡的病毒有禽流感病毒、新城疫病毒、禽偏肺病病毒、传染性支气管炎病毒、传染性喉气管炎病毒、禽脑脊髓炎病毒、禽腺病毒（包涵体肝炎）、唾液腺病毒（出血性肠炎）、腺病毒（产蛋下降综合征）、呼肠孤病毒、星状病毒、鸡传染性贫血病毒、鸡痘病毒、传染性法氏囊病病毒、马立克氏病病毒、禽白血病病毒、网状内皮组织增生症病毒，以及甲病毒、东部马脑炎病毒、西部马脑炎病毒、高地J病毒、黄病毒、西尼罗河病毒等虫媒病毒。

（一）大部分病毒性疾病可通过疫苗免疫

大部分家禽病毒性疾病都已经有疫苗被成功开发，可以通过疫苗免疫预防并科学地净化疾病。

（二）一些病毒性疾病导致免疫抑制

一些病毒攻击免疫器官，造成蛋鸡免疫抑制病。可导致免疫抑制病的病毒包括马立克氏病病毒、传染性法氏囊病病毒、鸡白血病病毒、传染性贫血病毒、呼肠孤病毒等。需要特别重视免疫抑制病的净化。

（三）大部分病毒性疾病会继发混合感染

两种或两种以上的病原同时感染及继发感染普遍。常见的病毒性疾病混合感染有禽流感与新城疫、传染性法氏囊病与新城疫、传染性法氏囊病和传染性腺胃炎、新城疫与传染性支气管炎；病毒性与细菌性疾病混合感染有新城疫与大肠杆菌病、新城疫与沙门氏菌病等；另外，还有球虫病与新城疫或传染性法氏囊病混合感染。其中，新城疫、禽流感、传染性法氏囊病、传染性支气管炎等病毒性疾病的混合感染尤其突出，此类混合感染有时造成家禽死亡率极高，或发病持续时间长，同时这类疾病易与大肠杆菌病、支原体病、球虫病混合感染。一旦发生严重的病毒性疫病，在疫苗紧急免疫的同时，可进行抗生素辅助治疗，消灭混合感染的细菌性疾病。

（四）病毒变异快

由于鸡的免疫力增强，鸡病毒不断变异。有些变异使病原毒力增强，有些变异使血清型增加，有些变异改变了疾病的临床症状。病毒变异增加了疫苗免疫效果的不确定性，因此不能仅仅依靠疫苗，需要综合采取隔离、消毒和饲养管理等多种手段。

第二节 鸡场隔离技术

鸡场隔离是鸡场生物安全的主要内容。在鸡场设计时，需要考虑鸡场的隔离条件。已建成鸡场需要根据生产中存在的问题，改善鸡场隔离条件。

鸡场隔离主要包括保持安全距离，隔离野生动物、车辆和人员。隔离野生动物的重点是防鼠。

一、安全距离

安全距离是相对的，严格意义上没有绝对的安全距离。从环境保护角度，鸡场要远离人口集中的社区，避免鸡场异味造成空气污染。从生物安全角度，安全距离是非鸡场人员和非生产经营车辆不易到达鸡场的距离，既要远离社区，也要远离干道公路。

（一）远离社区

鸡场不可建在人口密集区附近，远离学校、工厂、商店和住户。

传统上人和鸡居住在一个院子里，在人居住的房屋边上建一个鸡窝，鸡吃人剩余的饭菜或粮食副产品。20 世纪 90 年代至今，农民自建鸡舍也建在自家房子旁边或附近的责任田里。鸡舍建在住房附近一方面是无法选择位置，能够使用的土地只有自己的自留地或责任田；另一方面是便于管理，保障财产安全。但是，这样的鸡舍生物安全性很差。致病性微生物能够很方便地通过邻居、过路人或车辆带入鸡舍，感染鸡群。

鸡场既不要建在社区的上风口（空气污染社区），也不要建在社区的下风口（微生物感染鸡场）。鸡场距离社区应尽量远，至少 300m，且通往鸡场的道路不再通往其他社区。

（二）远离干道

一些鸡场建在干道路边，交通非常方便，但同时却增加了感染疫病的风险。

通向鸡场的道路尽量不再通向其他地方。如果没有选择余地，只能建在公路边，需要在鸡场外建设 3m 以上的围墙，避免汽车掀起的粉尘落进鸡场。

新建鸡场尽量远离任何交通道路，另单独建设道路通向鸡场。在接近鸡场的交通道路区域建设隔离带，隔离带内铺设碎石子或仅种植低矮的植物。

（三）封闭大门

鸡场大门应是板型门，不要使用栏杆型，更不应没有大门。从门外看不到场内是鸡场大门建设的基本要求。鸡场封闭的大门可将微生物挡在门外，避免致病性微生物快速地进入鸡场内。

二、防鼠

啮齿动物能够携带多种致病性微生物，包括沙门氏菌、弯曲杆菌等。

鸡场内饲料是老鼠良好的食物，传统鸡舍鼠害严重，老鼠不仅吃饲料，增加了生产成本，还能够携带致病性微生物，降低空舍和全进全出饲养制度的防疫效率。

消灭鸡场内老鼠是生物安全的重要内容。一些隔离条件优越，远离人烟、道路的鸡场也会发生重大疫情，其主要原因是防鼠工作没有做好。老鼠是一些鸡的致病性微生物的自然宿主，致病性微生物会随着老鼠的世代更替而保留或遗传变异，不会因为鸡场淘汰鸡或清理鸡舍而被消灭，在新一批鸡进入鸡舍后，致病性微生物会随老鼠传染给新鸡。

防鼠的关键是防止外源老鼠进入，同时消灭已经进入鸡场的老鼠。

（一）防鼠基本建设

1. 围墙　不仅有保障生命财产安全的作用，更重要的是防鼠，建立起一道生物安全的保障。鸡场建设钢筋水泥基础的全封闭围墙是防止老鼠进入的关键。在全封闭围墙的内外侧，铺设50cm宽度的鹅卵石，可避免老鼠从围墙外打洞进入鸡场内。

2. 排水沟　鸡场内建设管道排水沟，排水沟出口安装防鼠网。

3. 进出口　鸡舍除了大门，没有老鼠可以进入鸡舍的其他通道，包括屋顶、墙和地面。没有安装湿帘的进风口安装铁丝网，出风口和风机内侧要有防鼠网。在水线、料线和电线进入口用钢丝球封堵缝隙。

（二）日常防鼠管理

日常管理中要努力使进入鸡场的老鼠不易进入鸡舍。

1. 环境卫生　做好环境卫生，清除鸡舍周边的杂草，清理堆放的物品，使老鼠不容易营巢。清理鸡场内垃圾、饲料和粪便，使老鼠不容易有食物来源。垃圾需要放入有盖的桶内，并及时盖上盖子。饲料和粪便不要撒落在鸡场内。

2. 水源管理　清理鸡场内排水沟进口和低洼地，使老鼠不容易有水源。鸡场内设计分流雨水和污水管道，管道加盖。场内不要有可以积水的低洼地，要将低洼地及时平整。清理低洼水在夏季还可以防止蚊虫滋生。

3. 进出口管理　人进出大门后要及时关门，鸡舍大门保持关闭。清粪完成后及时堵住出口。

（三）灭鼠

1. 放置鼠笼和鼠药　在鸡场和鸡舍内墙边放置鼠笼，鼠笼内放置鼠药，捕捉进入鸡场或鸡舍的老鼠。

2. 聘请专业灭鼠人员　已经发生鼠灾的鸡场，需要聘请专业的灭鼠公司灭鼠。在灭鼠方面，不要自信鸡场员工能够独立完成。

三、车辆管理

鸡场感染烈性传染病，大部分是通过车辆带入的。建立严格的内部车辆和外来车辆管理制度是鸡场生物安全的保障。

（一）内部车辆管理

鸡场车辆包括轿车和卡车。鸡场股东和管理人员的轿车比较复杂，到达其他鸡场的机会多。鸡场卡车主要用于饲料和鸡蛋的运输，行驶路线比较简单。因此，对轿车的管理要比卡车更严格。

1. 车辆清洁　鸡场车辆要保持清洁，有条件的在场外公共洗车店清洗完备再到鸡场。卡车进入鸡场前在大门口要进行全面消毒冲洗。

2. 场外停放　轿车一律停在鸡场大门外。

（二）外部车辆管理

外部车辆不进入鸡场，是鸡场生物安全的铁律。外部车辆可分为运送饲料及其原料、运送鸡蛋和运送淘汰鸡等几种。社会车辆运行路线复杂，很难避免不到有疫情的鸡场。

1. 饲料及其原料运输　风险系数相对较低，往来于原料仓库和鸡场。管理相对容易。

2. 鸡蛋运输　风险系数略高，往来于批发市场和鸡场，管理难度较大。鸡蛋运输用鸡场自己的车辆方可降低风险。

3. 淘汰鸡运输　风险系数最高，往来于活禽市场、屠宰场和鸡场。销售淘汰鸡是鸡场面临的最大考验。在周边有疫情时，不要在鸡场周围销售淘汰鸡，应将淘汰鸡运输到距离鸡场 1km 以外的地点销售，并且转运车和鸡笼与淘汰鸡销售车辆交接后，需经严格冲洗才可再使用。

第三节　鸡场消毒技术

鸡场消毒的目的是消灭散布于鸡场内的致病性微生物，切断传播途径，防止致病性微生物的传播和感染。根据消毒的紧急程度分为预防性消毒、随时消毒、起始消毒和终末消毒。

预防性消毒（定期消毒）：结合鸡场的气候变化和外围疫情，对鸡舍内外、饮水、用具进行的定期消毒。目的是清除环境中可能出现的病原微生物。预防性消毒包括每周消毒、每月消毒或季节性消毒。

随时消毒（病死鸡消毒）：为了及时消灭病死鸡体内排出的致病性微生物，需要随时消毒。在淘汰病死鸡时对其笼具消毒，解剖时进行全身浸泡消毒。

起始消毒（进鸡前消毒）：即为了减少上一批鸡的致病性微生物对新鸡的影响而开展的消毒。

终末消毒（鸡群全部转出后的消毒）：消灭残留的致病性微生物。

一、消毒方法

鸡场消毒方法可以归纳为物理消毒法和化学消毒法。最简单的物理消毒法是清洁，及时清理鸡场和鸡舍内的粪便和粉尘。粪便和粉尘中带有致病性微生物，及时清理和无害化处理是最简单和有效的消毒方式。鸡场的物理消毒法还有焚烧和紫外线照射。化学消毒法是使用化学物品对鸡场、鸡舍、设备、饲料和饮水消毒，包括消毒药浸泡、喷洒、蒸气或熏蒸。鸡舍和鸡场清洁是鸡场消毒的基础。

（一）焚烧消毒

焚烧消毒主要是焚烧病鸡和脱落羽毛，是比较彻底的消毒方法。病死鸡是最直接的传染源，消灭病死鸡传染源是鸡场消毒的首要工作。病死鸡焚烧前应密封保存，避免在病死鸡转群时羽毛掉落到鸡舍内外，污染鸡场。

焚烧不完全会引起严重的空气污染。用焚烧炉处理鸡的尸体能够最大限度地避免致病性微生物扩散。但焚烧炉一次性投资较大，还需要做严格的环境评估，需要做好融投资的系统规划。许多地区的疫病控制中心投资建设焚烧炉，保护地区的畜禽养殖业，鸡场可尽可能利用疫病控制中心资源，保护鸡场。

（二）紫外线消毒

紫外线消毒主要是消毒接待室、更衣室、鸡蛋储存室等固定的场所，避免微生物滋生。紫外线消毒比较简单易行，只需要定期更换紫外线灯管即可达到消毒目的，是鸡场鸡舍进出口消毒的主要手段。

紫外线对人体皮肤有伤害，不可长时间暴露在紫外线下。消毒走道可保持紫外线灯一直工作，更衣室和蛋库的紫外灯应在人离开后工作。密闭空间的紫外线消毒 20min 左右即可。长时间消毒，由于臭氧浓度升高，可能会损害室内的仪器设备。

（三）熏蒸消毒

熏蒸消毒主要用于起始消毒和终末消毒，即消毒空的鸡舍。福尔马林-高锰酸钾是较有效的熏蒸消毒方法。福尔马林和高锰酸钾的用量按鸡舍的体积计算。砖混结构鸡舍每立方米福尔马林 42mL，高锰酸钾 21g，清洁鸡舍可以分别减少到 30mL 和 14g。

在鸡舍内均匀地排布 4～5 个点，每个点准备 1 个瓷盆（或铁桶）和 1 个塑料桶。熏蒸前清理瓷盆周边的易燃物，因为熏蒸时释放大量能量能导致木屑等易燃物着火。封闭鸡舍的窗户、风机等空气易于流通的地方，将风机设置为鸡舍外开关，便于熏蒸结束后排风。

熏蒸开始首先在瓷盆（或铁桶）内放入高锰酸钾，福尔马林放入塑料桶内备用。每个点都放好高锰酸钾和福尔马林后，从鸡舍的最里面开始将福尔马林倒入对应的瓷盆内，快速离开鸡舍，关好大门。福尔马林与高锰酸钾比例为 2∶1［体积（mL）∶重量（g）］，不符合比例会造成浪费。

福尔马林可单独熏蒸消毒，将福尔马林放置于铁质容器内，通过电炉或电磁炉加热福尔马林，福尔马林蒸发进行熏蒸消毒。福尔马林是致癌物，使用时应避免吸入；福尔马林刺激性大，要尽量远离。

过氧乙酸也可用于熏蒸消毒。过氧乙酸刺激性较小，但效果不如福尔马林，可用于更衣室的定期熏蒸。

（四）消毒池消毒

消毒池消毒主要用于鸡场大门口进出通道的消毒。消毒池长度为进出车辆车轮两个周长，消毒液可用 2%的烧碱溶液。烧碱不要一次性放入太多，2～3d 添加烧碱 1 次。如果消毒池内积聚了泥土或有机垃圾，需要及时清理并更换消毒液。1 个月至少要更换消毒池内全部液体 1 次。

烧碱对微生物有强烈的腐蚀作用，车辆经过烧碱溶液，附着在轮胎上的微生物遇到强碱性溶液死亡。4%的烧碱溶液 pH 为 14，0.4%的烧碱溶液 pH 为 13。烧碱溶液暴露在空气中会逐步失去消毒作用，原理在于烧碱与二氧化碳反应生成碳酸钠，进一步溶解二氧化碳后反应生成碳酸氢钠。碳酸钠溶液的 pH 为 11 左右，碳酸氢钠 pH 为 8.5 左右。随着二氧化碳的溶解和反应，消毒池溶液的 pH 逐步下降，因而失去了消毒作用。

（五）人员消毒

人员消毒简便、彻底的方法是洗澡、更衣。细菌会附着在人的衣服、鞋子、头发、皮肤、消化道壁和呼吸道壁上。鸡场避免外人进入是最有效的生物安全手段之一。在育雏期，饲养人员住在鸡舍附近，不离开鸡场可避免消毒死角（遗漏），是严格的生物安全措施之一。

依据传播致病性微生物的风险性，人员消毒可设置不同的等级。

1. 鞋底消毒　鞋底是携带微生物较多的位置，进入鸡场前，脚踩盛有消毒药的脚盆，使消毒液浸泡鞋底，可避免将外界的病原微生物带入鸡场。

2. 喷雾消毒　在鞋底消毒的基础上，可使用0.1%新洁尔灭或0.2%过氧乙酸进行喷雾消毒。喷雾消毒要调整好喷头，使全部空间均匀有雾，避免死角。配好的消毒剂需要低温避光保存，2周内使用完。

3. 更换或加穿工作服　在喷雾消毒的基础上，进鸡场之前穿上鸡场的专用工作服，避免可能带有外界病原的衣服暴露在鸡场。短时间在鸡场参观或采样的人员在自身衣服外面穿一套防护服，可以避免由于衣服带进的微生物感染鸡场。

4. 淋浴更衣　在喷雾消毒的基础上，进入鸡场的人员淋浴后更换衣服进入鸡舍，可较大限度地降低外来微生物进入鸡场的概率。

5. 多次淋浴更衣　在鸡场外淋浴更衣，进入鸡场缓冲区2～3d后再次淋浴更衣后进入鸡场，在鸡场再次淋浴更衣。在鸡场缓冲区2～3d的目的是排除人员消化道和呼吸道的微生物，降低消化道和呼吸道微生物污染鸡场的风险。

（六）带鸡消毒

在有鸡饲养时采取喷雾消毒，即带鸡消毒。带鸡消毒既可消灭环境和鸡体表的病原微生物，还可以明显降低舍内温度，减少舍内尘埃，抑制氨气的产生，保持空气清洁，夏季高温时还可达到防暑降温的效果。一般常用的消毒剂有0.2%～0.3%的过氧乙酸、0.1%新洁尔灭、0.1%～0.2%的次氯酸钠、0.03%百毒杀等。

带鸡消毒还包括对设备设施的消毒。

消毒设备设施主要是消毒食槽、水槽、饮水器、蛋盘等小设备。为提高消毒效果，能够在消毒液中浸泡的要浸泡，不能浸泡的要彻底清扫干净，再用消毒水擦洗。凡能移动的器具，最好全部搬出鸡舍消毒，彻底清洗30min至数小时。笼养蛋鸡蛋网要保持整洁，便于擦洗。

二、消毒误区

误区一：药物冲洗消毒前不重视清洁

彻底的机械清扫是有效消毒的前提。药物消毒前首先要清洁，如消毒池消毒首先要清扫泥土和树叶，鸡舍消毒首先要清除鸡粪和羽毛。

要发挥消毒药物的作用，药物必须直接接触到病原微生物，但被消毒物体和场所往往会存在大量的有机物，如粪便、饲料残渣、畜禽分泌物、体表脱落物，以及鼠粪、污水或其他污物，这些有机物中藏有大量病原微生物。同时，消毒药物与有机物，尤其是与蛋白质有不同程度的亲和力，可结合成不溶性化合物，并阻碍消毒药物作用的发挥。

误区二：未做到全进全出后

全进全出饲养是指饲养一批鸡，集中引进集中淘汰，给鸡舍充分消毒后引进第二批鸡。

全进全出模式净化了上一批次鸡的致病性微生物，如果在清舍消毒后，再次将转群或出栏时剩余的数只生长落后或有病无法转出的鸡留在原舍内，则不能将上一批残留的致病性微生物全部净化。

误区三：石灰消毒只要见白就有消毒效果

生石灰消毒的原理是石灰与水结合后生成强碱性的氢氧化钙。氢氧化钙对细菌有杀灭作用。但氢氧化钙在空气中会与二氧化碳反应，生成碳酸钙，碳酸钙没有消毒作用。

一些养鸡场（户）在入场或禽舍入口处，堆放厚厚的干石灰，人员进入时踩踏而过，其实这起不到消毒作用。使用石灰消毒最好的方法是加水配制成10％～20％的石灰乳，涂刷畜舍墙壁 1～2 次，称为“涂白覆盖”，既可消毒灭菌，又有覆盖污斑、涂白美观的作用。

生石灰不可以撒在有鸡群活动的区域，被鸡误采食能引起口腔黏膜损伤。

误区四：饮水消毒后不及时冲洗饮水管道

饮水消毒实际是对饮水管道的消毒，不是消毒水源。水源消毒需要在水箱外进行。使用符合国家标准的自来水本身不需要消毒。自备水源的水需要根据污染情况消毒，消毒后的水需要符合国家饮用水标准。

饮水管暴露在鸡舍内，微生物通过饮水乳头进入饮水管内滋生。通过饮水消毒将饮水管内的微生物杀灭，而达到净化微生物的目的。饮水消毒应在熄灯后进行，开灯前反复冲洗饮水管。

如果任意加大水中消毒药物的浓度或长期让鸡群饮用含有消毒药物的水，除可引起急性中毒外，还可杀死或抑制肠道内的正常菌群，对鸡群健康造成危害。

误区五：鸡群发病时才重视消毒

消毒是将致病性微生物隔离在鸡群之外的有效手段。如果鸡群已发病再消毒，不仅消毒的效率下降，而且高密度的消毒能够破坏鸡舍的微生物菌群分布，对鸡群有益的肠道菌群也被全部消灭，不利于鸡群的肠道代谢。

1. 消毒是预防隔离病原微生物感染的必要手段　病原微生物不能通过肉眼直接观察到，等到鸡群发病，通过消毒净化病原微生物就非常困难了。

2. 建立消毒设施并执行科学有效的消毒程序　消毒可以最大限度降低鸡舍内外环境中病原微生物的数量，降低鸡场的污染程度，从而阻断病原微生物从鸡群外部传入和在鸡群内部扩散，可显著降低细菌性疾病及病毒性疾病的发生率，并将昂贵的治疗药费以及疾病带来的直接和间接损失降到最低。

第四节　疫苗免疫技术

免疫是保障鸡场安全、提高鸡群抗击外来传染病能力的重要手段。成功的免疫效果建立在良好的饲养控制基础上，疫苗免疫是鸡场病原微生物净化的重要手段。

一、免疫学简介

免疫系统包括先天性免疫和获得性免疫。

（一）先天性免疫

先天性免疫是蛋鸡阻止、抑制和杀灭病原的早期防御能力，是抵抗和消灭外来抗原的第一道防线，包括四类免疫屏障。

1. 解剖屏障　如皮肤、黏膜等。

2. 生理屏障　如体温、pH 等。

3. 细胞吞噬屏障　如巨噬细胞、中性粒细胞等。

4. 炎症反应屏障　如组织损伤释放的抗菌活性物质。

（二）获得性免疫

获得性免疫也称适应性免疫，是蛋鸡受到抗原刺激后产生的针对该抗原的特异性抵抗力，主要由抗体和 T 淋巴细胞承担，具有四个特征。

1. 特异性　鸡的二次应答是针对再次感染的抗原，而不是针对其他初次感染鸡的抗原。

2. 免疫记忆　免疫系统对初次抗原刺激的信息可留下记忆，即淋巴细胞一部分成为效应细胞与入侵者作战并歼灭之，另一部分分化成为记忆细胞进入静止期，当与再次与进入鸡的相同抗原相遇时，会产生与其相应的抗体，避免第二次感染相同的病。

3. 多样性　针对抗原刺激的应答主要是 T 细胞和 B 细胞，但在完成特异性免疫的过程中，还需要其他一些细胞（巨噬细胞、粒细胞等）的参与，免疫特异性功能在个体间有质和量的差别。

4. 正反应和负反应　在一般情况下，产生特异性抗体或（和）致敏淋巴细胞以发挥免疫功能的称为正反应。在某些情况下，免疫系统对再次抗原刺激不再产生针对该抗原的抗体或（和）致敏淋巴细胞，这是特异性的一种低反应性或无反应性，称为负反应，又称免疫耐受性。

（三）免疫系统

免疫系统包括免疫器官、免疫细胞和免疫分子。

1. 免疫器官　包括中枢免疫器官和外周免疫器官。鸡的中枢免疫器官包括骨髓、胸腺和法氏囊，外周免疫器官包括脾脏和黏膜淋巴组织。骨髓和法氏囊是 B 细胞产生和成熟的主要场所，胸腺是 T 细胞发育和成熟的主要场所。外周免疫器官是抗原递呈和免疫应答的场所。

2. 免疫细胞　包括淋巴细胞、中性粒细胞（或异嗜性细胞）、嗜酸性粒细胞、嗜碱性粒细胞、单核-巨噬细胞、树突状细胞、巨核细胞和红细胞。动物骨髓中含有髓样前体细胞分化出来的非淋巴细胞群，包括淋巴细胞外的其他免疫细胞，称为髓类细胞。禽类的髓类细胞中没有中性粒细胞，是异嗜性细胞。异嗜性细胞缺少中性粒细胞功能强大的消化酶，因此禽类对细菌性疾病比较敏感。

3. 免疫分子　包括天然免疫分子和特异性免疫分子。天然免疫分子包括抗菌肽、溶菌酶，以及能够螯合锌、铁等金属离子的小肽。特异性免疫分子包括免疫球蛋白、细胞因子、补体和 HLA 分子。

（四）免疫应答

动物对病原微生物的感染具有天然的抵抗力，当病原突破第一道防线后，病原刺激蛋鸡产生细胞免疫和体液免疫，并以细胞免疫为主。当病毒突破第一道防线（四类防疫屏障）后，T、B 淋巴细胞介导产生针对该微生物的特异获得性免疫。病毒侵入鸡体后，防御素与病毒囊膜结合导致一部分病毒失去活性，吞噬细胞吞噬病毒后，分泌 IL-2 和 TNF，激活 NK 和 NKT 细胞，活化的 NK 和 NKT 细胞分泌 INF-γ 活化巨噬细胞，分泌 TH1 或 TH2 调节免疫应答。

1. 细胞免疫　T 细胞受到抗原刺激后，增殖、分化，转化为致敏 T 细胞（也称为效应 T 细胞），当相同抗原再次进入机体的细胞中时，致敏 T 细胞对抗原的直接杀伤作用及致敏 T 细胞所释放的细胞因子的协同杀伤作用，统称为细胞免疫。

2. 体液免疫　是以 B 细胞产生抗体来达到保护目的的免疫机制。负责体液免疫的细胞是 B 细胞。体液免疫的抗原多为相对分子质量在 10 000 以上的蛋白质和多糖大分子，病毒颗粒和细菌表面都带有不同的抗原，所以能引起体液免疫。

二、免疫程序

通过疫苗免疫可以逐步净化鸡场致病性微生物。我国通过兔化牛瘟疫苗消灭了牛瘟，为家禽疫病的净化提供了美好的前景。蛋鸡免疫技术主要包括制订科学的免疫程序、严格免疫操作、选择优质疫苗和及时检测免疫抗体。在第八章第一节的免疫控制介绍了免疫操作，本节不再重复。

科学的免疫程序需要结合新杨黑羽蛋鸡的免疫器官生长规律、鸡群的饲养条件、健康状况和抗体滴度消长规律灵活制订。

（一）疫苗范围和局限性

新杨黑羽蛋鸡使用的疫苗与蛋鸡行业通常使用的疫苗相同。在没有充分的蛋鸡生物安全保障水平条件下，尽量使用疫苗免疫所有国内存在的疾病，包括病毒性疾病、细菌性疾病和寄生虫疾病。不过，一些危害程度较低的疾病，如网状组织增生症、大肠杆菌病还没有成功研制出的疫苗；一些疾病受法律法规的限制，如白痢沙门氏菌病不可以进行疫苗免疫。

商品代蛋鸡场需要免疫的市场有售的病毒性疾病疫苗包括禽流感、新城疫、传染性支气管炎、传染性法氏囊病、传染性喉气管炎和病毒性关节炎，细菌性疾病疫苗包括鸡毒支原体和传染性鼻炎，需要免疫的寄生虫疫苗是球虫疫苗。

疫苗包括活疫苗和灭活疫苗。活疫苗能够感染细胞，产生细胞免疫，进而产生体液免疫。灭活疫苗逐步被机体吸收，持续吸收时间达 10～20d，持续产生体液免疫，获得的抗体滴度较高。其中，禽流感病毒由于其变异和重组率较高，使用传统的活疫苗易导致生成新的毒株，目前只能使用灭活疫苗进行免疫。

疫苗来源包括进口疫苗和国产疫苗。无论是进口疫苗还是国产疫苗，在相同生物安全的条件下，关键是疫苗株是否符合疫病的流行株，使用与疫病株一致的疫苗株可获得较好的保护。

（二）疫苗免疫的次数

针对同一种病原微生物的疫苗经过 2 次以上的免疫，免疫效果较好。

B 淋巴细胞表面的受体分子与互补的抗原分子结合后，活化和生长（活性分子增加），并迅速分裂产生一个有同样免疫能力的克隆细胞群（无性繁殖系）。其中一部分成为浆细胞，产生抗体；一部分发展为记忆细胞。记忆细胞不能分泌抗体，只能通过产生浆细胞，由浆细胞产生抗体。它们寿命长、对抗原十分敏感，能“记住”入侵的抗原。当同样抗原第二次入侵时，能更快地做出反应，很快分裂产生新的浆细胞和新的记忆细胞，浆细胞再次产生抗体消灭抗原，比初次反应更快，也更强烈。使用相同疫苗株的疫苗重复免疫，可获得更高滴度的抗体。二次应答的强弱取决于抗原的强弱与两次抗原注射间隔的长短。间隔短则应答弱，因为初次应答后存留的抗体可与注入的抗原结合，形成抗原-抗体复合物而被迅速清除。间隔太长，反应也弱，因为记忆细胞尽管长寿，但并非永生。二次应答的能力可持续存在数个月或数年，故机体一旦被感染后可持续相当时间不再感染相同病原体。

（1）一些免疫原性较差的疫苗需要经过 3～4 次疫苗免疫才能够获得较稳定的具有保护力的抗体滴度，如禽流感 H5 一般需要经过 4 次免疫，到 22 周

龄时才能获得 2^9 以上的抗体滴度。

（2）疫苗免疫并不是次数越多越好。频繁的免疫消耗蛋鸡过多的免疫资源，造成免疫疲劳，当面对野毒时，免疫反应能力下降。每种疫苗的免疫次数需要通过抗体检测确定，根据抗体检测结果确定第 3 次免疫的时间。

（3）一些疾病已经得到有效控制，可以比频繁暴发时减少免疫次数。如我国的新城疫病毒已经得到有效控制，不再需要进行频繁（1 个月 1 次）的免疫和中等以上毒力疫苗的免疫。

（三）疫苗免疫的时机

所有疫苗初次免疫应在 18 周龄前完成。3 周龄前主要开展活疫苗免疫，3～11 周龄开展少量灭活苗的初次免疫和活疫苗的加强免疫，11 周龄后开展全部灭活疫苗的初次免疫和加强免疫，18 周龄前完成全部疫苗的初次免疫和大部分疫苗的加强免疫。

第三章第六节免疫系统部分介绍了新杨黑羽蛋鸡的主要免疫器官及其生长发育特点。新杨黑羽蛋鸡法氏囊重量 3 周龄后增长缓慢，11 周龄后不再增长，18 周龄法氏囊开始退化；脾脏 5 周龄后生长缓慢，12 周龄后停止生长。

在蛋鸡 3 周龄前，通常进行活疫苗免疫，不进行灭活疫苗免疫。3 周龄后开展少量的灭活苗免疫，但免疫频次不宜多，11 周龄后可增加灭活苗免疫频次，免疫应尽量在 18 周龄前完成。

一般蛋鸡场的免疫程序如表 7-1。马立克氏病疫苗在雏鸡 1 日龄进行，1 日龄还可以开展新城疫和传染性支气管炎二联苗喷雾免疫、法氏囊活疫苗注射免疫。

表 7-1　新杨黑羽蛋鸡免疫程序推荐

日龄	疫苗种类	免疫方法	剂量
1	CVI988	皮下注射	0.25mL
10	ND+28/86	滴鼻点眼	1 羽份
14	IBD-D78	饮水+脱脂奶粉 2%	2 羽份
18	FP、C+30	双刺+活苗饮水	2 羽份+2 羽份
24	ND 灭活苗、IBD-MB	皮下或肌内注射	0.25mL+2 羽份
20～30	H5+H7+H9	皮下注射	0.25mL
52	H52	滴鼻点眼	2 羽份

（续）

日龄	疫苗种类	免疫方法	剂量
60	ILT	擦肛	1羽份
70	AE、FP	皮下或肌内注射、双刺	1羽份
70	IC	皮下注射	0.25mL
90	ILT	擦肛	1羽份
100	AE、FP	皮下或肌内注射、双刺	2羽份
100	IC	皮下注射	0.5mL
110～130	H5+H9灭活苗	皮下、肌内注射	0.5mL
110～130	EDS+ND灭活苗、ND活苗	皮下、肌内注射+饮水/喷雾	0.5mL+2羽份活苗
110～130	IB28/86+IB灭活苗	皮下、肌内注射+饮水/喷雾	0.5mL+2羽份活苗
250～360	H5+H7+H9灭活苗、ND活苗	皮下、肌内注射+饮水/喷雾	0.5mL+2羽份活苗
450	ND活苗	饮水/喷雾	2羽份活苗

注：①130日龄后每2个月检测1次效价，根据结果决定是否免疫，取样比例千分之五。

②活苗采用进口苗或国产苗，灭活苗全采用国产苗。

③饮水免疫注意控水时间。

④CVI988表示马立克氏病疫苗、ND+28/86表示新城疫与传染性支气管炎疫苗、IBD-D78表示法氏囊病疫苗、FP表示鸡痘疫苗、C+30表示新城疫疫苗、IBD-MB表示鸡法氏囊病疫苗、H5+H9表示禽流感疫苗、H52表示鸡传染性支气管炎疫苗、ILT表示鸡喉气管炎疫苗、AE表示鸡脑脊髓炎疫苗、IC表示鸡传染性鼻炎疫苗、EDS表示鸡减蛋综合征疫苗。

三、疫苗质量评估

疫苗质量体现在安全性、抗原剂量和免疫应答力3个方面。

（一）安全性

疫苗安全性体现在疫苗是否携带疫苗株以外的病原，是否影响鸡生长和生产。规模化鸡场在免疫前可对同一生产批次的疫苗进行免疫前检测，避免疫苗带毒或产生不可以接受的免疫副反应。

1. 疫苗带毒　主要是鸡胚生产的活疫苗容易带毒。目前大部分疫苗是使用鸡胚生产的，但SPF鸡生产中可能感染了病原微生物，如白血病病毒、传染性贫血病病毒等，使用活疫苗免疫时，将其他病毒带入了鸡群。

2. 疫苗副作用　副作用通常表现为鸡萎靡不振，甚至耗料减少、产蛋率下降。灭活疫苗通常使用甲醛灭活，残留的甲醛本身具有毒副作用。疫苗中添加的佐剂有铝盐佐剂、核酸类佐剂、蛋白类佐剂、含脂类佐剂、混合类佐剂或聚集体结构佐剂等，可能对鸡产生不同影响。由于不同厂家的技术水平、生产工艺和管理水平的差异，相同疫苗株的副作用存在差异。

（二）抗原剂量

要选择抗原剂量大的疫苗品牌进行疫苗免疫。

抗原剂量是指单位体积疫苗中含有病毒或细菌株数量。单位疫苗的抗原剂量越大，免疫需要的疫苗剂量越小。单位灭活苗的抗原剂量越大，相同疫苗剂量的免疫效果越好。

为了降低疫苗成本、减少免疫次数，通常采用联苗免疫，如新城疫-传染性支气管炎活疫苗，新城疫-法氏囊灭活疫苗。但联苗的疫苗种类越多，每种疫苗的抗原剂量越小，疫苗的佐剂含量越多，引起的副作用越大。

喷雾免疫时联苗抗原剂量问题的影响较小，灭活苗注射免疫时联苗抗原剂量的问题较大。在灭活苗免疫时原则上选择联苗较少的疫苗品牌，避免四联苗，少用三联苗，慎用二联苗，重点关注的疫病需用单苗。

（三）免疫应答力

要选择免疫应答力强的疫苗。

疫苗质量影响应答力，疫苗应答力与疫苗生产用疫苗毒种和细胞基质的质量控制、生物制品辅料和添加剂的质量控制、疫苗佐剂的研究与质量控制、疫苗评价中的免疫应答检测等环节有关，涉及疫苗企业的研发能力、生产技术水平和质量控制水平。

此外，免疫应答力与许多因素有关，包括鸡的品种、健康状况、疫苗质量、免疫程序、疫苗的保存方法、疫苗的免疫方法和疫苗管理等。因此，在发生免疫失败或免疫应答力较差时，评价疫苗质量的同时要评估自身鸡群的状况和生产管理状况，与已经使用相同批号疫苗的鸡场沟通了解疫苗情况。

四、提高鸡自身免疫力方法

鸡的免疫力是鸡的自我保护能力，是识别和消灭外来侵入的任何异物（病毒、细菌等），处理衰老、损伤、死亡、变性的自身细胞，以及识别和处理体内突变细胞和病毒感染细胞的能力，是鸡识别和排除“异己”的生理反应。

鸡的免疫力与鸡的健康状况有一定关系，但并不绝对。只有经过循序渐进的疫苗免疫，在面对野毒时才能够有足够的保护力。目前鸡场检测鸡免疫力的手段还比较少，主要是检测疫苗免疫的抗体，根据抗体水平评估母鸡抗特定微生物的能力。简单方便的抗体检测是平板凝集抑制试验，可以检测禽流感、新城疫和鸡减蛋综合征的疫苗免疫抗体。

提高鸡免疫力除了科学的疫苗免疫外，更加重要的是做好鸡的饲料营养均衡控制和环境温度、湿度、光照等的控制。

（一）饲料营养控制

免疫主要是免疫球蛋白的作用，因此与免疫球蛋白相关的能量代谢、氨基酸代谢、矿物质代谢都影响免疫力水平。饲料中的营养成分不仅要满足鸡的生长生产需要，还要满足鸡的免疫需要。

（二）环境控制

保持温度相对稳定是鸡免疫力的保障。昼夜温差大会导致鸡对呼吸道疫病易感。缺乏氧气也易导致鸡的免疫力下降。红细胞是重要的免疫细胞，氧气浓度不足能降低红细胞的活力，从而导致鸡的抵抗力下降。

（三）科学的疫苗免疫计划

疫苗免疫是提高蛋鸡对特定致病性微生物免疫力的必要途径。

疫苗免疫要“稳、准、狠”。“稳”就是要慎重对待每一种病原微生物，不要心存侥幸，国内蛋鸡、肉鸡曾发生的疫病，只要有合格的疫苗就要考虑免疫；“准”就是要科学免疫，免疫程序科学、免疫方法科学、免疫管理科学；“狠”是在“准”的基础上，选择最佳质量的疫苗，认真彻底地免疫，以达到具有保护力的细胞免疫和体液免疫为疫苗免疫的目标。

第五节　实验室检测技术

实验室检测是鸡场生物安全的重要保障，通过实验室检测可以了解鸡场微生物状况，根据实验室检测数据制订针对性的消毒方案、免疫方案和治疗方案。检测范围包括鸡场环境微生物检测、病鸡微生物检测、饲料原料和饮用水的微生物检测。检测内容包括细菌检测、病毒检测和抗体检测。

一、实验室建设要点

（一）实验室地点

鸡场实验室应独立于鸡舍和更衣室，并尽可能远离鸡舍和更衣室，避免交叉污染。

（二）实验室设备

实验室设备与要开展的检测项目有关。抗体检测需要的设备较少，需要保温箱、震荡仪、移液器、冰箱等，细菌初步检测需要超净台、高压灭菌锅、细菌培养箱、冰箱和光学显微镜等，病毒初步检测需要超净台、高压灭菌锅、微量高速离心机、孵化箱和酶标仪等，一些微生物检测需要酶标仪、PCR 仪、电泳仪、核酸检测仪。

（三）消耗性材料

抗体检测需要的消耗性材料包括采血管、移液器及其吸嘴、抗原、生理盐水（或购买氯化钠固体自配）、V 型孔板。

细菌检测需要的消耗材料包括棉拭子、培养皿、培养基、双蒸水、温度计、酒精灯、酒精、棉球等。

病毒检测需要的消耗材料包括种蛋、磷酸缓冲液、冻存管、照蛋灯、蛋架、锥子、1mL 和 2.5mL 注射器、镊子、2%碘酊、75%酒精棉球、铅笔、酒精灯、剪刀、灭菌的疫苗瓶、蜡烛、铜筛网、0.22μm 过滤器等。

一些微生物检测需要酶联免疫吸附测定（ELISA）或 PCR 测定。ELISA

测定需要检测试剂盒、吸水纸、离心管、离心管架，PCR 测定需要 PCR 酶 Mix、引物、琼脂、缓冲液、去离子水等。

二、抗体检测

抗体检测方法有许多种，鸡场使用血凝抑制试验检测新城疫、禽流感的抗体。血凝抑制试验抗体检测包括以下步骤。

（一）待检血清准备

将采集的血液放入 25℃恒温箱过夜析出血清，分离待检血清放入 4℃冰箱保存。

（二）配制 1%红细胞悬液

采集 3～4 只健康鸡血液，由翅静脉采血，与适量抗凝剂混合，将抗凝血加入离心管内，用生理盐水洗涤 4～5 次，每次 4 000r/min 离心 5min，将血浆、白细胞充分分离出来，离心结束后，弃去上清液，吸取 1mL 红细胞，加入 99mL 生理盐水制成 1%红细胞悬液。

（三）测定抗原效价

在血凝板中加入 25μL 的生理盐水，吸取 25μL 抗原进行倍比稀释，最后一孔弃去 25μL，将每孔加入 25μL 的 1%红细胞悬液，在微量振荡器上振荡 1min，室温静置 30min。能使红细胞凝集的最大稀释倍数即抗原凝集效价，以 2 的指数表示。

（四）4 单位抗原配置

根据所需 4 单位抗原的量计算配制 4 单位抗原。

（五）加稀释液

血凝板每孔加入 25μL 生理盐水。

（六）倍比稀释待检血清

吸取 25μL 待检血清加入第一孔中并反复吹打 10～15 次，混匀后吸出

25μL 至第二孔，依次倍比稀释到第 16 孔，弃去 25μL，留 2 列不加血清，作抗原对照。

（七）加抗原

每孔加入 25μL 抗原，于振荡器振荡 1min，室温静置 30min。

（八）加 1%红细胞悬液

每孔加入 1%红细胞悬液 25μL，于振荡器振荡 1min，室温静置 30min，观察结果。

（九）血清抗体效价判定

能使 4 单位抗原凝集红细胞的作用完全被抑制的血清最高稀释倍数，为该血清的抗体效价，以 2 的指数表示。

三、细菌检测

细菌检测样品包括水、空气和鸡等。

（一）采样水中细菌

水包括消毒用水和饮用水。消毒用水采集自鸡场大门进口的消毒池、进生产区或鸡舍的消毒盆中的水。饮用水采集自鸡舍水箱、饮水器进水端和末端。无菌吸取 1 000μL 水，在超净台上将吸取水样品注入灭菌的普通琼脂培养基平板，均匀地平推在培养基表面。

（二）采样空气中细菌

检测包括鸡场大门外、更衣室、食堂、鸡舍大门外、鸡舍进风口、鸡舍内、鸡舍出风口。在检测处选择 3～5 个有代表性的点，将琼脂平板放置在距离地面 80～100cm 处，暴露在空气中 5～10min 后盖上盖子。

（三）采样鸡体内细菌

鸡体内细菌可检测健康鸡、亚健康鸡和病鸡。不同细菌检测采集对应的组织。疑似细菌性疾病的采样部位见表 7-2。

表 7-2 主要细菌性疾病的症状及采样部位

菌株	眼观病变	解剖症状	采样部位
沙门氏菌	鸡白痢有时呈亚临床症状；急性暴发禽伤寒时，羽毛乱，鸡冠苍白萎缩，腹泻	心包膜增厚；肝脏肿大或有白色坏死、质地脆弱易碎；脾肿大；卵泡变形、卵泡常有油性或干酪样物质；弥散性腹膜炎	肝脏、脾脏、输卵管、胆囊、盲肠
大肠杆菌	肿头综合征、腹泻	肠黏膜弥漫性充血、出血；肝脏肿大呈紫红色或铜锈色，被膜增厚并有渗出物附着，可出现包膜下血肿或发生肝破裂；脾轻度肿大；卵黄囊感染、肿头综合征、输卵管炎、腹膜炎	肝脏、心脏、输卵管、骨髓、腹水
葡萄球菌	皮肤呈片状出血、瘀血；皮肤上有水肿、脱毛；腿关节及胫关节肿胀、粗大、变形	皮肤呈片状出血、瘀血，肝肿大呈淡紫红色	关节渗出物、腹水

①解剖前，应详细填写送检样品登记表，并用5%消毒药水将死鸡浸湿。点燃酒精灯，将死鸡腹部朝上放置在解剖台上。对整只鸡外部（头、皮肤、肛门等）检查眼观病变并且记录。

②剪开腹部皮肤，用燃烧的酒精棉球擦拭暴露的肌肉，迅速剪开腹腔，将整只鸡的内脏暴露，观察病变并记录。

③用烧热的解剖工具对病变组织（如无明显病变，则选择肝脏、脾脏、心脏、输卵管、盲肠、胆囊）表面灭菌，快速在灭菌处切开组织。快速将灼烧灭菌后冷却的接种环插入切口处反复转动，迅速于血平板上进行划线；同时快速将无菌棉签插入切口处反复转动，迅速将棉签装入已经灭菌的增菌液中，整个过程在酒精灯火焰附近进行，应尽量避免污染。

④将血平板37℃倒置培养过夜，然后将血平板用胶带或者报纸固定；将增菌液样品42℃振荡培养过夜后，送检时同一批次的所有EP管用封口袋进行分装，所有样品放入有足够冰袋的泡沫箱中及时寄至检测机构。

（四）细菌鉴定

细菌鉴定可根据特定的培养条件鉴定，有条件的可开展PCR鉴定。

以沙门氏菌鉴定为例，将细菌样品无菌接种到MM营养肉汤中，于37℃

增菌培养 24h。

1. 特定培养条件和形态特征 取增菌液分别接种于麦康凯营养琼脂平板、SS 营养琼脂平板、伊红美蓝营养琼脂平板上，37℃恒温培养 24h。观察细菌生长情况及菌落特征，挑选可疑的单个菌落划线接种于营养琼脂培养基上，37℃恒温培养 24h。然后将单个菌落抹片，进行革兰氏染色，显微镜观察。

2. 生化试验 挑取以上麦康凯琼脂平板培养基上无色小菌落，进行革兰氏染色，选择革兰氏阴性菌落 3 个，分别斜面上画线，于 37℃培养 24h。用接种针挑取纯培养物分别接种于葡萄糖、甘露醇、蔗糖、乳糖、麦芽糖、阿拉伯糖、肌醇、鼠李糖、HS 和木糖等生化试验管，各接种 3 管，37℃培养 24h，观察反应情况。

3. PCR 扩增 PCR 扩增使用特异的引物扩增，必要时送测序公司测序，与数据库作对比，分析属于哪种菌或新发现细菌。根据沙门氏菌 *invA* 基因核苷酸序列设计引物，扩增产物长度为 202bp，上游引物 CGGTGGGGTTTGTTGTCTTTC，下游引物 TCTCTTTCCAGTTCGCTTCGCC。

四、病毒检测

病毒检测样本主要是鸡的组织。基本程序是采集鸡的组织，反复冻融后，收集病毒，进一步鉴定病毒类别。

（一）病毒样本采样

鸡感染病毒有些有症状，有些没有症状。不同病毒感染表现的症状与病毒易于分离的部位常不一致（表 7-3）。

表 7-3 鸡疑似病毒及其鸡的采集部位

病毒	眼观病变	解剖症状	采样部位
禽流感	精神不振，采食下降，流泪；病鸡头部肿胀，鸡冠、肉垂肿胀，鸡冠尖部发紫，出血、坏死。脚趾、脚掌肿胀；下痢，排绿色粪便	头、颈及胸部皮下有淡黄色胶冻样水肿，气管充血、出血，内有淡黄色干酪样渗出物；心包膜、气囊和腹膜增厚，并附有淡黄色渗出物；纤维素性肝周炎和心包炎；腺胃和肌胃出血，胰腺有出血点或坏死斑点；卵黄性腹膜炎	输卵管狭部、腺胃、胰腺、气管、肺

（续）

病毒	眼观病变	解剖症状	采样部位
传染性支气管炎	精神差，采食减少，张口呼吸，喉头有喘鸣声和啰音，咳嗽，呼吸困难，排白色粪便	气管内有过多的黏黄色干酪样渗出物；肾肿大、苍白，尿酸盐沉淀为花斑肾	肾、肺、气管
新城疫	两翅下垂，闭眼呆立一边，扭头、转圈；张口呼吸，咳嗽，发出呼噜声，呼吸困难；绿色粪便	腺胃乳头出血，小肠黏膜面有枣核状的出血斑或溃疡	脑、肺、脾

（二）病毒培养前准备

1. 鸡胚选择　选健康无病鸡群的新鲜受精蛋。鸡胚对所要接种的病毒应无免疫力，因其抗体可由母鸡经卵黄传给胚胎。一般选白或浅色壳蛋，以便照蛋时观察。

2. 接种材料准备　将所采集的组织器官在研钵中剪切成小块，研磨至乳状再加少量灭菌磷酸盐缓冲液（phosphate buffered saline，PBS）稀释，分装入冻存管，反复冻融 3 次，用 0.22μm 一次性滤器过滤除菌。在研磨、离心取上清液等过程中要注意无菌操作。

3. 器械和试剂准备　孵化箱、照蛋灯、蛋架、锥子、1mL 和 2.5mL 注射器、镊子、2%碘酊、75%酒精棉球、铅笔、酒精灯、剪刀、灭菌的疫苗瓶、蜡烛、铜筛网、0.22μm 过滤器。

（三）接种和病毒液收集

禽传染性支气管炎病毒、禽流感病毒、新城疫病毒及引起呼吸道感染的其他多数病毒接种部位为尿囊腔。

1. 孵化（接种前准备）　清理消毒孵育箱，将经过灭菌的种蛋排放在蛋架上。孵育温度 37℃，相对湿度 60%，每隔 6h 翻蛋一次。

2. 照蛋　孵化 7d 用照蛋器观察，发育正常的鸡胚，血管清晰、分支明显且呈鲜红色，鸡胚可以活动；死胚则固定一端不动，看不到血管或血管消散，未受精蛋看不到鸡胚，检出后应予以淘汰。

3. 接种点选择　取孵化 9～11d 的鸡胚，在暗室照蛋并用铅笔画出气室边缘及头部。将蛋直立，气室向上。在鸡蛋的侧面离气室底上方几毫米、绒毛尿囊膜发育良好处选好一点。

4. 消毒、钻孔　以2%碘酊对接种部位进行消毒，用75%酒精再擦一遍，用锥子在酒精灯火焰灼烧消毒后，在气室下无血管处钻一小孔。

5. 接种和孵育　取一长1.3cm的7号针头，接在注射器上，吸取接种物，通过蛋壳上的钻孔，与鸡蛋长轴平行或者呈一定角度地将针插入尿囊腔内。每枚蛋注射0.2～0.5mL接种物。随后用热蜡封闭小孔，置孵育箱中直立孵育，6h后可以横放，以便翻蛋。

6. 接种后检查　每天翻蛋3～4次，照视1～2次，24h内死亡鸡胚舍去。

7. 尿囊液收集　接种后36～72h收获（其中36～48h的留种毒较好）。收获前将鸡胚置4℃冰箱冷藏4h或过夜，以免收获时因出血而有血液流到尿囊液内。收获时用碘酒消毒蛋壳，用镊子去卵壳和尿囊膜，取小块铜筛网置于酒精灯上灼烧灭菌，冷却后放在打开的尿囊腔中，用2.5mL注射器吸取尿囊液（可收集5～8mL澄清的病毒尿囊液），冷冻保存送检。

（四）病毒鉴定

病毒包括DNA病毒和RNA病毒。其中马立克氏病病毒、呼肠孤病毒、鸡传染性贫血病毒等是DNA病毒，禽流感、新城疫、传染性支气管炎病毒、传染性法氏囊病病毒等是RNA病毒。DNA病毒直接PCR扩增。RNA病毒先反转录，合成cDNA后再进行PCR，即RT-PCR后测序鉴定。

1. 引物设计　根据各种病毒的保守特征序列设计引物，如传染性支气管炎的 *S1* 基因预期扩增目的片段大小为1 668bp。上游引物TTGGATCCTGGTAAGAGATGTTGGTAACACCTC，下游引物TACTCGAGCTAACCATAACTAACATAAGGGCAA。

2. PCR或RT-PCR　有专门化的试剂盒进行反转录和PCR。如果PCR扩增出产物，则证明有特异的病毒感染。PCR合成产物送测序公司测序。

3. 与数据库比对　测序结果与病毒数据库比较，判断是否属于已知的病毒或新发病毒。

第六节　主要垂直传播疾病净化技术

一、鸡白痢沙门氏菌净化技术

鸡白痢是由鸡白痢沙门氏菌引起的传染性细菌性疾病，造成育雏早期雏鸡腹泻，严重时可致死亡。鸡白痢沙门氏菌既可以横向传播，也可以垂直传播。鸡白痢是中国和国际种禽生产规范要求净化的疾病。

（一）生物安全措施

1. 做好日常防鼠、防鸟及生物安全工作　鼠、鸟等能够携带大量白痢沙门氏菌而不发病，种鸡场灭鼠是预防白痢沙门氏菌在白痢净化鸡场繁殖的重要手段。

2. 保持鸡舍卫生　饲养过程中特别是育雏阶段，应及时淘汰弱蛋并对其进行无害化处理，对种蛋及时消毒和低温保存。

3. 及时淘汰白痢阳性个体并进行无害化处理　建立白痢阳性鸡淘汰后的无害化处理机制，清除白痢阳性个体鸡笼内的粪便和粉尘，对鸡笼用消毒剂消毒。

4. 纯系鸡封闭式饲养　在净化期间场区内不饲养未知白痢净化史的鸡群，不饲养未开展白痢净化的品种和品系，不饲养已知的阳性鸡。

（二）全血平板凝集试验

全血平板凝集试验是常用的检测白痢沙门氏菌方法。通过白痢凝集抗原检测鸡血液抗体，存在白痢抗体时，凝集抗原与抗体反应，抗原凝集成片，判断为阳性。能够同时检测到伤寒沙门氏菌和副伤寒沙门氏菌。全血平板凝集试验会出现假阳性和假阴性。种鸡检测发生假阳性和假阴性的概率较低。

1. 假阳性　是由血液中存在能与白痢检测抗原作用的物质造成的。采集全血平板凝集试验阳性鸡肛拭子抽提核酸，检测白痢沙门氏菌特异 PCR 产物，可以进一步鉴定是否为白痢阳性。

2. 假阴性　是由感染鸡血液中抗体滴度较低造成。白痢沙门氏菌感染后免疫系统产生抗体需要一段时间，在一些特定阶段鸡即使感染也可能不产生抗体。判断是否为假阴性，一般在间隔 21d 再次检测，如阳性率上升，可初步判断存在较多假阴性。也可抽样检测阴性个体肛拭子检测 PCR 产物。

（三）操作流程

在转群产蛋鸡舍 3 周后进行全群白痢全血平板凝集试验检测，淘汰阳性个体。以下为全群白痢全血平板凝集试验具体流程。

①白痢检测抗原从4℃冰箱或2～15℃低温处取出，冬季和早春约25℃放置，其他季节室温放置，使凝集抗原在检测时达到20℃以上。

②准备白痢检测平台，冬季和早春需要在观察平台玻璃板下设立加温设备（红外线灯或其他加热器），保障玻璃板平面温度20℃以上。

③胶皮吸头或移液器取抗原滴在玻璃板上，1批次滴6～8滴，可分别检测4～5只鸡。

④使用消毒针头刺破鸡翅静脉采血，吸取等量全血滴到凝集抗原上，灭菌牙签混合凝集抗原和全血涂成1.5～2cm直径大小。针头更换或消毒后再使用。

⑤2min内观察凝集抗原形态，成片状或大颗粒状的为阳性，无颗粒或极细微颗粒的为阴性。如观察不清楚，使用阳性和阴性血清抗体作为对照。对于可疑或弱阳性个体，可以21d后重复检测或作为阳性个体处理。

⑥从笼中取出阳性鸡，及时做无害化处理，消毒笼位。

⑦用酒精棉或酒精纱布擦去玻璃板的混合物，准备下一批次检测。如果玻璃板温度低于20℃，则将玻璃板放到热源边，使玻璃板达到30℃，再滴上凝集抗原，进行其余鸡的检测。

二、鸡白血病净化技术

鸡白血病是由禽白血病病毒引起的一种慢性传染性肿瘤病，鸡群感染后带毒。鸡感染白血病后免疫功能下降，在应激条件下，发病率上升，造成大肝大脾，严重的个体可见明显的肿瘤。鸡白血病引起鸡群持续死亡，对养殖户造成巨大经济损失。

鸡白血病既可以横向传播，也可经种蛋垂直传播。在祖代鸡和纯系种鸡群开展白血病净化工作，对父母代和商品代鸡健康具有重要意义。

（一）生物安全措施

①净化鸡白血病首先要做好日常防鼠、防鸟及生物安全工作，保持鸡舍卫生，饲养过程中特别是育雏阶段及时淘汰和无害化处理弱鸡，种蛋及时消毒和低温保存。

②一旦发现白血病阳性个体，应及时淘汰和无害化处理。

③建立白血病阳性鸡淘汰后的无害化处理机制，清除白血病阳性个体鸡笼

内的粪便和粉尘，对鸡笼进行酒精喷洒擦拭消毒。

④纯系鸡封闭式饲养。在净化期间场区内不饲养未知白血病净化史的鸡群，不饲养未开展白血病净化的品种和品系，不饲养已知的阳性鸡。

（二）检测禽白血病病毒 p27 蛋白

禽白血病病毒 p27 蛋白是一种存在于禽白血病病毒所有亚群的共同抗原（包括内源性病毒）。IDEXX 公司和北京维德维康生物技术有限公司等生物公司有检测 p27 蛋白的 ELISA 试剂盒，按照试剂盒的操作程序即可检测。

1. 检测蛋清和泄殖腔　检测蛋清和泄殖腔拭子中的 p27 蛋白是鸡场容易开展的检测个体禽白血病方法。母鸡产蛋后检测蛋清中的 p27 蛋白可减少鸡群应激，还可以在胎粪和种鸡饲养的各个时期检测粪便中 p27 蛋白。

2. 检测血清　由于血清中存在内源性 p27 蛋白，会干扰检测结果，而且采血工作量大，鸡群应激大，不建议采用。

3. 检测血浆　由于鸡感染禽白血病病毒有时不排毒，通过蛋清和泄殖腔拭子检测不到，有科学家推荐使用血浆培养 df-1 细胞（一种可传代的鸡成纤维细胞系），检测细胞上清中的 p27 蛋白。血浆细胞培养方法灵敏度高，对于低感染率的品系彻底净化禽白血病效果较好。细胞培养存在较多的操作环节，需要建立细胞培养平台，细胞生长状态影响检测效率，检测成本较高。

4. 检测公鸡精液　公鸡精液是便捷的样本采集途径。精液样本需要先离心，取上清后冻融。公鸡精液要避免精子细胞降解对样本的污染，防止假阳性。

（三）检测时机

鸡白血病病毒感染的过程是病毒进入体液→从体液进入细胞→细胞内增殖→从细胞释放。

原则上在纯系鸡饲养的任何时期都可以检测禽白血病病毒。但从检测效率考虑，在检测预算有限时，应选择合适的检测时机，提高净化效果。鸡白血病病毒感染的过程是病毒感染进入体液→从体液进入细胞→病毒 DNA 与细胞 DNA 结合→依靠鸡细胞组分在细胞内增殖→从鸡细胞释放进入体液。目前的检测技术主要检测是存在于体液的病毒蛋白质，而不是检测存在于感染细胞的病毒。检测结果显示的阴性个体并不能证明其不携带白血病病毒，因此检测时机非常重要。

1. 胎粪 家系留种出雏时，1个全同胞家系1个单元独立放置在没有粪便的雏鸡盒内。选择其中3个体质较弱的个体，分别采集胎粪和检测。只要其中有1个个体阳性，即淘汰全同胞家系内的全部个体。

2. 转群个体笼后检测 育雏育成通常是群体混合饲养，一般13周龄后转群至个体产蛋笼。转群个体笼饲养14～21d，采集个体肛拭子，淘汰p27蛋白阳性个体。母鸡群如果p27阳性率高于1%，14d后重复检测一次，直至阳性率降至1%以下或至21周龄。公鸡群发现有阳性个体，需要隔周检测，直至连续2次检测全部是阴性。净化初期，如阳性率较高，需要配合严格的生物安全措施，才能取得较好效果。

3. 25周龄检测 抽样检测鸡蛋蛋清中p27蛋白，如发现阳性率超过1%，全群普检。每个母鸡检测3枚鸡蛋，第一天鸡蛋第二天检测，只要发现其中1枚蛋呈阳性，即淘汰该个体。公鸡人工授精前需要连续3次检测精液，一旦发现阳性个体，应将其及时淘汰。

4. 留种前检测 普检淘汰全部阳性个体。白血病净化初期阳性率较高时，应尽量使用60周龄以上的种鸡留种。

（四）检测流程

检测过程最重要的是标记清楚，单鸡单笼。若是多鸡一笼，一旦发现阳性鸡，应淘汰全笼鸡。采样过程避免假阳性（不要采集到鸡细胞），测试过程避免假阴性（富集病毒蛋白质，按标准化流程检测）。以肛拭子检测流程为例，p27抗原检测流程如下：

①吸取1mL PBS缓冲液至1.5mL试管。

②将棉拭子插入待测鸡泄殖腔中搅动2次后，放入PBS缓冲液的试管中；采集时要轻巧，避免肛拭子损伤肛门皮肤。肛拭子检测假阳性主要是由于肛门或消化道黏膜脱落细胞被采集到样品中造成的。

③在试管上标记鸡的翅号或笼号。

④试管随试管架放置于－20℃冷冻。

⑤取出试管融化后再冻融2次。

⑥采用专用的ELISA试剂盒，按照试剂盒说明书的方法对肛拭子进行检测。

⑦标记阳性个体和阴性个体。

⑧到鸡舍找出所有检测为阳性和疑似阳性的个体，进行无害化处理。

三、鸡支原体病净化技术

鸡支原体病是由鸡毒支原体（MG）或鸡滑液囊支原体（MS）引起的慢性呼吸道疾病或鸡传染性滑膜炎。本病既可以经蛋垂直传播，也可水平传播，可以单独发生，也可以并发或继发于其他的疾病，加重病情。目前市场上已经有成熟的 MG 疫苗，但还没有成熟的 MS 疫苗。鸡支原体净化主要通过生物安全措施、良好的管理措施和适时的治疗手段进行。

（一）生物安全措施

种鸡场开展白痢沙门氏菌病净化和鸡白血病的净化方法同样适用于鸡支原体病的净化。

不引进鸡支原体病净化水平不明或携带鸡支原体病的个体到净化场。

（二）饲养管理措施

鸡支原体病受环境影响较大，在空气中氨气含量较高时易促发，在其他疾病如大肠杆菌病、新城疫等发生时，会并发感染。

①保障营养全面。

②保障通风，使室内氧气充足，人感觉不到有氨气和硫化氢。特别是冬季，保持通风最为重要。

③MG 活苗免疫前确认鸡群处于健康状态。

（三）喉拭子样品 PCR 检测和治疗性净化

种鸡群抽检喉拭子，PCR 检测，如发现有 MS 阳性个体，进行群体治疗。

现阶段多种抗生素可以治疗 MG 和 MS，如泰乐菌素或红霉素等。1 个疗程 5d，5d 后再次检测，如依然有阳性，换一种抗生素治疗。经抗生素预防和治疗 MS 感染的产蛋鸡所产蛋作为农产品销售需要考虑国家对鸡蛋抗生素残留的规定。

纯系和祖代鸡群应每月抽检，保持 MG/MS 的净化水平。

第八章 生产管理技术

第一节　疾病预防管理

疾病是畜禽养殖业的主要风险，经营新杨黑羽蛋鸡也不例外。

只有把疾病的影响降至最低，才能使后备鸡群和蛋鸡群发挥最大的遗传性生产潜力。疾病包括营养代谢病、外科类疾病和传染性疾病等多种类型。其中，营养代谢病是饲料控制不当引起，外科疾病常由环境控制和管理控制不当引起，传染性疾病由病原微生物引起。

病原微生物引起的疫病是新杨黑羽蛋鸡生产的最大风险。相比于其他蛋鸡配套系或地方鸡品种，新杨黑羽蛋鸡具有较强的抵抗疫病能力。

预防疫病的主要工作是完善生物安全制度，做好饲养控制和疫苗免疫。

一、生物安全制度

（一）养殖场建筑设计

1. 选址和布局　合理的设计和布局对促进鸡生长、减少应激反应及防止感染疾病起着重要的作用。养殖场应建在地势高燥、排水方便、水源充足、水质良好的上风上水处，养殖场应离公路干道、村镇居民区、企业工业区 500m 以上，并要具备三通（通电、通水、通路），周围应筑围墙，有条件的在养殖场围墙外 1m 左右种植防护林。

2. 养殖区与饲料加工区、生活区　三个功能区必须严格分开，在大门口设车辆消毒池。鸡舍应配备有效的通风设备，以便送入新鲜空气，排出污浊气体，保持鸡舍干燥。鸡舍应当建成防鸟类和防啮齿类动物的模式，取暖和降温系统应能提供健康卫生的环境，以满足鸡的生长。

3. 水源和饲料的选择　污染的水源对鸡健康是有害的，应使用清洁无污染的饮用水源。营养均衡的饲料对促进鸡生长起着重要的作用。劣质饲料除了导致营养缺乏外，还可使鸡处于应激状态，更易感染传染病。尤其不能饲喂受潮或过期的饲料，因为受潮或过期饲料中黄曲霉素的含量可能超标。

4. 污染源的处理　病死鸡可能成为传染源。无论是死于疾病还是正常死亡或淘汰的鸡都应当进行无害化处理，防止疫病传播。目前，比较有效处理死鸡的方法是焚烧，垫料和粪便堆积发酵，发酵池应设在养殖场下风向30m处，发酵后的粪便作为种植业的有机肥料。

（二）消毒制度

1. 空置鸡舍消毒　养殖场应执行“全进全出”的饲养制度。原有的鸡群转出后，对鸡舍、饲养用具、地面（网床水泥）、通风设备等彻底消毒，应空闲1周以后方可引进新鸡，空置鸡舍要保持舍内良好的通风。长期不使用的鸡舍可通过不定期通风避免鸡舍内真菌生长。转群前4d需要使用高锰酸钾-福尔马林熏蒸24h，发生过疫病的鸡舍需要延长熏蒸时间。目前的消毒药中，高锰酸钾-福尔马林是最彻底的消毒剂组合，其缺点是福尔马林对人有伤害。熏蒸消毒时将鸡舍彻底密封，在排风机外糊上草纸或报纸（鸡舍外可打开风机），按顺序放置熏蒸桶，先加入高锰酸钾，从舍内侧到外侧注入福尔马林，倾倒后快速离开，不要观察是否发生反应，避免吸入福尔马林。平养鸡舍熏蒸时，垫料等易燃物距离熏蒸桶1m以上，避免引发火灾。

2. 鸡舍清洁　鸡舍要每天打扫卫生，清理笼具、料槽和水线上的灰尘、粪便和羽毛。一方面可减少鸡群感染的风险，另一方面在野毒感染时，可提高带鸡消毒的效率。做好鸡舍的清洁工作，减少鸡舍内粉尘，可以避免鸡蛋污染，提高鸡蛋品质。

3. 带鸡消毒　在鸡群发病期、春秋疫病发生易感期或疫病流行期，需要每周甚至每隔2～3d进行一次带鸡消毒。带鸡消毒时按消毒剂的比例配制药剂后喷雾，在全部鸡舍内形成气雾5min，带鸡消毒后需要保障空气流通。

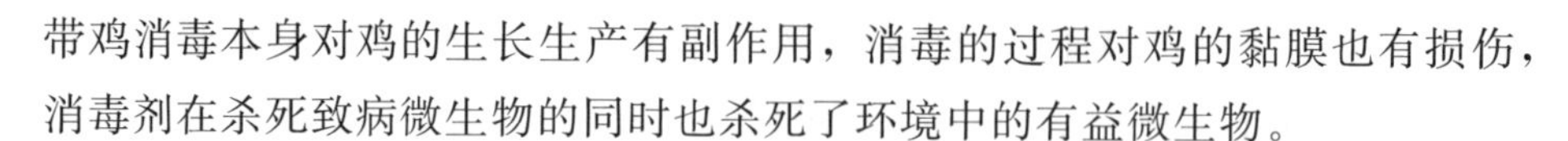

带鸡消毒本身对鸡的生长生产有副作用，消毒的过程对鸡的黏膜也有损伤，消毒剂在杀死致病微生物的同时也杀死了环境中的有益微生物。

（三）隔离制度

1. 车辆控制　鸡场的大门出入口应设车辆消毒池，所有进入鸡场的车辆包括送料车、服务车、运送鸡的车辆都必须进行消毒，特别是车辆轮胎、底盘和车厢外部均要彻底消毒。

2. 设备控制　所有送进鸡场的设备均要消毒。如有尘土、粪便或其他一些有机物质存在的情况下，首先要将所有要消毒的物体表面用水清洗干净，然后按消毒剂的使用说明进行喷洒消毒。

3. 人员控制　进出鸡场需要消毒，进出鸡舍需要更衣，消毒重点是鞋底消毒。勤换消毒剂，对新批号和放置时间较长的消毒剂需要通过细菌培养检查消毒效果。人员进出鸡舍需要更换外套。鸡场内尽可能准备多套工作服，便于更换，保持清洁。

（四）动物和昆虫的控制

①养鸡场禁止饲养食用动物、啮齿类动物和鸟类动物。它们可能成为疾病的生物和机械携带者，传播如沙门氏菌和巴氏杆菌等病原。

②灭蚊蝇及其他昆虫，如马立克氏病病毒和禽痘病毒可通过蚊蝇和其他昆虫传播。有效的粪便处理和死禽处理将有助于减少昆虫蚊蝇的数量。还应当定期喷洒允许使用的杀虫剂来控制昆虫，减少疾病的病原体传播。

③灭鼠。鼠可携带致病微生物，特别是沙门氏菌、弯曲杆菌、支原体等，在鸡场长期驻留，对鸡群净化和鸡蛋的食品安全有极大的危害。

二、疾病分析

新杨黑羽蛋鸡的抗病能力很强，但饲养过程中也会发生死亡。蛋鸡亚健康首先表现为精神不振，发生疾病后从表现形式上主要包括腿病、咳嗽、腹泻和寄生虫病。

（一）腿病

腿病主要表现为站立困难，趾关节肿大，有脓液等症状。多种原因能引起腿病，包括营养不良、外伤、细菌感染和病毒感染。鸡群发生腿病通常是几种因素同时作用。

1. 摄入饲料中矿物质不足，可能引起软骨病　矿物质元素钙、磷、锰、锌等的不足或比例失调，维生素 D_3 的摄入不足，都会造成骨骼发育受阻。鸡采食量不足，造成肌肉动能不足，也会造成鸡站立不稳。由于营养不足引起的腿病通过补充营养可减少腿病的继续增加。

2. 转群、调群、抓鸡、异常噪声、陌生人或动物进入鸡舍等应激因素会造成鸡骚动，相互踩踏，发生扭伤　转群前后饲料中补充维生素 K 有助于受伤鸡血液凝固，提高痊愈速度。发生应激后，特别是免疫后，补充多种维生素，减少鸡群骚动，有助于减少鸡腿病发生。

3. 借助实验室检测方法诊断　引起腿病的微生物有病毒，如病毒性关节炎等；有细菌，如大肠杆菌、滑液囊支原体、葡萄球菌等。有疫苗可以预防病毒性关节炎。大肠杆菌等细菌性疾病还没有合法疫苗来免疫，可以通过抗生素治疗和预防。使用抗生素治疗和预防腿病需要无菌条件下采集关节囊液做细菌鉴定或培养，通过药敏试验或小群治疗试验，再在大群实施治疗或预防。

（二）咳嗽

咳嗽多发生于室温变化大或有野毒感染的时候。禽流感、新城疫、病毒性支气管炎、鸡毒支原体病、传染性喉气管炎、细菌感染等都会引起咳嗽。轻微咳嗽主要发生在夜间熄灯后，严重咳嗽时在有光照的时候就能听见。不同种类病毒引起的咳嗽声音比较难区别。咳嗽多发于多种微生物合并感染，或鸡群应激引起条件致病性微生物增殖。

1. 注意鸡群的声音是否正常　每周至少有 1 次在熄灯后聆听鸡群是否有咳嗽声。白天如听到零星的咳嗽声，需要当晚熄灯后聆听，分析咳嗽的严重程度。如发生轻微咳嗽，在饲料中补充维生素，一般3～4d 咳嗽声会减弱，不需要使用抗生素。

2. 若鸡群有咳嗽，需要测定血清抗体，鉴定病毒种类　新城疫抗体如果过高（滴度超过 13）或差异较大（有的小于 6，有的大于 12），应立即进行新城疫活疫苗喷雾免疫。如果喷雾免疫第二天咳嗽没有缓解，则可能是发生了其他病毒感染或合并感染，需要补种合适的疫苗。

3. 鸡群发生严重咳嗽 鸡群发生较严重的咳嗽后，需要开展带鸡消毒工作，避免微生物扩散。

4. 喉拭子检测 喉拭子样本做 PCR 检测或细菌培养，有助于细菌鉴定，药敏试验有助于选择合适的抗生素。

（三）腹泻

腹泻造成鸡生长停滞，产蛋率和蛋品质下降。鸡尿和鸡粪从同一个泄殖腔排泄，多尿与肠道腹泻不容易区分，都表现为粪便稀薄。多尿和肠道腹泻都会影响生产性能。多种原因能引起腹泻，包括饲料成分变化、水或饲料中致病菌增加、病毒感染等。

1. 饲料中矿物质含量不平衡导致腹泻 饲料中食盐含量过高，或添加的小苏打含量增加过快等矿物质含量超标，会导致鸡群腹泻，此时鸡群耗料量会大幅下降。主要是由于采食电解质过多，电解质不平衡，鸡大量饮水，腹泻的水分主要是尿液。增加 50%的添加剂量导致的腹泻，1 周左右症状会缓解或消失。

2. 饲料中包含新的原料 一些新原料如大麦、棉籽粕等原料能够引起腹泻。新饲料需要与正在饲喂的饲料混合，逐步添加。购买成品饲料的鸡场需要与饲料厂经常沟通，对新购进的饲料仔细观察，饲料批号发生改变后，要从颜色、气味、颗粒大小和容重等方面与饲料厂沟通，了解饲料成分是否发生了改变。饲料原料成分发生改变引起的腹泻，1 周左右症状会缓解或消失。

3. 饲料中霉菌毒素超标 霉菌毒素的种类很多，其中黄曲霉毒素对鸡的伤害最大。判断黄曲霉毒素含量的参考指标是原料中的霉菌颗粒比例，原料霉菌颗粒低于 1%，霉菌毒素一般不会超标。饲料中发现霉菌颗粒且霉菌颗粒比例不超标，在饲料中添加霉菌毒素吸附剂，可避免腹泻，提高鸡的生产性能。

4. 鼠害 鼠一旦进入鸡舍，熄灯后鼠会在鸡舍内随意活动，在料槽中采食和随意排泄粪尿，鸡采食被污染了的饲料会引起腹泻。

5. 水和饲料变质 采食致病菌后会产生腹泻，普通抗生素治疗有效。

6. 消化道肿瘤 解剖腹泻鸡的消化道判断。

7. 野毒感染 包括外来细菌和病毒感染。

（四）寄生虫病

寄生虫包括外寄生虫和内寄生虫。外寄生虫肉眼能够观察到。内寄生成虫有些能够肉眼观察到，有些肉眼看不到，需要通过光学显微镜才能观察到。

1. 外寄生虫主要在蛋鸡的肛门和羽毛可见　发现有外寄生虫发生后可喷洒专门的治疗药，需要连续喷1个疗程，同时喷洒鸡笼和屋顶等鸡舍内主要设施，用药水清洁桌面、电线、灯泡等虫或虫卵能够依附的东西。

2. 球虫　是伤害鸡消化道的主要内寄生虫，严重时会造成鸡血便。雏鸡或育成期要预防球虫，观察鸡粪便是否带血。血便主要发生在雏鸡阶段，在育成期和产蛋期也能观察到。鸡采食鸡粪是鸡球虫发生的主要原因。做好清洁卫生，接种球虫疫苗，配合饲喂抗球虫药是减少球虫损失的主要手段。

三、免疫控制

除了拥有合理的布局和建筑设计的鸡舍、营养均衡的饲料、生物安全和卫生消毒计划外，预防疫病的最后一道防线就是免疫接种。作为一个规模化、集约化的养殖场，免疫工作十分重要，要实施科学的免疫程序。

某些疫病传播太广或难以根除，因此，常规的疫苗免疫接种计划是控制鸡病的重要手段。一般来说，所有的蛋鸡群都应注射预防新城疫、禽流感、传染性支气管炎、传染性法氏囊病以及禽脑脊髓炎疫苗。一个确切的免疫日程依赖于许多因素，例如预期发生的疾病、母源抗体水平、疫苗类型和免疫途径。因此，没有一个适用于所有地区的免疫计划，需要与当地兽医联系，确定适合于自己鸡场的免疫程序。

（一）疫苗种类

蛋鸡场常用疫苗包括冻干苗和油乳剂苗。

1. 冻干苗　通常是活的弱化的病毒。顾名思义冻干苗是冷冻保存的，需要保存在－20℃冰箱。新城疫、传染性法氏囊病、传染性支气管炎等的活疫苗都是冻干苗。

2. 油乳剂苗　是灭活疫苗，不可以冷冻，需要冷藏，于4℃冰箱保存。油乳剂疫苗使用前从冰箱取出，在常温下逐步升温到25℃，冬天可将疫苗瓶放在40℃温水中升温。油乳剂疫苗如果发生分层，则疫苗质量下降，免疫效果变差，需要更换新的疫苗。禽流感、新城疫、传染性法氏囊病、传染性支气管炎等都有针对性的灭活疫苗。

3. 多价苗　是可预防2种以上疫病的疫苗，如新城疫-传染性支气管炎二联苗（活苗），新城疫-传染性支气管炎-传染性法氏囊病三联苗（灭活苗）。使用多价苗可减少免疫次数，降低操作成本。但要慎重使用多价灭活苗，灭活苗生产中的佐剂承载疫苗粒子的量是有限的，多价疫苗可预防疾病种类越多，每种疫苗毒粒子的相对浓度越低。虽然同时免疫了多种疫病，但每种疫病的抗体滴度上升幅度和抗体的均匀度都比单独免疫的效果差。原则上有条件免疫单苗时，不免疫二联苗，可以免疫二联苗时不免疫三联苗，尽量不免疫四联苗。

（二）免疫方法

免疫方法有喷雾、点（滴）眼滴鼻、饮水、穿刺、颈皮下注射、胸肌注射和腿肌注射等方法。每种疫苗的具体免疫方法依据疫苗要求而定。

1. 喷雾免疫　常用的活苗免疫方法，节省人工，新城疫和传染性支气管炎活疫苗免疫常用。需要相对密闭的空间，疫苗成本较高。

2. 点（滴）眼滴鼻免疫　用量最准确的活苗免疫方法，通常育雏期使用。

3. 饮水免疫　饮水免疫的限制因素较多，使用前需要限水，使用凉开水或蒸馏水，水中加入脱脂奶粉可提高免疫效果。炎热天气不宜使用饮水免疫。

4. 穿刺　在翅膀无血管处穿刺，主要用于鸡痘免疫。

5. 颈皮下注射　活疫苗、油乳剂疫苗都可以使用颈皮下注射免疫。通过黏膜免疫的活疫苗不使用颈皮下注射，使用喷雾、点（滴）眼滴鼻、饮水效果更好。

6. 肌内注射　油乳剂疫苗免疫可采用肌内注射。同期已经有颈皮下注射的免疫时，可以肌内注射免疫。可以在左胸、右胸、左腿和右腿分别免疫，免疫后一般需要2～3周才能吸收完全。同一位置不可以在疫苗没有吸收完全时重复注射。

（三）免疫程序

新杨黑羽蛋鸡配套系的免疫程序需要根据当地兽医主管部门的建议和疫情开展。详见第七章第四节。

（四）免疫注意事项

①免疫程序应根据本地区和本场的实际情况制订，建立系统的免疫计划。

免疫效果好坏是鸡群能否健康高产稳产的重要因素之一。

②免疫是防疫的重要内容和手段。免疫并不是万能的，免疫只能给鸡群一个基本的保护能力，并不能保证鸡群100%不感染、不发病。加强饲养管理和生物安全管理是保障鸡群健康的重要途径。

③应激状态下，健康状况不良的鸡，免疫应答低，特别是免疫抑制性疫病（如法氏囊病）会降低免疫效果。

④选择质量好的疫苗，如油乳剂苗乳化好则抗体产生快，滴度高而整齐，持续时间长。

⑤正确的接种方法，注意细节，确保每只鸡获得等量的疫苗。

⑥定期监测抗体，了解免疫效果和免疫时间的需求，有计划、有目的地开展预防和治疗工作，减少盲目性。

⑦注意疫苗批号、运输、保存问题。

四、治疗

不要在1日龄饲喂抗生素，1日龄饲喂抗生素易破坏肠道建立大肠杆菌的免疫体系。

雏鸡饮水采食后第2～3天，在饮水中添加抗生素可提高雏鸡的生长发育水平。育雏育成期使用抗生素治疗需要有针对性，连续时间不宜超过5d。抗生素停止使用后，应在饲料或水中添加益生菌，调节鸡肠道微生物。

90～105日龄转群时在注册兽医师指导下使用抗生素3～5d，可提高转群后母鸡的健康水平；开产5%前后连续使用鸡源乳酸菌，可减少母鸡开产应激。

对产蛋鸡不主张抗生素治疗。如发生特征性、严重的野毒细菌感染（如传染性鼻炎），需在执业兽医师的指导下进行药物治疗。

使用抗生素或中药一定要慎重。“是药三分毒”，抗生素或中药治疗很难针对特定的蛋鸡个体，往往是进行群体性用药，健康鸡和病鸡同时用药。抗生素或中药需要通过肾代谢，会增加肾的负担。

第二节　雏鸡的饲养管理

新杨黑羽蛋鸡的适应能力强，饲养管理技术和营养要求与大部分蛋鸡相似，但还是有它的特点，需要饲养者作出适当的调整。

一、雏鸡生理特点

（一）消化系统发育不健全

雏鸡嗉囊容积小，进食量有限，消化能力差。要求饲喂高蛋白、低纤维、易消化的饲料，满足其快速生长发育的需要。

（二）体温调节系统不完善

雏鸡身上只有绒毛，没有羽毛，难以适应外界较大的温差变化，对环境温度要求高。

（三）雏鸡免疫系统发育不完善

雏鸡对病原微生物抵抗力弱，容易患病。

（四）雏鸡敏感性强

雏鸡对饲料中营养物质的缺乏、药物的过量、环境的变化等，都会表现出强烈的应激反应。

良好的育雏环境对蛋鸡鸡雏的成活和发育非常重要，对于育成期均匀度控制和产蛋期生产性能提高有很大影响。

二、育雏前准备工作

新杨黑羽蛋鸡可以平养育雏，也可以笼养育雏。有条件的鸡场建议尽量采用笼养育雏，这样有利于控制体重，对防治球虫病、慢性呼吸道病也有好处。

（一）雏鸡入舍前的主要工作

清扫并消毒育雏区、舍内、附属区及相关设备；检查饮水设备是否正常运转，并且调整到合适的高度；清除料仓、料斗和食槽中的陈饲料，在新饲料运来前将这些设备消毒晾干，在雏鸡触及不到的地方放置鼠药；检查笼具，雏鸡是否能够逃出，新杨黑羽蛋鸡体型小、好动，要防止雏鸡跑出笼具外，影响采食、饮水和免疫；铺硬质纸或放置料盘供雏鸡开食；清洗水壶，准备凉开水。制订新杨黑羽蛋鸡的光照计划、饲料采购计划、疫苗采购计划和备用兽药计划。准备好饲料、疫苗、兽药、复合维生素、垫料（平养）、灯泡、水壶（人工换水）、料盘（或硬质纸）、雏鸡转运筐、工作鞋服、解剖剪刀、记录本笔和体重秤等育雏用具。

（二）雏鸡入舍时的主要工作

新杨黑羽蛋鸡到达鸡舍后不要急于将雏鸡放到地面或笼具中。首先要检查鸡舍温度是否达到要求，夏季温度30℃以上，冬季温度32℃以上。确保加热系统能够正常工作。如果直接使用自动饮水系统，需要检查水管是否冲洗干净，是否无消毒药残留；如使用人工饮水，水壶要盛满水放置在地面或笼具内。使用温度计而不是人工感觉，在鸡舍的多个位置检查雏鸡背处的温度，任何育雏鸡位置的温度不要超过37℃，不低于30℃。需要在雏鸡饮水有保障、鸡舍温度相对稳定时再放置雏鸡。

三、育雏期管理工作

（一）1日龄雏鸡管理

雏鸡安置好后，若使用乳头饮水器需按压顶杆，以便雏鸡见到饮水器上悬挂的水滴。检查饮水正常后就可以喂料，将饲料放在笼内或地板的纸上或料盘上。新杨黑羽蛋鸡的光照与其他蛋鸡品种相同，第1～2天保持22～23h光照，第1周保持每天20～22h，光照度20～30lx，相当于每间隔4m安装1个13W的节能灯。

（二）1周龄雏鸡管理

饲料要密封保存，避免饲料袋有缝隙。育雏前期，不宜在料盘或纸上添加较多饲料，需尽量避免饲料被鸡粪污染及将饲料放在雏鸡吃不到的死角，鸡舍内温度、湿度高，空气中暴露的饲料数天后会霉变。喂料以少量多次为原则，每天换料3～5次，1周龄以后可减少饲喂次数，添料2～3次。1周龄的雏鸡抵抗力差，除了保障营养外，还需要保障适宜的温度和光照。冬天气温容易忽高忽低，导致雏鸡发生呼吸道疾病，尽量保持气温均衡，任何雏鸡位置温度不要超过37℃，避免雏鸡脱水。前4d的人工饮水使用凉开水，每天检查饮水2～3次，确保每个饮水位置有水。每天熄灯2～3h，能够使强壮的鸡有休息时间，体质较差的鸡能有足够时间学习饮水和吃料，促进雏鸡整体健康，提高群体的均匀度。

（三）饮水

水是非常重要的营养物质，必须持续为鸡群提供优质的饮水。仅在疫苗饮水免疫之前短时间限制饮水。水质差常常诱发鸡群疾病。

鸡群的饮水量和饲料消耗量是有直接联系的，饮水量少，采食量就会少。正常情况下，鸡的饮水量是饲料消耗量的2倍，在温度较高的情况下，比例稍高。有条件的鸡场应在鸡舍中安装水表，检测鸡群每天的饮水量。日饮水量可作为鸡群健康的早期指标。

有条件的鸡场应直接使用自来水，不要将地下水或河水直接给鸡饮用。地下水水质难以有保障，特别是经过多年养鸡的地方，地下水多数已被粪便和消毒剂污染。地下水和河水都存在微生物等有害物质残留的问题，如确需使用，应通过适当的净化措施达到饮用水标准后再提供给雏鸡。

（四）育雏期饲料

雏鸡需要蛋白质、能量、维生素充足，以及适口性好的饲料，一般直接从信誉好的饲料厂购买育雏全价料。育雏饲料的质量关系到产蛋期的生产成绩。育雏期饲料必须是颗粒破碎料，以助于雏鸡采食全面足够的营养，提高生长速度。

避免长期在饲料中添加抗球虫药和抗生素。在没有球虫时，添加抗球虫药会增加鸡肝肾的负担，影响鸡的发育。预防球虫最重要的是育雏前做好鸡舍的清洁卫生工作，平养鸡舍做好垫料的消毒工作。抗生素在消灭细菌的同时，也会消灭肠道中的益生菌，造成鸡维生素缺乏。在细菌性疾病发生时，最重要的是关注饮水是否卫生、饲料是否被污染，需要在对死亡鸡做药敏试验后再使用抗生素；多年养鸡的鸡场内细菌已经对大多数抗生素有抗药性，即使敏感的抗生素在使用2个疗程后也可能会产生抗药性。因此，应尽量减少抗生素的使用，在使用抗生素的同时，需要及时补充复合维生素。

（五）断喙

断喙并非在所有的饲养方式中都需进行。小母鸡一般在孵化厅采用红外线断喙，或在7～10日龄使用凸轮式断喙器断喙。

红外线断喙雏鸡1日龄需要使用水壶饮水，否则1周龄的体重和成活率将受到影响。

7～10日龄断喙时一般使用金属片断喙。金属导向板上有孔径为4.00mm、4.37mm和4.75mm的孔。断喙时选择适宜的孔径，使鼻孔和切烙面间有2mm的距离。适合的孔径大小取决于鸡的体格和年龄的大小。

建议使用烧灼至樱桃红色的刀片进行切烙。测量刀片温度较好的方法是使用高温计，使刀片的温度保持在约595℃。使用线电压表测量，使断喙器在整个断喙操作过程中始终保持适当的温度。以下为必须遵守的注意事项。

①不要给病鸡断喙。

②断喙速度不要过快。

③在断喙前和断喙后2d均在雏鸡饮用水中添加电解质和维生素（含维生素K）。

④断喙后数日内提供充足饲料，如需使用抗球虫药，应在饮水中投放水溶性抗球虫剂。

⑤只允许受过良好训练的技术人员操作断喙。

（六）笼养育雏

笼养育雏的雏鸡首先放在鸡笼中层和上层，上层暖和，光线更亮。不要将看起来体弱的鸡单独饲养，可以降低饲养密度，同时将体弱和体强的鸡混合饲养，体强的鸡对体弱的鸡有示范作用，能够帮助体弱的鸡提高采食和饮水的能力。

在雏鸡喝水之后，第一次饲喂应该将雏鸡饲料撒在笼中的纸上和料盘上。在纸上饲喂7～10d，并逐步引导其吃料槽内的饲料。育雏期间在笼子底部铺一层硬纸，这能让雏鸡更快地啄食纸上的饲料。最晚14d要撤掉硬纸，避免粪便的堆积导致肠道疾病和球虫感染。

根据雏鸡密度，在14d左右将部分雏鸡扩群到别的育雏笼中，一般先是从上层笼扩群到下层笼。扩群的原则是环境相似，温度接近。结合免疫接种扩群可以减少鸡群应激。扩群时要随机转群，不要只转出小鸡或只转出大鸡，这样可以将已经建立的鸡群社会秩序保留，避免扩群后鸡群打斗。

入舍之前需要清洗饮水线，使用饮水线前还需要再次冲洗饮水线，确保末端水质。雏鸡乳头必须是360°乳头，雏鸡碰到乳头就可以滴水。如果1日龄雏鸡使用乳头饮水，要在进鸡前调整好乳头饮水器的压力，使其形成一个悬挂水滴，让雏鸡看见。如果是杯状饮水器，在最初3d需要手动将饮水器中的水加满。第1周饮水的温度在25～30℃。

第1周的光照度为20～30lx，相当于每隔4m放置1个13W节能灯或7W LED灯。第4周的光照度可降至10～15lx。35日龄以后，过强的光照易诱发鸡啄癖。与其他蛋鸡品种相比，在相同的饲料营养条件下，新杨黑羽蛋鸡不易啄羽或啄肛，但较低的光照有利于鸡的发育。

（七）平养育雏

平养育雏进雏时应避免1日龄雏鸡靠近进风口和排污口。进风口的温度变化大，易引起呼吸道疾病；排污口与脏道相邻，鸡易感染传染病。

开始平养的雏鸡应该用周转箱转移至饮水线以下或者靠近饮水器的窝，引导其喝水。为了让雏鸡喝水更容易，可在自动饮水器的基础上增加饮水器，补充的饮水器应该在最初的10～14d使用，在使用过程中逐渐撤掉房间中补充性的喂食器和饮水器，训练小鸡寻找料槽和自动饮水器；也可以将疫苗溶于水中，对雏鸡进行第1次接种。

鸡群应该饲养在光照时间和光照度都可以调节的鸡舍中，一般来说平养的光照程序与笼养类似但光照度更高。提供足够的光照度能使雏鸡更快地适应环境。第1周的光照度为20～30lx，第4周后降至10～15lx。

平养鸡扩群前准备好垫料，并完成饮水管的冲洗，保证新使用的饮水器管内都是新鲜干净的水。平养鸡扩群应遵循渐进的原则，密度逐步降低。密度过低，鸡舍过大可能会降低鸡舍温度。扩群要采取鸡自愿的原则，放开围栏扩群，一些鸡对环境适应性差，不愿意离开熟悉的环境，强制扩群会打破鸡的社会秩序，发生打斗，造成伤害，影响鸡的发育。

四、育雏期关键控制点

育雏期是鸡的免疫系统生长成熟最为关键的时期，此期间生长发育不好会影响鸡后期的免疫力和抗逆性能。育雏期间的精心管理可确保鸡有足够的免疫力，在转移到产蛋舍后能够充分发挥其遗传潜力。若在此期间有所失误，在产蛋后难以弥补生产性能方面的损失。

（一）每天喂料至少2次

笼养鸡育雏期匀料很重要，吸引雏鸡吃料的同时，还可以防止饲料堆积，避免浪费，保证每只鸡能够有相同的机会自由采食。

（二）每天检查饮水

避免断水，修复漏水。随着鸡的生长，饮水设备的高度也要不断升高，乳头饮水器需高于其头部，杯式或槽式饮水器的水位需与其背部相平。

（三）每天检查鸡的粪便

根据鸡的粪便判断鸡的健康状况，如果发现零星血便，可能感染球虫，需要及时在饲料中添加球虫药。即使做了球虫免疫，如果发现血便，也要使用球虫药。如发现粪便稀薄，要及时检查水和饲料，分析可能原因，并对症下药。

（四）重视温度、湿度和通风

育雏期温度（表8-1）、湿度和通风的控制比较困难，需要根据经验管控温度、湿度和通风的平衡。

温度是雏鸡发育良好的重要条件，环境温度对雏鸡体温调节、运动、采食和饮水均具有重要的影响。测量的温度应为与鸡体处于同一水平位置的温度（温度计与鸡背同高）。雏鸡长出羽毛之前对温度的变化非常敏感，应注意观察鸡群。5周龄后最适温度为18～20℃。低温使鸡需要更多能量用于维持体温，降低鸡的生长发育速度，造成免疫力下降。较高温度育雏有利于产蛋母鸡适应高温。由于设备设施的原因，易导致鸡舍温度不均匀，局部温度较高。当局部温度超过35℃，甚至37℃时，雏鸡易脱水，皮肤干燥，精神萎靡不振。房舍隔热性能越好，温度越容易调节。

表8-1　育雏期温度要求（℃）

周龄	局部温度	鸡舍整体温度
1	33～35	31～34
2	31～33	29～31

（续）

周龄	局部温度	鸡舍整体温度
3	28～31	26～29
4	25～28	23～26
5	22～25	20～23

通风不足会造成氧气不足或氨气等有害气体浓度过高，影响鸡的生长发育；通风过度会降低鸡舍温度，同时应避免贼风侵入。

育雏第1周舍内应保持70%～80%的稍高湿度。室内干燥，易使鸡丢失水分，造成体液电解质失衡，以及鸡舍粉尘增加，引发呼吸道疾病。湿度过低还会造成雏鸡脱水，羽毛生长不良、无光泽，也会导致一些雏鸡腹内卵黄吸收不良。湿度过高则雏鸡羽毛污秽、凌乱，食欲差。第2周以后将湿度慢慢降至50%～60%较为适宜。雏鸡舍垫料湿度应为25%～30%。

（五）体重抽样

从5周龄开始，每周对100只青年鸡称重，6周龄体重应达到365g。如果体重没有达到365g，需要延长育雏料的饲喂。根据体重的均匀度，判断饲养成绩。体重均匀度是在平均体重上下10%的鸡数占抽样鸡数的百分比，80%以上均匀度说明饲养成绩较好。均匀度低于80%时，要尽快查找原因，找到断喙、光照、通风、饲料和饮水中可能存在的问题，及时改进。

（六）制订并实施一套完备的预防接种计划

疫苗接种特别重要，加强疫苗接种管理在任何时间管理任何对象都是应该的。疫苗接种时除了选对疫苗，还要检查免疫效果，如点眼滴鼻免疫应检查口腔中是否有疫苗稀释液的颜色，穿刺免疫后第2天检查是否有炎症。

第三节　育成鸡的饲养管理

按育成鸡的生理特点，可将育成期分为前期、中期和预产期。前期一般指43～70日龄，中期指71～91日龄，预产期指92～126日龄。70日龄免疫系统发育基本完全，91日龄肌胃、肠道和肝脏发育基本完全，92日龄脂肪开始沉积、卵巢开始发育，126 日龄卵巢和输卵管快速发育，并有卵泡生成。

育成鸡饲养管理以保证体重的适当增加为目标。本期除按要求严格控制好饲养条件，包括温度、湿度、光照、通风换气、饲喂及饮水空间、饲料及饮水的品质、饲喂器及饮水器的品质外，还应控制鸡群的生长速度，检测均匀度。

育成期的一项重点是免疫，需要完成所有疫苗的免疫。实施合理的免疫计划和抗体监控是育成期管理的难点。

一、饲料控制

（一）育雏期饲料改喂育成期饲料

①育雏期饲料改变为育成期饲料的时间为鸡群达到 42 日龄推荐体重时，如 42 日龄体重不达标，需要在 49 日龄甚至在 56 日龄达到对应的日龄体重。育雏期体重不达标可能由于鸡舍温度低、密度过高、光照时间短、饲料营养不足、饲喂量不足等饲养因素，也可能是由于免疫副反应甚至鸡群感染等因素，需要根据饲养过程中的具体情况做分析。最晚应在 70 日龄降低饲料中的能量水平和粗蛋白质水平。

②在鸡群亚健康时，需要首先补充复合维生素，同时改善引起亚健康的饲养因素，如鸡舍温湿度、饲养密度、光照时间、饲料营养和饲喂量。慎重使用抗生素，一些抗生素及其代谢产物需要通过肾脏排泄，过量使用会损伤肾脏。

（二）育成期饲料营养特点

①育成期新杨黑羽蛋鸡的免疫系统已经基本发育完全，生殖系统还没有开始发育，主要是骨骼、肌肉和心血管系统的发育，蛋白质和代谢能水平与育雏期和产蛋期相比相对较低。

②育成期的营养需求可参考表 6-4（第六章第一节）。

（三）预产期饲料

1. 预产期饲料的特殊性　预产期饲料与一般育成期饲料的主要差别在于饲料中钙的含量，氨基酸和维生素的含量也要增加。钙的需要量如表 8-2，氨基酸和维生素的含量在育成期前期基础上增加 2%。

表 8-2　新杨黑羽蛋鸡钙的需要量

项目	6～13 周龄	14～15 周龄	16 周龄至产蛋	产蛋率 5%以后
钙（%）	1	1.4	2.5	4
有效磷（%）	0.45	0.45	0.48	0.48

2. 添加石粉、贝壳粉等富含钙的原料，增加饲料中钙的浓度　预产期饲料营养成分变化主要是钙的含量增加。为满足预产期的需要，一般在预混料钙的基础上添加石粉。如果 5%预混料中已经含有 12%的钙，石粉钙含量 37%，则 16～17 周龄配方中需要 5%石粉 [（2.5%−5%×12%）/37%=5%]。

3. 根据育成鸡的发育情况和产蛋期计划开产的时间，制订预产期饲喂计划　饲料中补充石粉需要循序渐进，在 14～15 周龄开始添加，第一次添加 1%，每 4～5d 增加 1%，逐步提高到 5%。首次补充石粉不宜过多，否则会导致腹泻，尽管由于添加石粉造成的腹泻会逐步痊愈。这个阶段补充维生素能促进鸡的发育。要避免在饲料中长期添加抗生素。

4. 预产期前期饲料可以在育成期饲料中加入石粉配制　在自配料中加入适量石粉，或在饲料厂加工的育成鸡饲料中拌入定量石粉。

5. 预产期后期饲料应按营养要求直接配制或购买预产期饲料　自配料调整蛋白质、蛋氨酸、玉米和石粉比例。如果外购不到预产期饲料，可以在育成期饲料中加入产蛋期饲料，按钙需求量的比例混合。

6. 添加碳酸钙　添加的碳酸钙（石灰石）应该有约 65%的颗粒，粒径为 2～4mm。

7. 适时更换饲料　产蛋率 5%之后，停止饲喂预产期间料，改喂产蛋期饲料。

（四）育成期饲料配制注意事项

1. 饲料原料代谢能和氨基酸水平差异较大　饲料配方需要根据具体情况作相应的调整。不同原料的代谢能会相差较大，在根据原料价格制订饲料配方时，需要充分考虑具体原料的营养成分。如玉米作为主要能量原料，其营养成分既受到玉米品种、收割期和保存期的影响，也受到加工方法和储运的影响。

2. 尽量配制玉米-豆粕型饲料　不同种类的饲料原料对预混料成分的影响有差异，有条件的饲料加工厂应根据可消化的氨基酸量配制饲料。总氨基酸和粗蛋白质的最低需求量只适用于玉米-豆粕型饲料。在使用小麦、大麦作饲料日粮时，需要在预混料中添加合适的蛋白质，包括限制性氨基酸和经过包埋处理的消化酶，保障代谢能和氨基酸符合需求。

3. 纤维素有利于鸡肠道微生物　肠道微生物能够合成维生素和有机酸，促进鸡的发育和生长。粗纤维 3%以上的饲粮有利于培育小母鸡良好的胃口，以便获得满意的产蛋高峰和高峰持续期。

4. 粉料颗粒不宜加工过小　粉料直径过小不仅会使鸡舍粉尘大，造成浪费，而且会引起营养不均衡。育成饲料小于 1mm 的饲料占比不超过 25%，1～2mm 占 65%，2～3mm 的饲料占 10%，13 周龄后饲料颗粒可以大些，但超过 3mm 的颗粒不要多于 5%。过大颗粒的饲料会造成营养不平衡，大颗粒饲料主要是玉米，玉米采食过多会减少豆粕的采食量，造成氨基酸缺乏，因此饲料颗粒不要超过 4mm。

5. 饲料质量要求较好　衡量饲料质量的标准按照营养需求制定。质量好的饲料比质量差的经济效益更高，质量好的饲料采食量较少就可以达到标准体重，质量差的饲料需要采食更多、饲养更长时间才能达到标准体重，质量差的饲料还会造成生长发育不一致，鸡体重均匀度差。

（五）育成期饲喂控制

1. 育成期饲喂量　根据生长发育情况和气候条件制订。生长发育指标包括平均体重、体重均匀度。体重指标参考新杨黑羽蛋鸡标准，体重均匀度值应大于 85%。

2. 体重指标　一般生产条件下，新杨黑羽蛋鸡都能达到体重标准。体重达不到标准通常由于饲料质量差和喂料量不足造成。

3. 均匀度指标　造成均匀度低的原因比较复杂，主要包括免疫副反应、饲养密度过大、鸡舍通风不足、饲料混合不均匀或饲料传送时分层、疫病感染。对于均匀度小于 85%的鸡群，应将群体中体重小于 90%均值的母鸡转移出来单独饲养，增加喂料量，补充维生素。体重大的鸡保留在原鸡笼，避免鸡群打斗。

4. 空槽　每天下午有一个相对固定的时间使料槽中只有细的粉料直至没有任何料，空槽有利于鸡肠道微生物的生长，促进消化系统发育。根据市场需要和鸡的体重发育情况，确定饲喂量，制订空槽时间。利用空槽可以调整鸡

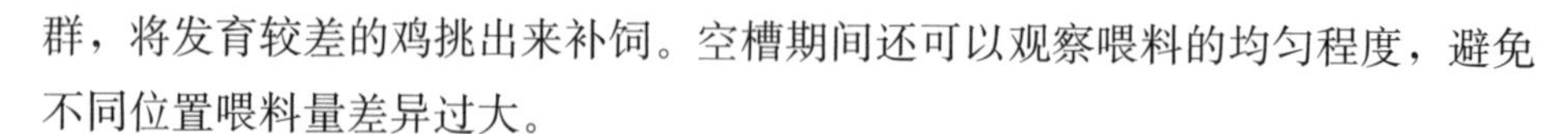

群，将发育较差的鸡挑出来补饲。空槽期间还可以观察喂料的均匀程度，避免不同位置喂料量差异过大。

5. 解决饲料分层问题　饲料分层表现为不同位置饲料的颗粒度不一样，有的位置都是大颗粒（主要是玉米），有些区域大部分是细颗粒（主要成分是麸皮）。饲料分层可能发生在料塔、料斗或传送带，需要注意观察，及时解决。饲料分层导致不同位置鸡群的饲料成分不一样，获得营养不一致。

6. 匀料　匀料不仅促进鸡采食，而且可以发现局部饲料堆积，是育成期饲养的关键。饲料堆积不仅浪费饲料，而且堆积的饲料易发生霉变、维生素降解。加强饲料管理，发现霉变或长期堆积的饲料要及时清理，避免被鸡误食。

二、预备产蛋控制

（一）开产控制

1. 控制预产期　母鸡 14 周龄卵巢和输卵管开始快速发育，17 周龄开始排卵。预产期的时间除了新杨黑羽蛋鸡本身的生理特性外，还受营养和光照的影响。因此预产期是可以控制的。提高预产期的饲养效果，可以提高母鸡开产的成活率和高峰期产蛋率，延长产蛋高峰时间。

2. 制订鸡蛋上市计划　需要综合考虑鸡的体重及其均匀度，制订鸡蛋上市计划。在体重和饲料营养合乎开产条件的基础上，配合光照计划，提高产蛋效率。

（二）体重控制

1. 通过控制采食量而不是降低饲料质量控制体重　鸡的自由采食量与其生理状态相关，鸡舍温度高于 30℃采食量下降，低于 16℃采食量上升。控制体重通过控制采食量实行。新杨黑羽蛋鸡生长期饲料消耗与体重如表 8-3。

2. 寻找影响鸡体重和均匀度的原因　定期称重能掌握鸡群偏离正常情况的日期，有助于找出问题所在并采取相应的纠正措施。鸡群 17 周龄的平均体重为 1.21kg，体重为 1.09～1.33kg 的鸡数应占到鸡群的 80％以上。正常情况下，产蛋期的鸡均匀度应达 90％。影响鸡群体重和均匀度的不利因素有拥挤、疾病、断喙不当、通风不良、饮水不畅和营养不足等。

表 8-3　新杨黑羽蛋鸡生长期饲料消耗与体重

周龄	饲料消耗量（g/只）		体重（g）
	每天	累计	
1	14	98	65～70
2	16	210	115～120
3	19	343	180～190
4	30	553	245～260
5	39	826	340～360
6	42	1 120	440～460
7	43	1 421	540～560
8	46	1 743	650～680
9	48	2 079	750～780
10	51	2 436	850～880
11	53	2 807	880～930
12	54	3 185	960～1 000
13	56	3 577	1 030～1 070
14	57	3 976	1 100～1 130
15	59	4 389	1 190～1 220
16	61	4 816	1 260～1 310
17	63	5 257	1 360～1 400
18	66	5 719	1 380～1 420

3. 育雏、育成期建议每 2 周称重一次（清晨空腹时进行）　必须设法使 6 周龄的体重达到 440g 以上的标准。雏鸡 6 周龄体重与产蛋期各主要性能指标呈很强的正相关，6 周龄体重能达到其体重标准或更高一些则预示该群鸡在产蛋期时开产早，产蛋多，死淘率低 。

4. 以平均值和均匀度评定鸡群均匀度　80%～85%，为合格鸡群；85%～90%，为良好鸡群；90%以上为优秀鸡群。对 30～50 只在鸡舍内随机位置分布的母鸡称重，计算平均值，平均体重上下 10%的个体数占总个体数量的百分比，称为均匀度。

（三）光照管理

1. 光照时间是鸡发育的“开关”　光照刺激的时机取决于鸡的年龄

（最小17周龄）、体重（至少1.36kg）、营养摄入量和每天至少12h的光照时间。当新杨黑羽蛋鸡体重达1.36kg时增加1h光照，之后每周或每2周每天增加15min或30min的光照时间，直到每天光照时间达16h为止。鸡群未达到适宜的体重（1.36kg）之前不宜采取光照刺激措施。如果对低于标准体重的鸡群实施刺激光照，会导致蛋重变小、高峰持续时间短或高峰过后产蛋下降过快等问题。

2. 光照刺激时机影响蛋重　通常较早的光照刺激会使每只鸡的产蛋量增加，但蛋重偏小；较晚的光照刺激使蛋的总数减少，但产蛋早期的蛋重较大。在自然光照鸡舍，上半年初产的鸡群容易产小蛋，下半年初产的鸡群容易产大蛋。通过光照控制也可以使鸡群在下半年产小蛋。为了获得较高的产蛋率，并维持较长时间的产蛋高峰，在体重不达标时不宜做光照刺激。体重不达标，意味着鸡的消化系统、骨骼系统和繁殖系统发育还不健全，鸡提早开产会影响鸡的进一步发育，导致鸡早衰，鸡群达不到产蛋高峰，初产鸡死亡率高，后期蛋壳质量差。

（四）饲养密度

密度过大是鸡均匀度低于90%的主要原因，调整好饲养密度是提高鸡后期产蛋性能的重要手段。表8-4列出了新杨黑羽蛋鸡育成期的适宜饲养密度。

表8-4　新杨黑羽蛋鸡12周龄育成鸡的适宜饲养密度

项目	笼养	平养
饲养面积	>310cm²/只	>835cm²/只
料位	5cm/只	5cm/只，料桶每50只1个
饮水槽	2.5cm/只	2.0cm/只
饮水杯/乳头饮水器	每8只鸡1个	每15只鸡1个
钟形饮水器	—	每150只鸡1个

1. 着重观察鸡自由活动和自由采食的能力　育成鸡笼深度不要超过50cm，超过50cm时抓鸡困难。确定密度是否合适，要观察早晨第一次喂料时，所有鸡是否可以同时采食，不能同时采食意味着密度偏大。高密度鸡群中

的竞争顺位靠后的一些鸡最后才能采食，容易造成营养不足。10%以上鸡不能同时采食时，应进行调群。

2. 调群原则　笼养鸡饲养密度大的时候，调群原则是调出体重偏轻的鸡，不要频繁调群。小体重鸡与大体重鸡饲养密度相同，即使很小心地调群也会产生损伤，有些是外伤，有些是内伤，甚至还会有死亡。

3. 隔成独立小间　平养鸡舍需要隔成数个独立的小间，并给予每间相同的饲养密度。免疫时淘汰弱小的个体。平养鸡通过调整密度可提高均匀度。

4. 平养饲养密度不是越低越好　秋冬季节饲养密度过低会造成鸡舍温度低，特别是夜间温度更低。夏季鸡群总是喜欢在凉爽的区域休息，局部位置密度并不低。如果饲养空间大，可采用分区饲养的方法，饲养一段时间后腾空到相邻的区域，新的区域污染物少，有利于鸡群健康。饲养空间多，还可以隔离1～2间，用于饲养体重偏轻（小于平均值90%）的个体。

（五）转群管理

1. 减少应激　转群包括从鸡舍的一侧转移到另一侧，从育雏鸡舍转到育成鸡舍，从育成鸡舍转到产蛋鸡舍。转群很容易使鸡受伤，造成应激。应激的程度取决于鸡在转群笼的时间和工人抓鸡的姿势。转群笼里的鸡不能过于拥挤，防止鸡受伤害。

2. 添加维生素和矿物质　转群前3d在饮水或饲料中添加维生素和矿物质。维生素K可促进血液凝固，加快受伤痊愈。转群后继续添加维生素3d，可以缓解应激，促进育成鸡恢复。转群时抓鸡、运输和放鸡都要有耐心。

3. 转群时间　转群时间主要取决于产蛋鸡舍准备情况，早准备好早转群，最迟不晚于16周龄，育成鸡应转入到产蛋鸡舍，最早可以在13周龄。13周龄鸡的骨骼发育已经比较好，正开始生殖系统的发育。越早转群鸡越早适应环境，能够建立对环境微生物的免疫反应，特别是在多批次产蛋鸡的鸡场，有利于产蛋期的生产，鸡成活率高。

4. 彻底清洁新鸡舍　新鸡舍要彻底清洗、消毒，将上一批鸡残留的鸡粪、羽毛和剩余饲料全部清除出鸡舍，能够移动的设备转到舍外清洁。有条件的鸡场可通过检测鸡舍内微生物数量判断鸡舍消毒效果。转群日前1d需要再次确认饮水系统是否完全清洗，是否放净和清洗饮水管，喂料机、风机、清粪机和定时钟等自动化机器是否能正常工作，需要反复测试。

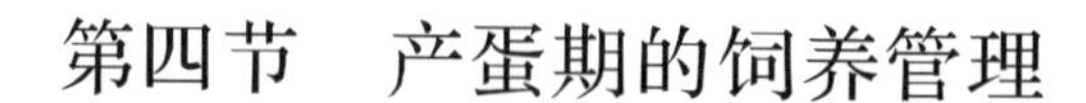

第四节　产蛋期的饲养管理

一、饲喂控制

为使鸡群在整个产蛋期中有良好的生产表现和适宜的蛋重，应制订一个阶段性饲喂程序以确保适宜的营养摄入。设计的配方要以鸡群的实际采食量和希望鸡群要达到的生产水平为依据。掌握鸡群每天的耗料量是饲喂管理的关键，同时还要注意给料的厚度，以避免浪费。产蛋期自由采食，尤其是在下午熄灯之前要保证随时有料可食。

（一）影响饲料消耗量的因素

鸡饲料需要量取决于多种因素，包括自身代谢需要、生产需要和饲料营养水平。影响自身代谢需要的因素包括体重、体脂、日龄和环境温度；生产需要主要用于产蛋；饲料营养水平包括饲料形态、日粮营养水平（包括能量、氨基酸、维生素、矿物质的平衡和含量）。

①能量摄入满足代谢需要，未能满足时需要刺激鸡增加采食量。

②鸡产蛋时会刺激增加采食量。产蛋高峰时，每只鸡的能耗少于1.13MJ/d就会造成高峰结束后产蛋率和蛋重降低。

③在高温高湿条件下，鸡呼吸散热，造成鸡体液酸碱度失衡，厌食，摄食不足。

④在冬季，鸡维持体温需要更多能量，鸡的食欲旺盛，通常需要增加采食量满足需要。

（二）冬季喂料控制

饲料中的能量含量尤为重要，能量摄入不足，鸡会动用肌肉和体脂的能量，造成产蛋率和蛋重下降。摄入量过量，会使鸡产生脂肪沉积，长期过量会引起心血管疾病。

1. 鸡舍控制　提高鸡舍的保温性能。

2. 称蛋重　调整饲料中蛋氨酸水平，避免过量摄入。个体蛋重增长过快，是饲料中蛋白质水平过高的信号。

3. 提高饲料能量水平　尤其在产蛋初期和产蛋高峰期，需要提高喂料量。

（三）夏季喂料控制

热应激会引起采食量降低和能量摄入减少。

①饲料中适宜的能量水平，可以保持鸡群体重增长、产蛋能力、蛋重处于适当水平。

②脂肪和油脂含大量的能量，可以用来提高日粮能量水平。脂肪在消化过程中产生的体增热较低（即脂肪有相对较低的热增耗），这在热应激时非常有益。

③尽管可以将植物油和动物油混用，但植物油中含有相对较高的亚油酸，有利于蛋重的增加。

④采用（15＋1）h或（16＋1）h光照模式。

⑤饲料中添加小苏打可提高食欲。添加小苏打需要循序渐进，首次添加不超过0.2%，每日逐步增加，最终不超过0.5%。添加量过多会引起腹泻。自配料额外添加小苏打的量需要与预混料公司沟通，有些预混料公司的夏季预混料会增加小苏打的含量。

⑥饲料中添加丁酸钠或丁酸梭菌，可改善肠道微生物环境，提高采食量。夏季厌食的原因主要是由于呼吸加快，体液、二氧化碳排出体外过多，造成肠道酸碱平衡失调，从而影响了肠道微生物的种类和分布，一些微生物合成的酸和酶不足以满足代谢和生产需要。丁酸钠或丁酸梭菌的主要作用是通过提供丁酸调整肠道的微生物环境。

（四）春秋季节的喂料控制

春秋季节气温适宜，母鸡用于代谢需求的能量较低，饲料利用率较高。春秋季节母鸡采食容易过量，在饲喂控制上需要根据体重、产蛋率和蛋重控制采食量。

1. 春季平均气温上升到18℃后　需要考虑降低喂料量。受冬季低气温的影响，母鸡采食能量需要较多地用于产热，维持体温。当气温上升到18℃后，用于产热的能量需求降低，但母鸡不会因为需求量减少而降低采食量，多采食的能量转化为脂肪，降低了饲料转化效率。采食过多易造成肥胖，增加脂肪肝等疾病的风险；当炎热季节来临时，过多脂肪会增加母鸡热应激猝死概率及厌食症风险。降低饲喂量需要进行认真计划，并加强喂料系统管理，均匀饲喂。30

周龄前母鸡不降低饲喂量，31 周龄后每只喂料量可降低 1g/周；逐步降低饲喂量后要保证每只饲喂量不低于 90g/d；气温上升至 30℃后，不再降低饲喂量。

2. 秋季平均气温降至 25℃左右后　需要更换饲料配方，不再补充 $NaHCO_3$（小苏打），减少饲料中油脂的含量。夏季炎热，母鸡食欲下降，采食量较少。当气温回落后，母鸡食欲增强，采食量增加，存在代谢补偿机制，产蛋率上升。秋季采食实施“自由采食，适当空槽”的方案，采食量根据产蛋率进行调整。产蛋率连续 2 周不再上升后，第 3 周需控制饲喂量不再上升；如产蛋率连续 2 周下降，需降低饲料中蛋白质比例，每周降低 0.2%，但粗蛋白质总量不低于 15.0%。

（五）午夜光照 1h

午夜光照可以增加鸡群的采食量，即在夜间给予 1h 的光照，刺激鸡群增加采食。

1. 光照模式　典型的蛋鸡光照程序是 16h 光照，8h 黑暗，可采取夜间 4h 黑暗＋1h 光照＋3h 黑暗的方式。这样不会改变 16/8 的光周期。

2. （16＋1）h 光照模式　（16＋1）h 光照还可以提高鸡蛋蛋壳质量。因此，午夜 1h 光照并不限于夏季，在冬季和春秋季节也适用。

二、蛋品质控制

鸡蛋的大小在很大程度上是由遗传因素决定的，但是为适应某些特定市场的需要，也可以在一定范围内调整鸡蛋的大小。应特别注意以下几方面的管理控制。

（一）开产体重

母鸡在产第一枚蛋时的体重越重，它在一生中产的蛋也就越大。为获得适宜的蛋重，在母鸡体重未达到 1 360g 以前，不能用光照刺激的办法来促其性成熟。通过改变青年鸡饲喂和管理的方式增加其开产体重可以增加整个产蛋期的蛋的大小，反之亦然。

（二）开产日龄

这也与鸡的体格大小有关，但总的来说，鸡群开产周龄越小，蛋重就越小，相反，成熟得越晚鸡蛋也就越大。实施光照程序可影响母鸡的性成熟期。8～10周龄后采用递减的光照程序，可延缓母鸡成熟，增大蛋重。

（三）营养供给

蛋重在很大程度上还受粗蛋白质、特定氨基酸（如蛋氨酸和胱氨酸）、能量、总脂肪以及必需脂肪酸（如亚油酸）等摄入量的影响。

产蛋期通过调整平衡蛋白质或单个氨基酸（这些氨基酸中，蛋氨酸常用来改变蛋重）、亚油酸和添加脂肪等方式从一定程度上控制蛋重。虽然能量的摄入可以影响蛋重，但此法很难实施，这是因为鸡会通过采食量的调节来满足它们自身的能量需要。

需要注意的是，如果想利用营养策略来控制蛋重以避免蛋超重，那就应该在产蛋周期早期着手。一旦蛋重超标，就很难在不影响产蛋率的情况下予以纠正。

（四）限制饲喂

夏季舍温高，鸡厌食，蛋重下降。在其他季节，限制饲喂能有效控制蛋重。采食不足、限制饲喂同时会降低产蛋率，降低鸡蛋品质和鸡的体重。新杨黑羽蛋鸡的母鸡价值较高，不建议采用限制饲喂的方法来控制蛋重。

（五）蛋壳质量

充足的钙、磷、微量元素（如锌、镁、锰、铜）和维生素 D_3 的供给，对于保证蛋壳质量至关重要。饲料原料中矿物质的生物可利用率不尽相同，设计日粮配方时应予以注意。而且，饲料中添加钙原料（通常是碳酸钙）的颗粒大小也很重要。添加的碳酸钙中至少有65%的颗粒为2～4mm，35%为小于2mm。大颗粒碳酸钙的溶解速度较慢，这可以确保蛋鸡在熄灯之后和不采食富含钙质饲料的情况下，肠道中仍有钙质可以利用。

第五节　种鸡、种蛋和孵化管理

一、饲养管理

种鸡管理以提供合格可孵化种蛋和健康雏鸡为管理目标。在商品代鸡及鲜

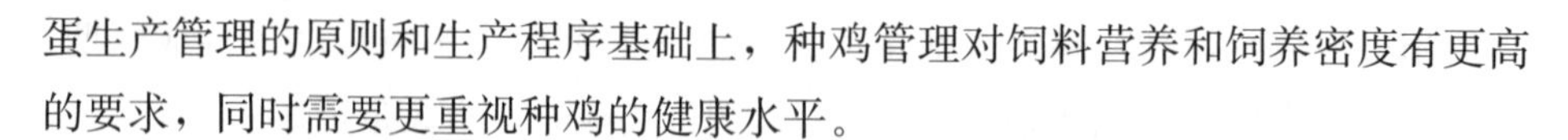

蛋生产管理的原则和生产程序基础上，种鸡管理对饲料营养和饲养密度有更高的要求，同时需要更重视种鸡的健康水平。

（一）营养需要

种鸡饲料中维生素和微量元素的种类比商品代鸡更加丰富。营养供应量需要随着饲养周龄和应激状况调整，在炎热和亚健康状态需要增加5%～10%的额外补充量以维持种蛋质量。

种鸡饲料以玉米-豆粕-石粉-预混料为基础，应严格监控原料中霉菌颗粒和水分含量。种鸡饲料应慎重添加非常规饲料原料，保障饲料中氨基酸成分符合种鸡需要，避免不可控的抗营养因子含量超出种鸡耐受，影响精子活力、数量，以及种蛋营养和母鸡受精能力。

（二）饲养方式和饲养密度

①新杨黑羽蛋鸡种鸡不适宜平养或本交笼养。人工授精种鸡每个单笼饲养母鸡2～3只，单笼饲养4只及以上母鸡不方便人工授精。

②种母鸡因受伤或疾病淘汰后，如果出现1个笼只剩1只母鸡或空笼，需仔细检查笼具，看是否有饮水困难或粪便粘笼。如有需要，首先修理饮水器和笼具。

③及时对死亡母鸡鸡笼进行带鸡消毒。

④不要为了方便喂料合并鸡群，也不要为了方便人工授精合并鸡笼。笼中母鸡剩下1只时，从相邻3只母鸡的笼中取1只母鸡与其合并。产蛋后期如果鸡群数量下降，不要试图为了人工授精工作方便，将鸡舍的部分区域空出。

（三）健康管理

种鸡应保持鸡白血病病毒、鸡白痢沙门氏菌、鸡毒支原体和滑液囊支原体净化水平。通过生物安全隔离技术减少外源传染病传入是保障种鸡健康的基础，所有适用于商品代鸡的疾病控制程序种鸡都可使用。

区别于商品代鸡生产的技术流程，种鸡需要适时进行垂直传播疾病的检测。

①免疫鸡毒支原体活苗和灭活苗。

②在126日龄前进行白痢沙门氏菌血平板凝集试验普检，淘汰阳性个体。

③从育雏期开始，每月以 PCR 法抽检滑液囊支原体核酸。一旦发现有阳性个体，及时应用抗生素治疗 1 个疗程（5d）后进行 PCR 检测。如果 1 个疗程不能完全净化，更换抗生素继续治疗，直至 PCR 抽检全部为阴性。尽量在预产期前完成 MS 净化，产蛋期慎重使用抗生素治疗。

二、人工授精管理

（一）人工授精器具

人工授精需要配备保温杯、温度计、输精管、储精管、消毒锅和干燥箱。输精管和储精管需要在使用前沸水消毒 5min 后干燥使用。

人工授精结束后应及时清洗器具，并用纱布包好，放置于专用柜中。

人工授精器具应保存在清洁区的专用柜中，避免鸡舍粉尘和微生物污染。

（二）种公鸡训练

挑选保留体格健壮、体重达标、雄性特征明显的种公鸡用于人工授精。

采精前 1 周剪去公鸡泄殖孔周围的羽毛，采精人员采用背腹式按摩法训练，右手从翅膀根部到尾部快速轻抚 2～3 次，然后将泄殖腔两侧的皮肤向外捋，使泄殖腔外翻，食指和拇指轻捏泄殖腔两侧，轻轻抖动按摩，让精液自然流出。

每两天训练一次，显微镜检测第三次训练后的精液，淘汰精子活力较低的公鸡。

公鸡群体精液量或精子浓度较低时，应加强公鸡营养，可在饲料中添加维生素 E，或同时添加煮熟的鸡蛋粉。

（三）精液采集和保存

精液采集前调试保温杯水温，保温杯保温效果需要满足 36℃ 30min 内下降不超过 0.5℃。公鸡精液采集后吸取精液存于 36℃保温杯水浴保温的储精管中。

每只公鸡每周采精 3～5 次。

采精员和采精时间相对固定。采精时应防止精液污染，按摩应轻柔，力度要适中，避免用力过猛引起生殖器官出血而污染精液。采精时如发现混有血液或精液稀薄，应将公鸡挑出，暂停使用；如不慎混入粪便、羽屑或其他污物，应将精液废弃。

（四）输精

鸡舍开灯 10h 后可进行母鸡人工输精。输精前收集种蛋。

输精时由两人操作，一人翻肛，一人输精。翻肛员用右手握住母鸡双腿，稍提起，左手拇指和食指在腹部施以压力，使母鸡的泄殖腔外翻。输精员用输精管吸取定量精液后插入输卵管 2.0～3.0cm 处，翻肛人员立即解除左手对鸡腹部的压力，输精员将精液挤出，精液挤出后不要放松输精管，避免输精管回吸精液，待拔出后再放松。拔出输精管时，滴头不可带有精液，若有精液，要重复输一次。三层以上笼具输精时，输精人员需借助平台车登高进行输精。

原精液每只每次 0.020～0.030mL。输精时如出现泄殖腔粪便排出污染输精器具，应消毒重新输精。储精管内的精液需在 30min 内输完，不能输完的精液废弃。

当天计划的鸡群输精任务完成后，检查输精后产蛋的鸡笼，对产蛋鸡笼内的母鸡重新输精 1 次。

输精间隔以种蛋受精率为依据，一般 23～45 周龄的母鸡 5～6d 输精一次，大于 45 周龄的母鸡 4～5d 输精一次。受精率高于 98%时，输精间隔天数可延长 1d；受精率低于 93%时，输精间隔应减少 1d。

三、孵化管理

孵化厂的生物安全级别需高于种鸡场。孵化厂远离交通干道，附近杜绝饲养和销售家禽、外来鲜蛋销售。保持蛋库、孵化箱、出雏箱、孵化大厅、疫苗准备室和苗鸡储存室的清洁卫生是生产优质健雏的保障。

（一）孵化管理从种蛋保存管理开始

种蛋产出后，种蛋保存温度超过 24℃时胚胎继续发育，保存温度低于 23℃时胚胎停止发育。为了获得一致的出雏时间和种蛋孵化率，种蛋收集后应及时对种蛋消毒并入蛋库低温（低于 21℃）保存。

适时收集和保存种蛋是高孵化率的基础。母鸡最早可在开灯 1h 后产蛋。产蛋高峰期，母鸡产蛋时间较集中，开灯后 8h 内产蛋可达全部产蛋的 90%以上。随着日龄增长或产蛋率下降，下午产蛋量逐步上升。

种蛋收集次数根据鸡舍温度和产蛋率调整。鸡舍最高温度低于 22℃时，可以 1d 收集种蛋 1 次；鸡舍最高温超过 23℃时，应收集种蛋多次。夏季产蛋高峰期可在开灯后 5h、8h 和 14h 分三次收集、消毒和低温保存种蛋，高峰后期应在开灯后 5h、8h、11h 和 14h 分四次收集、消毒和低温保存种蛋。

种蛋气室在钝端（大头）有利于胚胎发育。种蛋保存和孵化时需要保持大头朝上，仔细检查种蛋放置状态，不得平放或小头朝上放置。

（二）孵化管理指标

孵化管理的指标包括入孵蛋活胚率、受精蛋孵化率、活胚蛋健雏率、入孵蛋出雏率、健雏率和入孵蛋健苗比。其中，入孵蛋健苗比是孵化管理的综合指标，是做入孵计划的主要依据。

受精蛋是有胚胎的种蛋，其中孵化 7d 时存活的胚胎为活胚。在孵化期内能够自主出壳的雏鸡计算在雏鸡总数量内，其中没有发育缺陷的雏鸡为健雏，没有发育缺陷的母雏为可销售母雏。

孵化率＝出雏数量/入孵蛋数量

受精率＝受精蛋数量/入孵蛋数量

入孵蛋活胚率＝活胚蛋数量/入孵蛋数量

受精蛋孵化率＝受精蛋数量/入孵蛋数量

活胚蛋健雏率＝健雏数量/活胚蛋数量

入孵蛋出雏率＝雏鸡数量/入孵蛋数量

健雏率＝健雏数量/雏鸡数量

入孵蛋健雏比＝可销售母雏数量/入孵蛋数量

建立系统的鸡群批次和孵化批次的孵化管理指标统计，分析各指标的变化曲线和指标间的关系，探索提高入孵蛋健雏比的途径，有利于提高孵化管理技术水平。

（三）孵化箱管理

孵化箱管理主要包括温度、湿度、风门和翻蛋参数的管理，需要通过观察胚胎发育状况调整各项参数。通过观察孵化第 5、10 和 17 天的胚胎发育情况，对发育异常的种蛋根据异常的情况修改下一批次孵化的参数和管理措施，提高胚胎管理质量。

(四) 孵化第5天

正常情况下，种蛋上1/3蛋面布有血管，可见黑色眼睛(“起珠”)。以下状态属于胚胎发育异常。

1. 发育略快，血管有出血现象，死胚蛋增多　一般是孵化温度较高造成。

2. 发育略慢，死胚蛋较少　一般是孵化温度较低造成。

3. 死胚蛋多，气室大，有血线血环，甚至散黄　一般是种蛋保存时间较长或保存不当。

4. 胚胎在小头发育　种蛋保存和孵化位置不正确，小头朝上造成。

5. 胚胎发育参差不齐　孵化箱内温差大，或种蛋来源差异较大。

6. 死胚胎多，且死亡时间不集中，裂纹蛋多，气室可动　种蛋运输过程中受到剧烈震动导致系带断裂，或种蛋受冻。

(五) 孵化第10天

正常情况下，尿囊血管在小头“合拢”，除气室外，整个蛋面均布满血管，正面血管粗，背面血管细。以下状态属于胚胎发育异常。

1. 尿囊血管提前“合拢”，死亡率较高　一般是孵化温度偏高所致。

2. 尿囊血管“合拢”推迟，死亡率较低　一般是孵化温度偏低，湿度过大所致，或种鸡偏老。

3. 尿囊血管未“合拢”，小头尿囊血管充血严重，部分血管破裂，死亡率高　是孵化温度过高所致。

4. 尿囊血管未“合拢”，但不充血　由于温度过低，通风不良，翻蛋异常，种鸡偏老或营养缺乏所致。

5. 胚胎发育差异大，部分胚蛋血管充血，死胎偏多　由于孵化箱内温度差异大，局部超温所致。

6. 胚胎发育快慢不一，血管不充血　由于种蛋贮存时间差异所致。

7. 胚胎头位于鸡蛋锐端（小头）　由于种蛋贮存时大头朝下或平放所致。

8. 孵蛋爆裂，散发恶臭气味　由于种蛋有裂缝，种蛋是脏蛋或孵化环境污染。

（六）孵化第 17 天

第 17 天时以小头对准光源照蛋，小头再也看不到发亮部分或仅有少许发亮，俗称“封门”。以下状态属于胚胎发育异常。

1. “封门”滞后　是由孵化温度偏低或湿度偏高所致。

2. “封门”提前，血管充血　是由孵化温度偏高所致。

3. 不“封门”　原因较多，如温度过高或过低，翻蛋不正常，通风不良，种鸡偏老或饲料营养不全。

（七）出雏箱管理

种蛋孵化到约 19.5d 是啄壳高峰，20d 是出壳高峰。通过观察啄壳、出雏高峰期和雏鸡健康状况分析合适的出雏箱参数设计。

1. 啄壳检查　啄口位置应在蛋的中线与钝端之间，啄口呈“梅花”状清洁小裂缝。若在小头啄壳，说明胎位不正；若啄壳的位置在近钝端的区域，说明雏鸡通过小的气室来啄壳，湿度可能偏大；若啄口有血液流出，可能温度过高。

2. 出雏高峰时间检查　若出雏高峰提前或推迟，温度可能偏高或偏低。若无明显出雏高峰期，可能与机内温差大、种蛋贮存时间明显不一或种蛋源于不同鸡龄的种鸡等有关。

3. 雏鸡检查　主要包括观察雏鸡活力及结实程度，体重大小，卵黄吸收情况，绒毛色泽、长短及整齐度，喙、脚、跗部的表现等。

（1）粘绒毛（“胶毛”）　一般为温度过高或过低，翻蛋异常，或种蛋贮存期过长。

（2）雏鸡出壳拖延、软弱无力、腹大、脐收不全　温度偏低或湿度过大所致。

（3）雏鸡干瘪，有的脐带充血拖在外面，卵黄吸收不良　一般是整个孵化期温度偏高所致。

（4）跗部色红　出壳困难的表现，出雏箱缺氧，或种蛋营养缺乏。

（5）腿脚皱缩、腿部静脉血管突出或口内组织色深且异常干燥　出雏箱湿度过低，或雏鸡在出雏机内停留时间过长。

（6）雏鸡喘息　温度过高、缺氧或传染病。

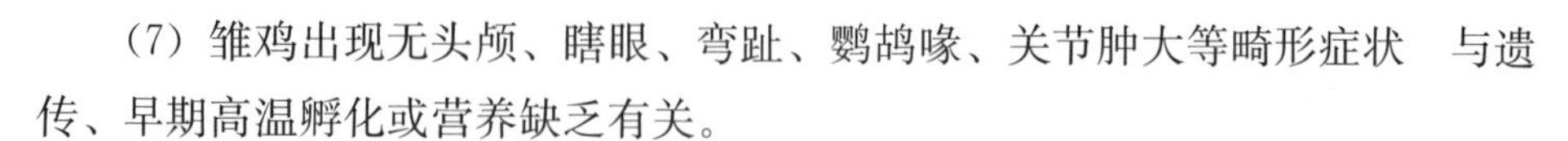

（7）雏鸡出现无头颅、瞎眼、弯趾、鹦鹉喙、关节肿大等畸形症状 与遗传、早期高温孵化或营养缺乏有关。

（八）雏鸡管理

雏鸡管理需要专人负责，并建立台账，记录入孵种蛋数量、受精率、活胚率、落盘蛋数量、出雏鸡数和健康母雏数量，统计孵化率、受精率和蛋雏比等指标，与种鸡场建立受精率和活胚率等孵化指标，给予种鸡种蛋管理相关数据支撑。

新杨黑羽蛋鸡商品代雏鸡可快慢羽自别雌雄。雏鸡捡出后观察雏鸡羽速，快羽为母雏，慢羽为公雏，分不清是快羽还是慢羽的雏鸡作为公雏。孵化厂自查应制定严格标准，快慢羽自别准确率99.5%以上为合格。

雌雄鉴别时淘汰“胶毛”、软弱无力、腹大、脐收不全、干瘪、跗部色红和畸形雏鸡。清点雏鸡数量，进行马立克氏病疫苗和传染性法氏囊疫苗免疫。马立克氏病疫苗保存和配置需要专人负责，并建立台账，记录液氮高度、疫苗贮存的批号和数量、疫苗使用批号和数量。

可销售雏鸡应贮存于保温保湿和通气的房间内，雏鸡盒距离地面10cm以上，室温24～28℃，相对湿度60%～80%。雏鸡保存期间应观察雏鸡和垫子状态，如雏鸡出汗（表现为雏鸡绒毛潮湿）说明贮存空间温度过高；雏鸡体温低于手感温度说明雏鸡贮存温度过低。雏鸡垫子干燥说明湿度过低，雏鸡垫子潮湿说明湿度过高。

参 考 文 献

呙于明，2016. 家禽营养［M］. 3 版 . 北京：中国农业大学出版社 .
李保明，2015. 设施农业工程工艺及建筑设计（农业工程类专业用）［M］. 北京：中国农业出版社 .
李红，易建中，刘成倩，等，2016. 种蛋感染蜡状芽孢杆菌的分离鉴定及其药敏试验[J]. 上海农业学报，32（4）：87-91.
陆军，严华祥，夏兆鑫，等，2014. “新杨黑”蛋鸡配套系商品代中试生产性能调查[J]. 国外畜牧学（猪与禽），34（12）：56-58.
吴常信，2016. 动物遗传学［M］. 2 版 . 北京：高等教育出版社 .
严华祥，蔡霞，徐志刚，2014. 贵妃鸡与高产蛋鸡杂交后代性能观察[J]. 中国家禽，36（22）：8-11.
严华祥，蔡霞，徐志刚，2015. 高产蛋鸡 100 周龄生产性能观察[J]. 中国畜牧杂志，51（6）：85-89.
严华祥，蔡霞，徐志刚，2015. 贵妃鸡的蛋用性能研究[J]. 上海农业学报，31（2）：35-39.
颜瑶，谢承光，徐志刚，等，2019. 新杨黑羽蛋鸡育雏育成期生长发育规律研究[J]. 上海农业学报，35（1）：64-70.
杨宁，2010. 家禽生产学［M］. 2 版 . 北京：中国农业出版社 .
周广宏，2002. 畜产食品加工学［M］. 北京：中国农业大学出版社 .
Michael T. Madigan，John M. Martinko，et al.，2009. Brock 微生物生物学［M］. 李明春，杨文博，主译 . 11 版 . 北京：科学出版社 .
Y. M. Saif，2012. 禽病学［M］. 苏敬良，高福，索勋，主译 . 12 版 . 北京：中国农业出版社 .

附　　录

附表 1　新杨黑羽蛋鸡培育过程中涉及蛋鸡品种品系名称和来源简介

品种名称	品系代号	用途	来源
贵妃鸡	G	配合力测定用种公鸡、配套系父本	上海市奉贤种禽场、江苏省家禽科学研究所
洛岛红鸡	A、B、BA	配合力测定用种母鸡	新杨褐壳蛋鸡父本
洛岛白鸡	CD	配合力测定用种母鸡	海兰褐壳蛋鸡父母代母鸡
洛岛红鸡	RA	配套系母本父系	洛岛红鸡 B 系
洛岛红鸡	RB	配合力测定用种母鸡，配套系母本母系	海兰褐壳蛋鸡父本
洛岛红鸡	RAB、RBA	配合力测定用种母鸡	RA 与 RB 杂交后代，字母在前的为公鸡品系
白来航鸡	HCD	配合力测定用种母鸡	海兰白壳蛋鸡父母代母鸡

附表 2　新杨黑羽蛋鸡父母代产蛋期生产性能

周龄	产蛋率（%）	死亡率（%）	饲养日产蛋数（枚）		入舍鸡产蛋数（枚）		入舍鸡种蛋数（枚）		孵化率（%）	入舍鸡出母雏数（只）	
			本周	累计	本周	累计	本周	累计		本周	累计
19	2	0.2	0.1	0.1	0.1	0.1					
20	20	0.3	1.2	1.3	1.2	1.3					
21	37	0.4	2	3.3	2	3.3					
22	56	0.5	3.6	6.9	3.6	6.8					
23	79	0.6	5.3	12.1	5.2	12					
24	88	0.7	6.1	18.2	6	18.1					
25	91	0.9	6.3	24.5	6.2	24.3	4.5	4.5	75	1.7	1.7
26	92	1	6.4	30.9	6.3	30.6	5	9.5	76	1.9	3.6
27	94	1.1	6.4	37.3	6.4	37	5.3	14.8	77	2	5.6
28	94	1.2	6.5	43.8	6.4	43.4	5.5	20.4	80	2.2	7.9
29	94	1.4	6.5	50.3	6.4	49.9	5.8	26.1	82	2.4	10.2
30	94	1.5	6.5	56.8	6.4	56.3	5.8	32	84	2.5	12.7

（续）

周龄	产蛋率（%）	死亡率（%）	饲养日产蛋数（枚）		入舍鸡产蛋数（枚）		入舍鸡种蛋数（枚）		孵化率（%）	入舍鸡出母雏数（只）	
			本周	累计	本周	累计	本周	累计		本周	累计
31	93	1.6	6.5	63.4	6.4	62.7	5.9	37.9	84	2.5	15.1
32	93	1.8	6.5	69.9	6.4	69.1	5.9	43.8	85	2.5	17.7
33	93	1.9	6.5	76.4	6.4	75.5	6	49.8	85	2.5	20.2
34	92	2.1	6.4	82.8	6.3	81.8	6	55.8	85	2.5	22.8
35	92	2.2	9.4	89.3	6.3	88.1	6	61.8	85	2.6	25.3
36	92	2.4	6.4	95.7	6.3	94.3	6	67.8	85	2.6	27.9
37	91	2.5	6.4	102.1	6.2	100.6	6	73.8	85	2.6	30.4
38	91	2.7	6.4	108.4	6.2	106.8	6	79.8	86	2.6	33
39	91	2.8	6.4	114.8	6.2	112.9	5.9	85.7	86	2.6	35.5
40	90	3	6.3	121.1	6.1	119.1	5.9	91.6	85	2.5	38
41	90	3.2	6.3	127.4	6.1	125.2	5.9	97.5	84	2.5	40.5
42	90	3.3	6.2	133.6	6	131.2	5.8	103.2	84	2.4	42.9
43	88	3.5	6.2	139.8	5.9	137.1	5.7	108.9	84	2.4	45.3
44	87	3.7	6.1	145.9	5.9	143	5.6	114.6	84	2.4	47.7
45	85	3.8	6	151.9	5.7	148.7	5.7	120.3	83	2.3	50
46	85	3.9	6	157.9	5.7	154.4	5.7	126	83	2.3	52.3
47	84.5	4	5.9	163.8	5.7	160.1	5.7	131.7	83	2.3	54.6
48	84	4.1	5.9	169.7	5.6	165.7	5.6	137.3	82	2.2	56.8
49	83.5	4.2	5.8	175.5	5.6	171.3	5.6	142.9	82	2.2	59
50	83	4.3	5.8	181.3	5.6	176.9	5.5	148.4	81	2.1	61.1
51	82.5	4.4	5.8	187.1	5.5	182.4	5.5	153.9	81	2.1	63.2
52	82	4.5	5.7	192.8	5.5	187.9	5.5	159.4	80	2.1	65.3
53	81.5	4.6	5.7	198.5	5.4	193.3	5.4	164.8	80	2.1	67.4
54	81	4.7	5.7	204.2	5.4	198.7	5.4	170.2	79	2	69.4
55	80.5	4.8	5.6	209.8	5.4	204.1	5.4	175.6	79	2	71.4
56	80	4.9	5.6	215.4	5.3	209.4	5.3	180.9	78	2	73.4
57	79.5	5	5.6	221	5.3	214.7	5.3	186.2	78	2	75.4
58	79	5.1	5.5	226.5	5.2	219.9	5.2	191.4	77	1.9	77.3

（续）

周龄	产蛋率（%）	死亡率（%）	饲养日产蛋数（枚）		入舍鸡产蛋数（枚）		入舍鸡种蛋数（枚）		孵化率（%）	入舍鸡出母雏数（只）	
			本周	累计	本周	累计	本周	累计		本周	累计
59	78.5	5.2	5.5	232	5.2	225.1	5.2	196.6	76	1.9	79.2
60	78	5.3	5.5	237.5	5.2	230.3	5.1	201.7	76	1.9	81.1
61	77.5	5.4	5.4	242.9	5.1	235.4	5.1	206.8	75	1.8	82.9
62	77	5.5	5.4	248.3	5.1	240.5	5.1	211.9	74	1.8	84.7
63	76.5	5.6	5.4	253.7	5.1	245.6	5	216.9	73	1.7	86.4
64	76	5.7	5.3	259	5	250.6	4.9	221.8	72	1.7	88.1
65	75.5	5.8	5.3	264.3	5	255.6	4.9	226.7	72	1.7	89.8
66	75	5.9	5.3	269.6	4.9	260.5	4.8	231.5	71	1.6	91.4
67	74.5	6	5.2	274.8	4.9	265.4	4.8	236.3	71	1.6	93
68	74	6.1	5.2	280	4.9	270.3	4.7	241	71	1.6	94.6
69	74	6.1	5.2	285.2	5	275.3	4.9	245.9	72	1.7	96.3
70	73.5	6.2	5.1	290.3	4.9	280.2	4.8	250.7	71	1.6	97.9
71	73.3	6.3	5.1	295.4	4.9	285.1	4.8	255.5	71	1.6	99.5
72	72.8	6.4	5.1	300.5	4.9	290	4.7	260.2	71	1.6	101.1

附表 3　新杨黑羽蛋鸡商品代产蛋期生产性能

周龄	存栏鸡产蛋率（%）	母鸡死亡率（%）	存栏母鸡周产蛋数（枚）	存栏母鸡累计产蛋数（枚）	入舍母鸡累计产蛋数（枚）	平均蛋重（g）	入舍母鸡累计产蛋量（kg）
19	15	0.1	1.1	1.0	1.1	37	0.0
20	50	0.15	3.5	4.5	4.5	39	0.2
21	61.9	0.2	4.3	8.9	8.9	40	0.3
22	80.8	0.25	5.7	14.5	14.5	42	0.6
23	87.7	0.3	6.1	20.7	20.6	43	0.9
24	89.6	0.35	6.3	26.9	26.9	44.3	1.1
25	90	0.4	6.3	33.2	33.2	45.6	1.4
26	91.5	0.45	6.4	39.7	39.5	45.9	1.7

（续）

周龄	存栏鸡产蛋率（%）	母鸡死亡率（%）	存栏母鸡周产蛋数（枚）	存栏母鸡累计产蛋数（枚）	入舍母鸡累计产蛋数（枚）	平均蛋重（g）	入舍母鸡累计产蛋量（kg）
27	94	0.5	6.6	46.2	46.1	46.2	2.0
28	93.5	0.55	6.5	52.8	52.6	46.5	2.3
29	92.5	0.6	6.5	59.3	59.0	46.8	2.6
30	92	0.65	6.4	65.7	65.4	47.1	2.9
31	91.5	0.7	6.4	72.1	71.8	47.4	3.2
32	91	0.75	6.4	78.5	78.1	47.7	3.5
33	90	0.8	6.3	84.8	84.4	48	3.8
34	89.5	0.85	6.3	91.0	90.6	48.3	4.1
35	88	0.9	6.2	97.2	96.7	48.6	4.4
36	87.5	0.95	6.1	103.3	102.7	48.9	4.7
37	87	1	6.1	109.4	108.8	49.2	5.0
38	86.5	1.05	6.1	115.5	114.8	49.5	5.3
39	86	1.1	6.0	121.5	120.7	49.8	5.6
40	85.5	1.15	6.0	127.5	126.6	50.1	5.9
41	85	1.2	6.0	133.4	132.5	50.4	6.2
42	84.5	1.25	5.9	139.3	138.3	50.7	6.5
43	84	1.3	5.9	145.2	144.2	51	6.8
44	83.5	1.35	5.8	151.1	149.9	51.3	7.1
45	83	1.4	5.8	156.9	155.6	51.5	7.4
46	82.5	1.45	5.8	162.64	161.3	51.7	7.7
47	82	1.5	5.7	168.38	167.0	51.9	8.0
48	81.5	1.55	5.7	174.09	172.6	52.1	8.3

（续）

周龄	存栏鸡产蛋率（%）	母鸡死亡率（%）	存栏母鸡周产蛋数（枚）	存栏母鸡累计产蛋数（枚）	入舍母鸡累计产蛋数（枚）	平均蛋重（g）	入舍母鸡累计产蛋量（kg）
49	81	1.6	5.7	179.76	178.2	52.3	8.6
50	80.5	1.7	5.6	185.39	183.7	52.5	8.9
51	80	1.8	5.6	190.99	189.2	52.7	9.2
52	79.5	1.9	5.6	196.56	194.7	52.8	9.5
53	79.2	2	5.5	202.10	200.1	52.9	9.8
54	79	2.1	5.5	207.63	205.5	52.9	10.1
55	78.8	2.2	5.5	213.15	210.9	52.9	10.4
56	78.4	2.3	5.5	218.64	216.3	53	10.7
57	78	2.4	5.5	224.10	221.6	53	11.0
58	77.6	2.5	5.4	229.53	226.9	53	11.3
59	77.2	2.6	5.4	234.93	232.2	53.1	11.5
60	76.7	2.7	5.4	240.30	237.4	53.1	11.8
61	76.3	2.85	5.3	245.64	242.6	53.1	12.1
62	75.9	3	5.3	250.96	247.7	53.2	12.4
63	75.5	3.15	5.3	256.24	252.9	53.2	12.7
64	75.1	3.3	5.3	261.50	257.9	53.2	13.0
65	74.7	3.45	5.2	266.73	263.0	53.3	13.2
66	74.3	3.6	5.2	271.93	268.0	53.3	13.5
67	73.7	3.75	5.2	277.09	273.0	53.3	13.8
68	73.2	3.9	5.1	282.21	277.9	53.4	14.1
69	72.7	4.05	5.1	287.30	282.8	53.4	14.3
70	72.2	4.2	5.1	292.35	287.6	53.4	14.6
71	71.7	4.35	5.0	297.37	292.4	53.5	14.9
72	71.2	4.5	5.0	302.36	297.2	53.5	15.1

附表 4　45 周龄屠宰试验测定新杨黑羽蛋鸡饲养方式、各器官与蛋重的相关性分析

	体重	十二指肠	空肠	回肠	盲肠	结直肠	肠道重	腺胃	肌胃	肝脏	脾脏	心脏	卵巢	腹脂	输卵管重	输卵管长	蛋黄重	蛋清重	蛋重	蛋壳强度	蛋白高度	哈氏单位	蛋黄颜色
喂料方式	0.27	0.25	−0	0.13	0.18	0.04	0.28 *	−0.1	0.11	0.32 *	0.04	0.11	−0.2	−0.1	0.01	−0.2	0.24	0.1	0.25	0.38**	0.07	0	0.27
体重	1	0.15	0.01	0.31 *	0.14	0.14	0.57**	0.27	0.17	0.13	−0	0.26	−0.1	0.29 *	−0	0.02	0.56**	0.51**	0.54**	−0.1	0.2	0.08	0.18
十二指肠	0.15	1	0.01	0	−0.1	−0.1	0.28 *	−0.1	−0.1	0.35 *	0.15	0.06	−0.2	−0	0.02	−0.2	−0.1	−0.1	−0.2	0.35 *	−0.1	0	0.29 *
空肠	0.01	0.01	1	0.06	0.16	0.05	−0	−0.2	−0.3	−0.29 *	−0.2	−0.2	−0.1	−0.36 *	0.15	0.03	−0	0.03	−0	0.2	−0.1	−0.1	−0.1
回肠	0.31 *	0	0.06	1	0.28	0.374**	0.05	−0.3	−0	0.07	−0.1	0.09	−0.1	0.04	0.18	0.06	0.15	0.16	0.14	−0.1	0.12	0.09	0.01
盲肠	0.14	−0.1	0.16	0.28	1	0.35 *	0.04	−0.2	0	−0.1	−0.29 *	0.27	−0.2	−0.1	−0.1	−0	0	−0.1	0.07	−0.1	−0.1	−0.2	0.16
结直肠	0.14	−0.1	0.05	0.37**	0.35 *	1	0.19	0.06	0.09	0	−0	−0	−0	0.07	0.04	0.11	0.2	0.02	0.09	−0.1	−0.1	−0.1	0.15
肠道重	0.58**	0.28 *	−0	0.05	0.04	0.19	1	0.26	0.24	0.2	0.27	0	0	0.21	−0.1	0	0.53**	0.43**	0.53**	0.07	0.14	0.01	0.41**
腺胃	0.27	−0.1	−0.2	−0.3	−0.2	0.06	0.25	1	0.14	0.18	0	−0.1	−0	0.01	−0.2	0.04	0.25	0.30 *	0.31 *	−0.1	0.17	0.09	0
肌胃	0.17	−0.1	−0.3	−0	0	0.09	0.24	0.15	1	0.34**	0.40**	0.15	0.14	0.21	0.46**	0.18	0.26	0.22	0.34 *	0.18	0.08	−0	0.12
肝脏	0.13	0.35 *	−0.29 *	0.08	−0.1	0.01	0.21	0.18	0.4**	1	0.27	0.22	0.04	−0	0.1	−0.1	0.16	0.29 *	0.24	0.13	0.23	0.2	0.26
脾脏	−0	0.16	−0.2	−0.1	−0.29 *	−0.1	0.28	0	0.40**	0.27	1	0.08	0.19	0.31 *	0.27	−0	0.16	0.12	0.12	0.19	0.09	0.07	0.17
心脏	0.26	0.06	−0.2	0.09	0.27	−0	0	−0.1	0.16	0.22	0.08	1	0.44**	0.43**	0.19	0.12	0.14	0.15	0.13	0.06	0.19	0.15	−0
卵巢	−0.1	−0.2	−0.1	−0.1	−0.2	−0	0.01	−0	0.14	0.04	0.19	0.44**	1	0.36 *	0.14	0.30 *	0.08	0.23	0.14	0.09	0.11	0.07	0.03
腹脂	0.29 *	−0.1	−0.36 *	0.04	−0.1	0.07	0.22	0.01	0.22	−0	0.31 *	0.43**	0.36 *	1	0.06	0.19	0.32 *	0.21	0.18	0	0.01	−0	0.29 *
输卵管重	−0	0.02	0.15	0.18	−0.1	0.04	−0.1	−0.2	0.46**	0.11	0.28	0.19	0.14	0.06	1	0.36 *	0.04	0.05	0.03	0.22	0.08	0.1	−0.1
输卵管长	0.02	−0.2	0.03	0.07	−0	0.12	0	0.04	0.18	−0.1	−0	0.12	0.31 *	0.19	0.36 *	1	0.16	0.14	0.18	0.01	0.05	0.01	0
蛋黄重	0.56**	−0.1	−0	0.15	0	0.2	0.53**	0.26	0.26	0.16	0.16	0.14	0.08	0.32 *	0.04	0.16	1	0.56**	0.81**	0.15	0.34 *	0.12	0.31 *
蛋清重	0.51**	−0.1	0.03	0.16	−0.1	0.03	0.44**	0.30 *	0.22	0.29 *	0.12	0.15	0.23	0.21	0.05	0.14	0.56**	1	0.8**	−0.1	0.55**	0.38**	0.24
蛋重	0.54**	−0.2	−0	0.15	0.07	0.09	0.54**	0.31 *	0.35 *	0.24	0.12	0.13	0.14	0.18	0.03	0.18	0.81**	0.8**	1	0.06	0.52**	0.26	0.25
蛋壳强度	−0.1	0.35 *	0.21	−0.1	−0.1	−0.1	0.07	−0.1	0.18	0.14	0.19	0.05	0.09	0	0.22	0.01	0.15	−0.1	0.06	1	−0.1	−0.2	0.11
蛋白高度	0.21	−0.1	−0.1	0.13	−0.2	−0.1	0.15	0.17	0.08	0.23	0.09	0.19	0.11	0.01	0.08	0.05	0.34 *	0.55**	0.52**	−0.1	1	0.95**	0.21
哈氏单位	0.08	−0	−0.1	0.1	−0.2	−0.1	0.02	0.1	−0	0.2	0.07	0.15	0.07	−0	0.1	0.01	0.12	0.37**	0.26	−0.2	0.96**	1	0.16
蛋黄颜色	0.18	0.29 *	−0.1	0.02	0.17	0.15	0.41**	0	0.12	0.26	0.17	−0	0.03	0.29 *	−0.1	0	0.31 *	0.24	0.26	0.11	0.21	0.16	1

* 显著性相关（$P<0.05$），* * 极显著相关（$P<0.01$）。

附表 5　多基因决定的性状基因型效应模拟

基　因　型	基因值	基　因　型	基因值
A11B11C11D11E11F11	0	A12B12C11D11E11F11	1
A11B11C11D11E11F12	0.5	A22B11C11D11E11F11	1
A11B11C11D11E12F11	0.5	A11B11C11D11E12F22	1.5
A11B11C11D12E11F11	0.5	A11B11C11D11E22F12	1.5
A11B11C12D11E11F11	0.5	A11B11C11D12E11F22	1.5
A11B12C11D11E11F11	0.5	A11B11C11D12E12F12	1.5
A12B11C11D11E11F11	0.5	A11B11C11D12E22F11	1.5
A11B11C11D11E11F22	1	A11B11C11D22E11F12	1.5
A11B11C11D11E12F12	1	A11B11C11D22E12F11	1.5
A11B11C11D11E22F11	1	A11B11C12D11E11F22	1.5
A11B11C11D12E11F12	1	A11B11C12D11E12F12	1.5
A11B11C11D12E12F11	1	A11B11C12D11E22F11	1.5
A11B11C11D22E11F11	1	A11B11C12D12E11F12	1.5
A11B11C12D11E11F12	1	A11B11C12D12E12F11	1.5
A11B11C12D11E12F11	1	A11B11C12D22E11F11	1.5
A11B11C12D12E11F11	1	A11B11C22D11E11F12	1.5
A11B11C22D11E11F11	1	A11B11C22D11E12F11	1.5
A11B12C11D11E11F12	1	A11B11C22D12E11F11	1.5
A11B12C11D11E12F11	1	A11B12C11D11E11F22	1.5
A11B12C11D12E11F11	1	A11B12C11D11E12F12	1.5
A11B12C12D11E11F11	1	A11B12C11D11E22F11	1.5
A11B22C11D11E11F11	1	A11B12C11D12E11F12	1.5
A12B11C11D11E11F12	1	A11B12C11D12E12F11	1.5
A12B11C11D11E12F11	1	A11B12C11D22E11F11	1.5
A12B11C11D12E11F11	1	A11B12C12D11E11F12	1.5
A12B11C12D11E11F11	1	A11B12C12D11E12F11	1.5

（续）

基　因　型	基因值	基　因　型	基因值
A11B12C12D12E11F11	1.5	A11B11C11D11E22F22	2
A11B12C22D11E11F11	1.5	A11B11C11D12E12F22	2
A11B22C11D11E11F12	1.5	A11B11C11D12E22F12	2
A11B22C11D11E12F11	1.5	A11B11C11D22E11F22	2
A11B22C11D12E11F11	1.5	A11B11C11D22E12F12	2
A11B22C12D11E11F11	1.5	A11B11C11D22E22F11	2
A12B11C11D11E11F22	1.5	A11B11C12D11E12F22	2
A12B11C11D11E12F12	1.5	A11B11C12D11E22F12	2
A12B11C11D11E22F11	1.5	A11B11C12D12E11F22	2
A12B11C11D12E11F12	1.5	A11B11C12D12E12F12	2
A12B11C11D12E12F11	1.5	A11B11C12D12E22F11	2
A12B11C11D22E11F11	1.5	A11B11C12D22E11F12	2
A12B11C12D11E11F12	1.5	A11B11C12D22E12F11	2
A12B11C12D11E12F11	1.5	A11B11C22D11E11F22	2
A12B11C12D12E11F11	1.5	A11B11C22D11E12F12	2
A12B11C22D11E11F11	1.5	A11B11C22D11E22F11	2
A12B12C11D11E11F12	1.5	A11B11C22D12E11F12	2
A12B12C11D11E12F11	1.5	A11B11C22D12E12F11	2
A12B12C11D12E11F11	1.5	A11B11C22D22E11F11	2
A12B12C12D11E11F11	1.5	A11B12C11D11E12F22	2
A12B22C11D11E11F11	1.5	A11B12C11D11E22F12	2
A22B11C11D11E11F12	1.5	A11B12C11D12E11F22	2
A22B11C11D11E12F11	1.5	A11B12C11D12E12F12	2
A22B11C11D12E11F11	1.5	A11B12C11D12E22F11	2
A22B11C12D11E11F11	1.5	A11B12C11D22E11F12	2
A22B12C11D11E11F11	1.5	A11B12C11D22E12F11	2

（续）

基　因　型	基因值	基　因　型	基因值
A11B12C12D11E11F22	2	A12B11C12D11E11F22	2
A11B12C12D11E12F12	2	A12B11C12D11E12F12	2
A11B12C12D11E22F11	2	A12B11C12D11E22F11	2
A11B12C12D12E11F12	2	A12B11C12D12E11F12	2
A11B12C12D12E12F11	2	A12B11C12D12E12F11	2
A11B12C12D22E11F11	2	A12B11C12D22E11F11	2
A11B12C22D11E11F12	2	A12B11C22D11E11F12	2
A11B12C22D11E12F11	2	A12B11C22D11E12F11	2
A11B12C22D12E11F11	2	A12B11C22D12E11F11	2
A11B22C11D11E11F22	2	A12B12C11D11E11F22	2
A11B22C11D11E12F12	2	A12B12C11D11E12F12	2
A11B22C11D11E22F11	2	A12B12C11D11E22F11	2
A11B22C11D12E11F12	2	A12B12C11D12E11F12	2
A11B22C11D12E12F11	2	A12B12C11D12E12F11	2
A11B22C11D22E11F11	2	A12B12C11D22E11F11	2
A11B22C12D11E11F12	2	A12B12C12D11E11F12	2
A11B22C12D11E12F11	2	A12B12C12D11E12F11	2
A11B22C12D12E11F11	2	A12B12C12D12E11F11	2
A11B22C22D11E11F11	2	A12B12C22D11E11F11	2
A12B11C11D11E12F22	2	A12B22C11D11E11F12	2
A12B11C11D11E22F12	2	A12B22C11D11E12F11	2
A12B11C11D12E11F22	2	A12B22C11D12E11F11	2
A12B11C11D12E12F12	2	A12B22C12D11E11F11	2
A12B11C11D12E22F11	2	A22B11C11D11E11F22	2
A12B11C11D22E11F12	2	A22B11C11D11E12F12	2
A12B11C11D22E12F11	2	A22B11C11D11E22F11	2

（续）

基 因 型	基因值	基 因 型	基因值
A22B11C11D12E11F12	2	A11B12C11D11E22F22	2.5
A22B11C11D12E12F11	2	A11B12C11D12E12F22	2.5
A22B11C11D22E11F11	2	A11B12C11D12E22F12	2.5
A22B11C12D11E11F12	2	A11B12C11D22E11F22	2.5
A22B11C12D11E12F11	2	A11B12C11D22E12F12	2.5
A22B11C12D12E11F11	2	A11B12C11D22E22F11	2.5
A22B11C22D11E11F11	2	A11B12C12D11E12F22	2.5
A22B12C11D11E11F12	2	A11B12C12D11E22F12	2.5
A22B12C11D11E12F11	2	A11B12C12D12E11F22	2.5
A22B12C11D12E11F11	2	A11B12C12D12E12F12	2.5
A22B12C12D11E11F11	2	A11B12C12D12E22F11	2.5
A22B22C11D11E11F11	2	A11B12C12D22E11F12	2.5
A11B11C11D12E22F22	2.5	A11B12C12D22E12F11	2.5
A11B11C11D22E12F22	2.5	A11B12C22D11E11F22	2.5
A11B11C11D22E22F12	2.5	A11B12C22D11E12F12	2.5
A11B11C12D11E22F22	2.5	A11B12C22D11E22F11	2.5
A11B11C12D12E12F22	2.5	A11B12C22D12E11F12	2.5
A11B11C12D12E22F12	2.5	A11B12C22D12E12F11	2.5
A11B11C12D22E11F22	2.5	A11B12C22D22E11F11	2.5
A11B11C12D22E12F12	2.5	A11B22C11D11E12F22	2.5
A11B11C12D22E22F11	2.5	A11B22C11D11E22F12	2.5
A11B11C22D11E12F22	2.5	A11B22C11D12E11F22	2.5
A11B11C22D11E22F12	2.5	A11B22C11D12E12F12	2.5
A11B11C22D12E11F22	2.5	A11B22C11D12E22F11	2.5
A11B11C22D12E12F12	2.5	A11B22C11D22E11F12	2.5
A11B11C22D12E22F11	2.5	A11B22C11D22E12F11	2.5
A11B11C22D22E11F12	2.5	A11B22C12D11E11F22	2.5
A11B11C22D22E12F11	2.5	A11B22C12D11E12F12	2.5

（续）

基 因 型	基因值	基 因 型	基因值
A11B22C12D11E22F11	2.5	A12B12C11D12E11F22	2.5
A11B22C12D12E11F12	2.5	A12B12C11D12E12F12	2.5
A11B22C12D12E12F11	2.5	A12B12C11D12E22F11	2.5
A11B22C12D22E11F11	2.5	A12B12C11D22E11F12	2.5
A11B22C22D11E11F12	2.5	A12B12C11D22E12F11	2.5
A11B22C22D11E12F11	2.5	A12B12C12D11E11F22	2.5
A11B22C22D12E11F11	2.5	A12B12C12D11E12F12	2.5
A12B11C11D11E22F22	2.5	A12B12C12D11E22F11	2.5
A12B11C11D12E12F22	2.5	A12B12C12D12E11F12	2.5
A12B11C11D12E22F12	2.5	A12B12C12D12E12F11	2.5
A12B11C11D22E11F22	2.5	A12B12C12D22E11F11	2.5
A12B11C11D22E12F12	2.5	A12B12C22D11E11F12	2.5
A12B11C11D22E22F11	2.5	A12B12C22D11E12F11	2.5
A12B11C12D11E12F22	2.5	A12B12C22D12E11F11	2.5
A12B11C12D11E22F12	2.5	A12B22C11D11E11F22	2.5
A12B11C12D12E11F22	2.5	A12B22C11D11E12F12	2.5
A12B11C12D12E12F12	2.5	A12B22C11D11E22F11	2.5
A12B11C12D12E22F11	2.5	A12B22C11D12E11F12	2.5
A12B11C12D22E11F12	2.5	A12B22C11D12E12F11	2.5
A12B11C12D22E12F11	2.5	A12B22C11D22E11F11	2.5
A12B11C22D11E11F22	2.5	A12B22C12D11E11F12	2.5
A12B11C22D11E12F12	2.5	A12B22C12D11E12F11	2.5
A12B11C22D11E22F11	2.5	A12B22C12D12E11F11	2.5
A12B11C22D12E11F12	2.5	A12B22C22D11E11F11	2.5
A12B11C22D12E12F11	2.5	A22B11C11D11E12F22	2.5
A12B11C22D22E11F11	2.5	A22B11C11D11E22F12	2.5
A12B12C11D11E12F22	2.5	A22B11C11D12E11F22	2.5
A12B12C11D11E22F12	2.5	A22B11C11D12E12F12	2.5

（续）

基　因　型	基因值	基　因　型	基因值
A22B11C11D12E22F11	2.5	A11B11C12D22E12F22	3
A22B11C11D22E11F12	2.5	A11B11C12D22E22F12	3
A22B11C11D22E12F11	2.5	A11B11C22D11E22F22	3
A22B11C12D11E11F22	2.5	A11B11C22D12E12F22	3
A22B11C12D11E12F12	2.5	A11B11C22D12E22F12	3
A22B11C12D11E22F11	2.5	A11B11C22D22E11F22	3
A22B11C12D12E11F12	2.5	A11B11C22D22E12F12	3
A22B11C12D12E12F11	2.5	A11B11C22D22E22F11	3
A22B11C12D22E11F11	2.5	A11B12C11D12E22F22	3
A22B11C22D11E11F12	2.5	A11B12C11D22E12F22	3
A22B11C22D11E12F11	2.5	A11B12C11D22E22F12	3
A22B11C22D12E11F11	2.5	A11B12C12D11E22F22	3
A22B12C11D11E11F22	2.5	A11B12C12D12E12F22	3
A22B12C11D11E12F12	2.5	A11B12C12D12E22F12	3
A22B12C11D11E22F11	2.5	A11B12C12D22E11F22	3
A22B12C11D12E11F12	2.5	A11B12C12D22E12F12	3
A22B12C11D12E12F11	2.5	A11B12C12D22E22F11	3
A22B12C11D22E11F11	2.5	A11B12C22D11E12F22	3
A22B12C12D11E11F12	2.5	A11B12C22D11E22F12	3
A22B12C12D11E12F11	2.5	A11B12C22D12E11F22	3
A22B12C12D12E11F11	2.5	A11B12C22D12E12F12	3
A22B12C22D11E11F11	2.5	A11B12C22D12E22F11	3
A22B22C11D11E11F12	2.5	A11B12C22D22E11F12	3
A22B22C11D11E12F11	2.5	A11B12C22D22E12F11	3
A22B22C11D12E11F11	2.5	A11B22C11D11E22F22	3
A22B22C12D11E11F11	2.5	A11B22C11D12E12F22	3
A11B11C11D22E22F22	3	A11B22C11D12E22F12	3
A11B11C12D12E22F22	3	A11B22C11D22E11F22	3

（续）

基 因 型	基因值	基 因 型	基因值
A11B22C11D22E12F12	3	A12B11C22D12E22F11	3
A11B22C11D22E22F11	3	A12B11C22D22E11F12	3
A11B22C12D11E12F22	3	A12B11C22D22E12F11	3
A11B22C12D11E22F12	3	A12B12C11D11E22F22	3
A11B22C12D12E11F22	3	A12B12C11D12E12F22	3
A11B22C12D12E12F12	3	A12B12C11D12E22F12	3
A11B22C12D12E22F11	3	A12B12C11D22E11F22	3
A11B22C12D22E11F12	3	A12B12C11D22E12F12	3
A11B22C12D22E12F11	3	A12B12C11D22E22F11	3
A11B22C22D11E11F22	3	A12B12C12D11E12F22	3
A11B22C22D11E12F12	3	A12B12C12D11E22F12	3
A11B22C22D11E22F11	3	A12B12C12D12E11F22	3
A11B22C22D12E11F12	3	A12B12C12D12E12F12	3
A11B22C22D12E12F11	3	A12B12C12D12E22F11	3
A11B22C22D22E11F11	3	A12B12C12D22E11F12	3
A12B11C11D12E22F22	3	A12B12C12D22E12F11	3
A12B11C11D22E12F22	3	A12B12C22D11E11F22	3
A12B11C11D22E22F12	3	A12B12C22D11E12F12	3
A12B11C12D11E22F22	3	A12B12C22D11E22F11	3
A12B11C12D12E12F22	3	A12B12C22D12E11F12	3
A12B11C12D12E22F12	3	A12B12C22D12E12F11	3
A12B11C12D22E11F22	3	A12B12C22D22E11F11	3
A12B11C12D22E12F12	3	A12B22C11D11E12F22	3
A12B11C12D22E22F11	3	A12B22C11D11E22F12	3
A12B11C22D11E12F22	3	A12B22C11D12E11F22	3
A12B11C22D11E22F12	3	A12B22C11D12E12F12	3
A12B11C22D12E11F22	3	A12B22C11D12E22F11	3
A12B11C22D12E12F12	3	A12B22C11D22E11F12	3

（续）

基　因　型	基因值	基　因　型	基因值
A12B22C11D22E12F11	3	A22B11C22D22E11F11	3
A12B22C12D11E11F22	3	A22B12C11D11E12F22	3
A12B22C12D11E12F12	3	A22B12C11D11E22F12	3
A12B22C12D11E22F11	3	A22B12C11D12E11F22	3
A12B22C12D12E11F12	3	A22B12C11D12E12F12	3
A12B22C12D12E12F11	3	A22B12C11D12E22F11	3
A12B22C12D22E11F11	3	A22B12C11D22E11F12	3
A12B22C22D11E11F12	3	A22B12C11D22E12F11	3
A12B22C22D11E12F11	3	A22B12C12D11E11F22	3
A12B22C22D12E11F11	3	A22B12C12D11E12F12	3
A22B11C11D11E22F22	3	A22B12C12D11E22F11	3
A22B11C11D12E12F22	3	A22B12C12D12E11F12	3
A22B11C11D12E22F12	3	A22B12C12D12E12F11	3
A22B11C11D22E11F22	3	A22B12C12D22E11F11	3
A22B11C11D22E12F12	3	A22B12C22D11E11F12	3
A22B11C11D22E22F11	3	A22B12C22D11E12F11	3
A22B11C12D11E12F22	3	A22B12C22D12E11F11	3
A22B11C12D11E22F12	3	A22B22C11D11E11F22	3
A22B11C12D12E11F22	3	A22B22C11D11E12F12	3
A22B11C12D12E12F12	3	A22B22C11D11E22F11	3
A22B11C12D12E22F11	3	A22B22C11D12E11F12	3
A22B11C12D22E11F12	3	A22B22C11D12E12F11	3
A22B11C12D22E12F11	3	A22B22C11D22E11F11	3
A22B11C22D11E11F22	3	A22B22C12D11E11F12	3
A22B11C22D11E12F12	3	A22B22C12D11E12F11	3
A22B11C22D11E22F11	3	A22B22C12D12E11F11	3
A22B11C22D12E11F12	3	A22B22C22D11E11F11	3
A22B11C22D12E12F11	3	A11B11C12D22E22F22	3.5

（续）

基 因 型	基因值	基 因 型	基因值
A11B11C22D12E22F22	3.5	A11B22C22D22E12F11	3.5
A11B11C22D22E12F22	3.5	A12B11C11D22E22F22	3.5
A11B11C22D22E22F12	3.5	A12B11C12D12E22F22	3.5
A11B12C11D22E22F22	3.5	A12B11C12D22E12F22	3.5
A11B12C12D12E22F22	3.5	A12B11C12D22E22F12	3.5
A11B12C12D22E12F22	3.5	A12B11C22D11E22F22	3.5
A11B12C12D22E22F12	3.5	A12B11C22D12E12F22	3.5
A11B12C22D11E22F22	3.5	A12B11C22D12E22F12	3.5
A11B12C22D12E12F22	3.5	A12B11C22D22E11F22	3.5
A11B12C22D12E22F12	3.5	A12B11C22D22E12F12	3.5
A11B12C22D22E11F22	3.5	A12B11C22D22E22F11	3.5
A11B12C22D22E12F12	3.5	A12B12C11D12E22F22	3.5
A11B12C22D22E22F11	3.5	A12B12C11D22E12F22	3.5
A11B22C11D12E22F22	3.5	A12B12C11D22E22F12	3.5
A11B22C11D22E12F22	3.5	A12B12C12D11E22F22	3.5
A11B22C11D22E22F12	3.5	A12B12C12D12E12F22	3.5
A11B22C12D11E22F22	3.5	A12B12C12D12E22F12	3.5
A11B22C12D12E12F22	3.5	A12B12C12D22E11F22	3.5
A11B22C12D12E22F12	3.5	A12B12C12D22E12F12	3.5
A11B22C12D22E11F22	3.5	A12B12C12D22E22F11	3.5
A11B22C12D22E12F12	3.5	A12B12C22D11E12F22	3.5
A11B22C12D22E22F11	3.5	A12B12C22D11E22F12	3.5
A11B22C22D11E12F22	3.5	A12B12C22D12E11F22	3.5
A11B22C22D11E22F12	3.5	A12B12C22D12E12F12	3.5
A11B22C22D12E11F22	3.5	A12B12C22D12E22F11	3.5
A11B22C22D12E12F12	3.5	A12B12C22D22E11F12	3.5
A11B22C22D12E22F11	3.5	A12B12C22D22E12F11	3.5
A11B22C22D22E11F12	3.5	A12B22C11D11E22F22	3.5

（续）

基　因　型	基因值	基　因　型	基因值
A12B22C11D12E12F22	3.5	A22B11C22D11E22F12	3.5
A12B22C11D12E22F12	3.5	A22B11C22D12E11F22	3.5
A12B22C11D22E11F22	3.5	A22B11C22D12E12F12	3.5
A12B22C11D22E12F12	3.5	A22B11C22D12E22F11	3.5
A12B22C11D22E22F11	3.5	A22B11C22D22E11F12	3.5
A12B22C12D11E12F22	3.5	A22B11C22D22E12F11	3.5
A12B22C12D11E22F12	3.5	A22B12C11D11E22F22	3.5
A12B22C12D12E11F22	3.5	A22B12C11D12E12F22	3.5
A12B22C12D12E12F12	3.5	A22B12C11D12E22F12	3.5
A12B22C12D12E22F11	3.5	A22B12C11D22E11F22	3.5
A12B22C12D22E11F12	3.5	A22B12C11D22E12F12	3.5
A12B22C12D22E12F11	3.5	A22B12C11D22E22F11	3.5
A12B22C22D11E11F22	3.5	A22B12C12D11E12F22	3.5
A12B22C22D11E12F12	3.5	A22B12C12D11E22F12	3.5
A12B22C22D11E22F11	3.5	A22B12C12D12E11F22	3.5
A12B22C22D12E11F12	3.5	A22B12C12D12E12F12	3.5
A12B22C22D12E12F11	3.5	A22B12C12D12E22F11	3.5
A12B22C22D22E11F11	3.5	A22B12C12D22E11F12	3.5
A22B11C11D12E22F22	3.5	A22B12C12D22E12F11	3.5
A22B11C11D22E12F22	3.5	A22B12C22D11E11F22	3.5
A22B11C11D22E22F12	3.5	A22B12C22D11E12F12	3.5
A22B11C12D11E22F22	3.5	A22B12C22D11E22F11	3.5
A22B11C12D12E12F22	3.5	A22B12C22D12E11F12	3.5
A22B11C12D12E22F12	3.5	A22B12C22D12E12F11	3.5
A22B11C12D22E11F22	3.5	A22B12C22D22E11F11	3.5
A22B11C12D22E12F12	3.5	A22B22C11D11E12F22	3.5
A22B11C12D22E22F11	3.5	A22B22C11D11E22F12	3.5
A22B11C22D11E12F22	3.5	A22B22C11D12E11F22	3.5

（续）

基　因　型	基因值	基　因　型	基因值
A22B22C11D12E12F12	3.5	A12B11C12D22E22F22	4
A22B22C11D12E22F11	3.5	A12B11C22D12E22F22	4
A22B22C11D22E11F12	3.5	A12B11C22D22E12F22	4
A22B22C11D22E12F11	3.5	A12B11C22D22E22F12	4
A22B22C12D11E11F22	3.5	A12B12C11D22E22F22	4
A22B22C12D11E12F12	3.5	A12B12C12D12E22F22	4
A22B22C12D11E22F11	3.5	A12B12C12D22E12F22	4
A22B22C12D12E11F12	3.5	A12B12C12D22E22F12	4
A22B22C12D12E12F11	3.5	A12B12C22D11E22F22	4
A22B22C12D22E11F11	3.5	A12B12C22D12E12F22	4
A22B22C22D11E11F12	3.5	A12B12C22D12E22F12	4
A22B22C22D11E12F11	3.5	A12B12C22D22E11F22	4
A22B22C22D12E11F11	3.5	A12B12C22D22E12F12	4
A11B11C22D22E22F22	4	A12B12C22D22E22F11	4
A11B12C12D22E22F22	4	A12B22C11D12E22F22	4
A11B12C22D12E22F22	4	A12B22C11D22E12F22	4
A11B12C22D22E12F22	4	A12B22C11D22E22F12	4
A11B12C22D22E22F12	4	A12B22C12D11E22F22	4
A11B22C11D22E22F22	4	A12B22C12D12E12F22	4
A11B22C12D12E22F22	4	A12B22C12D12E22F12	4
A11B22C12D22E12F22	4	A12B22C12D22E11F22	4
A11B22C12D22E22F12	4	A12B22C12D22E12F12	4
A11B22C22D11E22F22	4	A12B22C12D22E22F11	4
A11B22C22D12E12F22	4	A12B22C22D11E12F22	4
A11B22C22D12E22F12	4	A12B22C22D11E22F12	4
A11B22C22D22E11F22	4	A12B22C22D12E11F22	4
A11B22C22D22E12F12	4	A12B22C22D12E12F12	4
A11B22C22D22E22F11	4	A12B22C22D12E22F11	4

（续）

基　因　型	基因值	基　因　型	基因值
A12B22C22D22E11F12	4	A22B22C11D11E22F22	4
A12B22C22D22E12F11	4	A22B22C11D12E12F22	4
A22B11C11D22E22F22	4	A22B22C11D12E22F12	4
A22B11C12D12E22F22	4	A22B22C11D22E11F22	4
A22B11C12D22E12F22	4	A22B22C11D22E12F12	4
A22B11C12D22E22F12	4	A22B22C11D22E22F11	4
A22B11C22D11E22F22	4	A22B22C12D11E12F22	4
A22B11C22D12E12F22	4	A22B22C12D11E22F12	4
A22B11C22D12E22F12	4	A22B22C12D12E11F22	4
A22B11C22D22E11F22	4	A22B22C12D12E12F12	4
A22B11C22D22E12F12	4	A22B22C12D12E22F11	4
A22B11C22D22E22F11	4	A22B22C12D22E11F12	4
A22B12C11D12E22F22	4	A22B22C12D22E12F11	4
A22B12C11D22E12F22	4	A22B22C22D11E11F22	4
A22B12C11D22E22F12	4	A22B22C22D11E12F12	4
A22B12C12D11E22F22	4	A22B22C22D11E22F11	4
A22B12C12D12E12F22	4	A22B22C22D12E11F12	4
A22B12C12D12E22F12	4	A22B22C22D12E12F11	4
A22B12C12D22E11F22	4	A22B22C22D22E11F11	4
A22B12C12D22E12F12	4	A11B12C22D22E22F22	4.5
A22B12C12D22E22F11	4	A11B22C12D22E22F22	4.5
A22B12C22D11E12F22	4	A11B22C22D12E22F22	4.5
A22B12C22D11E22F12	4	A11B22C22D22E12F22	4.5
A22B12C22D12E11F22	4	A11B22C22D22E22F12	4.5
A22B12C22D12E12F12	4	A12B11C22D22E22F22	4.5
A22B12C22D12E22F11	4	A12B12C12D22E22F22	4.5
A22B12C22D22E11F12	4	A12B12C22D12E22F22	4.5
A22B12C22D22E12F11	4	A12B12C22D22E12F22	4.5

（续）

基因型	基因值	基因型	基因值
A12B12C22D22E22F12	4.5	A22B22C12D11E22F22	4.5
A12B22C11D22E22F22	4.5	A22B22C12D12E12F22	4.5
A12B22C12D12E22F22	4.5	A22B22C12D12E22F12	4.5
A12B22C12D22E12F22	4.5	A22B22C12D22E11F22	4.5
A12B22C12D22E22F12	4.5	A22B22C12D22E12F12	4.5
A12B22C22D11E22F22	4.5	A22B22C12D22E22F11	4.5
A12B22C22D12E12F22	4.5	A22B22C22D11E12F22	4.5
A12B22C22D12E22F12	4.5	A22B22C22D11E22F12	4.5
A12B22C22D22E11F22	4.5	A22B22C22D12E11F22	4.5
A12B22C22D22E12F12	4.5	A22B22C22D12E12F12	4.5
A12B22C22D22E22F11	4.5	A22B22C22D12E22F11	4.5
A22B11C12D22E22F22	4.5	A22B22C22D22E11F12	4.5
A22B11C22D12E22F22	4.5	A22B22C22D22E12F11	4.5
A22B11C22D22E12F22	4.5	A11B22C22D22E22F22	5
A22B11C22D22E22F12	4.5	A12B12C22D22E22F22	5
A22B12C11D22E22F22	4.5	A12B22C12D22E22F22	5
A22B12C12D12E22F22	4.5	A12B22C22D12E22F22	5
A22B12C12D22E12F22	4.5	A12B22C22D22E12F22	5
A22B12C12D22E22F12	4.5	A12B22C22D22E22F12	5
A22B12C22D11E22F22	4.5	A22B11C22D22E22F22	5
A22B12C22D12E12F22	4.5	A22B12C12D22E22F22	5
A22B12C22D12E22F12	4.5	A22B12C22D12E22F22	5
A22B12C22D22E11F22	4.5	A22B12C22D22E12F22	5
A22B12C22D22E12F12	4.5	A22B12C22D22E22F12	5
A22B12C22D22E22F11	4.5	A22B22C11D22E22F22	5
A22B22C11D12E22F22	4.5	A22B22C12D12E22F22	5
A22B22C11D22E12F22	4.5	A22B22C12D22E12F22	5
A22B22C11D22E22F12	4.5	A22B22C12D22E22F12	5

（续）

基 因 型	基因值	基 因 型	基因值
A22B22C22D11E22F22	5	A22B12C22D22E22F22	5.5
A22B22C22D12E12F22	5	A22B22C12D22E22F22	5.5
A22B22C22D12E22F12	5	A22B22C22D12E22F22	5.5
A22B22C22D22E11F22	5	A22B22C22D22E12F22	5.5
A22B22C22D22E12F12	5	A22B22C22D22E22F12	5.5
A22B22C22D22E22F11	5	A22B22C22D22E22F22	6
A12B22C22D22E22F22	5.5		

附表 6　新杨黑羽蛋鸡主要肠道菌群纲类及其分布

序号	纲（class）	回肠（%）	盲肠（%）	直肠（%）
1	芽孢杆菌（Bacilli）	71.82	6.56	42.76
2	梭菌纲（Clostridia）	9.89	57.18	30.86
3	α变形菌纲（Alphaproteobacteria）	6.55	0.11	4.22
4	γ变形菌纲（Gammaproteobacteria）	4.46	0.14	3.29
5	放线菌纲（Actinobacteria）	2.24	0.30	2.68
6	β变形菌纲（Betaproteobacteria）	1.80	0.40	3.21
7	嗜热油菌纲（Thermoleophilia）	0.37	0.00	0.41
8	纤维黏网菌纲（Cytophagia）	0.21	0.00	0.14
9	拟杆菌纲（Bacteroidia）	0.19	24.37	4.92
10	Anaerolineae	0.18	0.00	0.16
11	Chloroplast	0.16	0.01	0.08
12	Acidimicrobiia	0.14	0.00	0.17

（续）

序号	纲（class）	回肠（%）	盲肠（%）	直肠（%）
13	Deltaproteobacteria	0.13	1.56	0.62
14	Planctomycetia	0.10	0.00	0.06
15	红蝽菌纲（Coriobacteriia）	0.10	4.07	1.21
16	芽孢菌纲（Erysipelotrichi）	0.09	1.01	0.73
17	Solibacteres	0.07	0.00	0.35
18	Deinococci	0.05	0.00	0.00
19	Rubrobacteria	0.05	0.00	0.03
20	Phycisphaerae	0.04	0.00	0.03
21	Thermomicrobia	0.04	0.00	0.06
22	Chloroflexi	0.03	0.00	0.13
23	Nitrospira	0.02	0.00	0.14
24	Mollicutes	0.02	0.96	0.57
25	Fusobacteriia	0.02	0.33	0.70
26	Gemmatimonadetes	0.02	0.00	0.05
27	Ktedonobacteria	0.01	0.00	0.01
28	Thaumarchaeota	0.01	0.00	0.24
29	Sphingobacteriia	0.01	0.00	0.01
30	Acidobacteriia	0.01	0.00	0.08
31	Chlamydiia	0.01	0.00	0.02
32	Elusimicrobia	0.01	0.33	0.05
33	Synergistia	0.01	0.44	0.11
34	Deferribacteres	0.00	0.05	0.02
35	Epsilonproteobacteria	0.00	0.01	0.03
36	Flavobacteriia	0.00	0.00	0.00
37	Oscillatoriophycideae	0.00	0.00	0.00
38	Verrucomicrobiae	0.00	0.00	0.01
39	Opitutae	0.00	0.00	0.01
40	Spirochaetes	0.00	0.01	0.00
累计		98.87	97.85	98.17

附表7　新杨黑羽蛋鸡主要肠道菌群目类及其分布

序号	目（order）	回肠（%）	盲肠（%）	直肠（%）
1	乳杆菌目（Lactobacillales）	71.130 6	6.530 3	41.887 1
2	梭菌目（Clostridiales）	9.885 3	57.158 0	30.863 4
3	拟杆菌目（Bacteroidales）	0.190 9	24.366 6	4.920 8
4	根瘤菌目（Rhizobiales）	5.121 4	0.039 5	3.142 1
5	红蝽菌目（Coriobacteriales）	0.098 1	4.066 9	1.209 0
6	Burkholderiales	1.650 2	0.401 0	3.042 3
7	Pseudomonadales	2.063 8	0.000 9	1.351 4
8	Bifidobacteriales	1.481 2	0.298 9	1.279 4
9	Actinomycetales	0.755 7	0.003 7	1.337 7
10	Desulfovibrionales	0.058 4	1.559 3	0.448 7
11	Erysipelotrichales	0.090 0	1.007 8	0.728 7
12	Enterobacteriales	1.234 1	0.001 3	0.199 3
13	Xanthomonadales	0.560 4	0.000 9	0.808 5
14	Pasteurellales	0.524 2	0.007 8	0.825 3
15	Caulobacterales	0.804 5	0.002 2	0.460 9
16	Fusobacteriales	0.020 2	0.326 8	0.702 1
17	Turicibacterales	0.542 5	0.031 2	0.333 7
18	芽孢杆菌目（Bacillales）	0.147 0	0.001 3	0.535 8
19	Solirubrobacterales	0.323 9	0.001 7	0.305 0
20	Sphingomonadales	0.352 2	0.001 3	0.247 7
21	Synergistales	0.005 9	0.442 0	0.106 6
22	Solibacterales	0.070 9	0.000 2	0.354 8
23	Elusimicrobiales	0.006 2	0.326 4	0.052 8
24	Cytophagales	0.210 6	0.000 0	0.138 4
25	Rhodospirillales	0.131 2	0.000 2	0.192 7
26	Acidimicrobiales	0.139 6	0.000 0	0.165 5
27	Nitrososphaerales	0.013 6	0.000 0	0.241 7
28	Streptophyta	0.162 2	0.009 8	0.080 9
29	Aeromonadales	0.003 1	0.133 6	0.050 0
30	Nitrospirales	0.024 6	0.000 0	0.138 8
31	Rhodobacterales	0.109 5	0.000 0	0.046 8
32	Gaiellales	0.044 6	0.000 0	0.102 2

（续）

序号	目（order）	回肠（%）	盲肠（%）	直肠（%）
33	Myxococcales	0.048 1	0.000 0	0.092 7
34	Pirellulales	0.061 9	0.000 2	0.032 2
35	Acidobacteriales	0.007 5	0.000 0	0.081 4
36	Thiotrichales	0.045 4	0.000 0	0.039 1
37	Rubrobacterales	0.051 4	0.000 0	0.027 8
38	Deferribacterales	0.004 2	0.048 2	0.021 5
39	Micrococcales	0.004 6	0.000 0	0.061 3
40	Phycisphaerales	0.039 3	0.000 0	0.022 0
41	Syntrophobacterales	0.011 9	0.000 0	0.035 9
42	Deinococcales	0.044 3	0.000 4	0.002 8
43	Gemmatales	0.022 8	0.000 0	0.020 7
44	Campylobacterales	0.002 8	0.014 3	0.025 7
45	Rhodocyclales	0.026 8	0.000 4	0.014 3
46	Chlamydiales	0.006 8	0.000 0	0.024 1
47	Victivallales	0.000 4	0.013 0	0.014 3
48	Sphingobacteriales	0.011 4	0.000 0	0.013 1
49	Legionellales	0.013 0	0.000 0	0.007 6
50	Planctomycetales	0.015 4	0.000 0	0.002 2
51	Alteromonadales	0.010 8	0.000 2	0.001 3
52	Bdellovibrionales	0.006 8	0.000 0	0.005 4
53	Rickettsiales	0.008 6	0.000 0	0.002 6
54	Sphaerochaetales	0.000 0	0.009 5	0.001 7
55	Thermales	0.008 6	0.000 0	0.001 9
56	Gemmatimonadales	0.000 0	0.000 0	0.010 4
57	Verrucomicrobiales	0.001 8	0.000 0	0.008 0
58	Anaerolineales	0.007 0	0.000 0	0.002 4
59	Caldilineales	0.005 7	0.000 0	0.002 0
60	Flavobacteriales	0.002 4	0.002 8	0.001 7
61	Desulfobacterales	0.000 0	0.000 0	0.006 7
62	Opitutales	0.000 2	0.000 0	0.005 9

（续）

序号	目（order）	回肠（%）	盲肠（%）	直肠（%）
63	Vibrionales	0.003 5	0.000 0	0.002 6
64	Thermogemmatisporales	0.000 0	0.000 0	0.005 0
65	Hydrogenophilales	0.003 1	0.000 0	0.000 6
66	Chroococcales	0.002 0	0.000 0	0.000 0
67	Stramenopiles	0.001 5	0.000 0	0.000 4
	合计	98.437 2	96.808 6	96.896 9

附表 8　新杨黑羽蛋鸡主要肠道菌群科类及其分布

序号	科（family）	回肠（%）	盲肠（%）	直肠（%）
1	乳杆菌科（Lactobacillaceae）	55.509 4	5.460 1	31.550 8
2	瘤胃菌科（Ruminococcaceae）	0.630 7	31.225 9	10.565 2
3	肠球菌科（Enterococcaceae）	12.701 7	0.737 4	9.134 6
4	毛螺菌科（Lachnospiraceae）	0.386 4	10.573 2	6.197 6
5	拟杆菌科（Bacteroidaceae）	0.076 2	12.955 3	2.986 6
6	消化链球菌科（Peptostreptococcaceae）	6.916 3	0.812 2	6.606 3
7	布鲁氏菌科（Brucellaceae）	4.067 4	0.036 2	2.132 3
8	红蝽菌科（Coriobacteriaceae）	0.098 1	4.066 9	1.209 0
9	链球菌科（Streptococcaceae）	2.823 9	0.322 9	1.135 5
10	韦荣球菌科（Veillonellaceae）	0.397 8	2.545 2	0.955 3
11	双歧杆菌科（Bifidobacteriaceae）	1.481 2	0.298 9	1.279 4
12	假单胞菌科（Pseudomonadaceae）	1.737 5	0.000 0	1.181 8
13	产碱菌科（Alcaligenaceae）	0.407 3	0.381 5	1.790 9
14	梭菌科（Clostridiaceae）	0.971 2	0.705 5	0.796 3
15	脱硫弧菌科（Desulfovibrionaceae）	0.058 4	1.559 3	0.448 7
16	韦荣球菌科（Erysipelotrichaceae）	0.090 0	1.007 8	0.728 7
17	普雷沃氏菌科（Prevotellaceae）	0.017 6	1.442 2	0.214 7
18	肠杆菌科（Enterobacteriaceae）	1.234 1	0.001 3	0.199 3
19	Pasteurellaceae	0.524 2	0.007 8	0.825 3
20	Caulobacteraceae	0.804 5	0.002 2	0.460 9
21	Fusobacteriaceae	0.020 2	0.326 8	0.702 1
22	Turicibacteraceae	0.542 5	0.031 2	0.333 7

（续）

序号	科（family）	回肠（%）	盲肠（%）	直肠（%）
23	Burkholderiaceae	0.216 6	0.001 3	0.680 8
24	Rikenellaceae	0.027 0	0.618 3	0.196 9
25	Oxalobacteraceae	0.605 6	0.015 8	0.210 1
26	Comamonadaceae	0.409 9	0.002 4	0.353 7
27	Chitinophagaceae	0.510 0	0.001 9	0.236 7
28	Xanthomonadaceae	0.135 6	0.000 9	0.586 7
29	Peptococcaceae	0.019 1	0.444 2	0.237 5
30	Sinobacteraceae	0.424 8	0.000 0	0.221 7
31	Hyphomicrobiaceae	0.272 1	0.000 0	0.351 7
32	Christensenellaceae	0.002 0	0.439 2	0.128 1
33	Synergistaceae	0.005 9	0.442 0	0.106 6
34	Bacillaceae	0.052 2	0.000 9	0.492 3
35	Moraxellaceae	0.326 3	0.000 9	0.169 5
36	Sphingomonadaceae	0.285 0	0.001 3	0.202 1
37	慢生根瘤菌科（Bradyrhizobiaceae）	0.313 4	0.001 7	0.164 0
38	Porphyromonadaceae	0.004 4	0.383 4	0.073 1
39	Micromonosporaceae	0.068 2	0.000 2	0.370 2
40	Micrococcaceae	0.191 1	0.000 2	0.238 0
41	Elusimicrobiaceae	0.001 1	0.326 4	0.051 5
42	Cytophagaceae	0.210 6	0.000 0	0.138 4
43	Solirubrobacteraceae	0.157 3	0.000 7	0.146 2
44	Nitrososphaeraceae	0.013 6	0.000 0	0.241 7
45	Pseudonocardiaceae	0.154 0	0.000 0	0.081 1
46	Rhodospirillaceae	0.063 9	0.000 2	0.141 0
47	Methylobacteriaceae	0.134 3	0.000 4	0.068 3
48	Succinivibrionaceae	0.001 3	0.133 6	0.050 0
49	Microbacteriaceae	0.080 5	0.002 8	0.074 2
50	Intrasporangiaceae	0.007 7	0.000 0	0.135 9
51	根瘤菌科（Rhizobiaceae）	0.043 9	0.000 0	0.092 4
52	Phyllobacteriaceae	0.080 1	0.000 6	0.053 1

（续）

序号	科（family）	回肠（%）	盲肠（%）	直肠（%）
53	Nocardioidaceae	0.032 2	0.000 0	0.101 6
54	Rhodobacteraceae	0.099 0	0.000 0	0.015 4
55	Carnobacteriaceae	0.053 8	0.004 3	0.048 1
56	Gaiellaceae	0.017 6	0.000 0	0.086 4
57	Acetobacteraceae	0.064 7	0.000 0	0.030 0
58	Pirellulaceae	0.061 9	0.000 2	0.032 2
59	Solibacteraceae	0.013 2	0.000 0	0.079 0
60	Eubacteriaceae	0.000 9	0.044 4	0.040 9
61	Piscirickettsiaceae	0.045 4	0.000 0	0.039 1
62	Rubrobacteraceae	0.051 4	0.000 0	0.027 8
63	Planococcaceae	0.052 7	0.000 4	0.025 4
64	Deferribacteraceae	0.004 2	0.048 2	0.021 5
65	Streptomycetaceae	0.022 6	0.000 0	0.049 8
66	Frankiaceae	0.000 4	0.000 0	0.072 0
67	Dehalobacteriaceae	0.000 4	0.054 4	0.014 3
68	Brevibacteriaceae	0.042 6	0.000 6	0.015 2
69	Nitrospiraceae	0.011 9	0.000 0	0.042 6
70	Promicromonosporaceae	0.029 9	0.000 0	0.021 5
71	Koribacteraceae	0.007 5	0.000 0	0.041 3
72	Syntrophobacteraceae	0.011 9	0.000 0	0.035 9
73	Deinococcaceae	0.044 3	0.000 4	0.002 8
74	Propionibacteriaceae	0.034 9	0.000 0	0.012 2
75	Helicobacteraceae	0.002 8	0.014 3	0.025 7
76	Hyphomonadaceae	0.010 5	0.000 0	0.031 5
77	Rhodocyclaceae	0.026 8	0.000 4	0.014 3
78	Corynebacteriaceae	0.025 5	0.000 0	0.015 4
79	Acidobacteriaceae	0.000 0	0.000 0	0.040 2
80	Haliangiaceae	0.016 4	0.000 0	0.022 4
81	Erythrobacteraceae	0.015 8	0.000 0	0.018 3
82	Rhabdochlamydiaceae	0.004 0	0.000 0	0.023 9

（续）

序号	科（family）	回肠（%）	盲肠（%）	直肠（%）
83	Victivallaceae	0.000 4	0.013 0	0.014 3
84	Gemmataceae	0.013 8	0.000 0	0.012 8
85	Mycobacteriaceae	0.006 6	0.000 0	0.016 1
86	Nocardiaceae	0.001 8	0.000 0	0.016 5
87	Conexibacteraceae	0.008 5	0.000 0	0.009 4
88	Planctomycetaceae	0.015 4	0.000 0	0.002 2
89	Coxiellaceae	0.009 7	0.000 0	0.007 6
90	Isosphaeraceae	0.009 0	0.000 0	0.008 0
91	Myxococcaceae	0.003 7	0.000 0	0.012 8
92	Dietziaceae	0.010 8	0.000 0	0.002 6
93	Alteromonadaceae	0.010 8	0.000 2	0.001 3
94	Bdellovibrionaceae	0.006 8	0.000 0	0.005 4
95	Leuconostocaceae	0.007 2	0.000 0	0.005 0
96	Sphaerochaetaceae	0.000 0	0.009 5	0.001 7
97	Xanthobacteraceae	0.007 7	0.000 0	0.003 3
98	Thermaceae	0.008 6	0.000 0	0.001 9
99	Verrucomicrobiaceae	0.001 8	0.000 0	0.008 0
100	Anaerolinaceae	0.007 0	0.000 0	0.002 4
101	Actinosynnemataceae	0.001 8	0.000 0	0.007 4
102	Caldilineaceae	0.005 7	0.000 0	0.002 0
103	Dermabacteraceae	0.004 6	0.000 0	0.002 4
104	Actinomycetaceae	0.000 0	0.000 0	0.006 8
105	Desulfobacteraceae	0.000 0	0.000 0	0.006 7
106	Opitutaceae	0.000 2	0.000 0	0.005 9
107	Pseudoalteromonadaceae	0.003 5	0.000 0	0.002 6
108	Thermogemmatisporaceae	0.000 0	0.000 0	0.005 0
109	Caldicoprobacteraceae	0.002 0	0.000 0	0.003 0
110	Beijerinckiaceae	0.003 5	0.000 0	0.000 7
111	Flavobacteriaceae	0.000 0	0.002 8	0.001 3

（续）

序号	科（family）	回肠（%）	盲肠（%）	直肠（%）
112	Streptosporangiaceae	0.000 9	0.000 0	0.003 1
113	Hydrogenophilaceae	0.003 1	0.000 0	0.000 6
114	Paenibacillaceae	0.002 6	0.000 0	0.000 9
115	Polyangiaceae	0.000 9	0.000 0	0.002 2
116	Rhodobiaceae	0.001 5	0.000 0	0.001 5
117	Gordoniaceae	0.000 6	0.000 0	0.002 2
118	Geodermatophilaceae	0.000 0	0.000 0	0.002 6
119	Aerococcaceae	0.002 2	0.000 0	0.000 4
120	Syntrophomonadaceae	0.002 4	0.000 0	0.000 0
121	Xenococcaceae	0.002 0	0.000 0	0.000 0
122	Aeromonadaceae	0.001 8	0.000 0	0.000 0
		97.288 9	77.512 1	88.968 2

附表 9　新杨黑羽蛋鸡主要肠道菌群属类及其分布

序号	属（genus）	回肠（%）	盲肠（%）	直肠（%）
1	乳杆菌属（*Lactobacillus*）	55.509 4	5.460 1	31.550 8
2	肠球菌属（*Enterococcus*）	12.696 2	0.736 9	9.125 0
3	拟杆菌属（*Bacteroides*）	0.074 6	12.472 1	2.839 7
4	柔嫩梭菌（*Faecalibacterium*）	0.042 8	8.614 6	1.734 5
5	苍白杆菌属（*Ochrobactrum*）	4.061 9	0.036 2	2.131 3
6	颤螺菌属（*Oscillospira*）	0.045 9	3.241 5	0.795 9
7	链球菌属（*Streptococcus*）	2.568 7	0.298 8	0.960 3
8	假单胞菌属（*Pseudomonas*）	1.708 9	0.000 0	1.162 4
9	*Aeriscardovia*	1.447 6	0.098 7	1.173 8
10	巨单胞菌属（*Megamonas*）	0.032 0	1.464 9	0.622 8
11	*Dorea*	0.036 9	1.404 7	0.627 8
12	无色菌属（*Achromobacter*）	0.395 6	0.004 8	1.558 1
13	脱硫弧菌（*Desulfovibrio*）	0.052 2	1.449 1	0.417 6
14	瘤胃球菌属（*Ruminococcus*）	0.033 1	1.393 0	0.435 5
15	粪球菌属（*Coprococcus*）	0.011 4	0.349 6	1.166 1
16	普氏菌属（*Prevotella*）	0.015 1	1.206 6	0.172 3

（续）

序号	属（genus）	回肠（%）	盲肠（%）	直肠（%）
17	*Gallibacterium*	0.524 2	0.007 8	0.825 3
18	*Blautia*	0.027 2	0.684 0	0.366 3
19	梭菌属（*Fusobacterium*）	0.010 5	0.326 8	0.698 5
20	*Turicibacter*	0.542 5	0.031 2	0.333 7
21	*Candidatus Arthromitus*	0.720 0	0.000 7	0.182 9
22	伯克氏菌属（*Burkholderia*）	0.212 0	0.001 3	0.678 0
23	罗尔斯顿菌属（*Ralstonia*）	0.583 0	0.005 6	0.176 0
24	*Sediminibacterium*	0.503 4	0.001 9	0.211 2
25	*Peptococcus*	0.019 1	0.444 2	0.237 5
26	*Clostridium*	0.028 8	0.409 9	0.227 5
27	*Sutterella*	0.011 8	0.376 7	0.229 9
28	*Coprobacillus*	0.011 4	0.291 2	0.220 4
29	*Veillonella*	0.354 8	0.002 4	0.153 8
30	*Bacillus*	0.038 8	0.000 9	0.394 2
31	*Parabacteroides*	0.001 3	0.356 5	0.066 3
32	*Rhodoplanes*	0.128 8	0.000 0	0.211 9
33	*Sphingomonas*	0.243 3	0.001 3	0.091 2
34	*Bifidobacterium*	0.029 0	0.193 9	0.104 6
35	*Delftia*	0.074 0	0.000 0	0.229 1
36	*Actinoplanes*	0.006 8	0.000 0	0.288 9
37	*Solirubrobacter*	0.155 1	0.000 7	0.137 7
38	*Acinetobacter*	0.198 8	0.000 9	0.089 2
39	*Collinsella*	0.008 1	0.175 4	0.103 5
40	*Rothia*	0.154 7	0.000 2	0.098 8
41	*Slackia*	0.001 5	0.139 7	0.073 1
42	*Alistipes*	0.001 1	0.161 3	0.037 9
43	*Candidatus Nitrososphaera*	0.013 6	0.000 0	0.174 7
44	*Nevskia*	0.168 1	0.000 0	0.019 1
45	*Saccharopolyspora*	0.119 1	0.000 0	0.066 6
46	*Succinatimonas*	0.001 3	0.133 6	0.050 0

（续）

序号	属（genus）	回肠（%）	盲肠（%）	直肠（%）
47	甲基杆菌属（*Methylobacterium*）	0.099 0	0.000 4	0.046 6
48	*Odoribacter*	0.000 6	0.106 3	0.027 8
49	*Knoellia*	0.006 4	0.000 0	0.127 7
50	*Lactococcus*	0.012 3	0.000 4	0.116 1
51	*Barnesiella*	0.000 0	0.107 8	0.013 5
52	*Kaistobacter*	0.011 8	0.000 0	0.094 0
53	*Catenibacterium*	0.001 5	0.059 9	0.038 3
54	*Agrobacterium*	0.025 0	0.000 0	0.073 1
55	*Roseburia*	0.004 0	0.083 7	0.009 6
56	*Providencia*	0.062 3	0.000 0	0.033 7
57	*Hyphomicrobium*	0.050 9	0.000 0	0.040 9
58	*Isobaculum*	0.050 5	0.002 6	0.038 5
59	*Pedomicrobium*	0.043 7	0.000 0	0.043 9
60	*Curvibacter*	0.063 2	0.001 5	0.017 6
61	*Comamonas*	0.054 9	0.000 0	0.027 0
62	*Aminobacter*	0.050 3	0.000 6	0.030 2
63	*Pilimelia*	0.045 2	0.000 0	0.032 4
64	*Mucispirillum*	0.004 2	0.048 2	0.021 5
65	*Rhodanobacter*	0.000 9	0.000 0	0.072 0
66	*Rubrobacter*	0.047 2	0.000 0	0.022 4
67	*Dehalobacterium*	0.000 4	0.052 9	0.013 3
68	*Steroidobacter*	0.011 4	0.000 0	0.054 0
69	*Amaricoccus*	0.065 4	0.000 0	0.000 0
70	*Butyricicoccus*	0.001 5	0.042 9	0.020 7
71	*Candidatus Solibacter*	0.009 0	0.000 0	0.055 9
72	*Klebsiella*	0.048 1	0.000 0	0.012 6
73	*Brevibacterium*	0.042 6	0.000 6	0.015 2
74	*Proteus*	0.042 4	0.000 2	0.012 4
75	*Nitrospira*	0.011 9	0.000 0	0.042 6
76	*Pseudoramibacter Eubacterium*	0.000 7	0.026 5	0.025 2

（续）

序号	属（genus）	回肠（%）	盲肠（%）	直肠（%）
77	*Promicromonospora*	0.029 9	0.000 0	0.021 5
78	*Thermomonas*	0.002 8	0.000 0	0.048 1
79	*Deinococcus*	0.044 3	0.000 4	0.002 8
80	*Bilophila*	0.000 0	0.038 6	0.008 7
81	*Amycolatopsis*	0.031 6	0.000 0	0.013 3
82	*Propionibacterium*	0.033 4	0.000 0	0.009 4
83	*Corynebacterium*	0.025 5	0.000 0	0.015 4
84	*Serratia*	0.029 2	0.000 0	0.010 9
85	*Lysobacter*	0.012 9	0.000 0	0.026 5
86	*Devosia*	0.018 0	0.000 0	0.021 3
87	*Phyllobacterium*	0.021 5	0.000 0	0.016 3
88	*Salinibacterium*	0.001 8	0.000 0	0.034 4
89	*Anaerofustis*	0.000 2	0.017 8	0.015 7
90	*Candidatus Rhabdochlamydia*	0.004 0	0.000 0	0.023 9
91	*Paracoccus*	0.016 5	0.000 0	0.010 7
92	*Enhydrobacter*	0.017 8	0.000 0	0.009 4
93	*Anaerotruncus*	0.000 0	0.016 5	0.010 2
94	*Helicobacter*	0.001 7	0.014 3	0.010 7
95	*Peptoniphilus*	0.000 0	0.000 0	0.024 8
96	*Mycobacterium*	0.006 6	0.000 0	0.016 1
97	*Catellatospora*	0.009 0	0.000 0	0.013 3
98	*Adlercreutzia*	0.000 2	0.017 4	0.004 3
99	*Zoogloea*	0.016 2	0.000 4	0.004 3
100	*Paludibacter*	0.000 0	0.017 3	0.002 2
101	*Herbaspirillum*	0.017 3	0.000 0	0.001 5
102	*Rhodococcus*	0.001 8	0.000 0	0.016 5
103	*Candidatus Xiphinematobacter*	0.002 2	0.000 0	0.015 9
104	*Arthrobacter*	0.000 0	0.000 0	0.017 8
105	*Planctomyces*	0.015 4	0.000 0	0.002 2
106	*Holdemania*	0.000 4	0.009 1	0.008 1

（续）

序号	属（genus）	回肠（%）	盲肠（%）	直肠（%）
107	*Aquicella*	0.009 7	0.000 0	0.007 6
108	*Oxalobacter*	0.001 8	0.010 2	0.004 3
109	*Sulfurimonas*	0.001 1	0.000 0	0.015 0
110	*Kribbella*	0.001 7	0.000 0	0.014 4
111	*Conexibacter*	0.008 5	0.000 0	0.005 6
112	*Anaerostipes*	0.000 4	0.010 2	0.003 1
113	*Dietzia*	0.010 8	0.000 0	0.002 6
114	*Sphingobium*	0.008 5	0.000 0	0.004 4
115	*Roseococcus*	0.012 5	0.000 0	0.000 0
116	*Anaeromyxobacter*	0.000 0	0.000 0	0.012 4
117	*Carnobacterium*	0.003 1	0.000 0	0.009 3
118	*Phenylobacterium*	0.003 9	0.000 0	0.008 3
119	*Bdellovibrio*	0.006 8	0.000 0	0.005 4
120	*Skermanella*	0.007 0	0.000 0	0.004 8
121	*Sphaerochaeta*	0.000 0	0.009 5	0.001 7
122	*Candidatus Koribacter*	0.000 4	0.000 0	0.010 7
123	*Luteimonas*	0.004 4	0.000 0	0.006 7
124	*Kocuria*	0.008 3	0.000 0	0.002 4
125	*Micrococcus*	0.009 9	0.000 0	0.000 7
126	*Aeromicrobium*	0.002 2	0.000 0	0.008 3
127	*Tepidimicrobium*	0.003 1	0.000 0	0.007 4
128	*Cetobacterium*	0.007 7	0.000 0	0.002 8
129	*Thermus*	0.008 6	0.000 0	0.001 9
130	*Akkermansia*	0.001 8	0.000 0	0.008 0
131	*Tannerella*	0.000 0	0.009 6	0.000 0
132	*Actinokineospora*	0.001 8	0.000 0	0.007 4
133	*Allobaculum*	0.005 3	0.000 4	0.003 1
134	*Streptomyces*	0.002 0	0.000 0	0.006 5
135	*Marinobacter*	0.007 0	0.000 2	0.001 3
136	根瘤菌（*Rhizobium*）	0.002 0	0.000 0	0.005 9

（续）

序号	属（genus）	回肠（%）	盲肠（%）	直肠（%）
137	*Rubellimicrobium*	0.007 0	0.000 0	0.000 7
138	*Pandoraea*	0.004 6	0.000 0	0.002 8
139	*Pseudoxanthomonas*	0.005 7	0.000 0	0.001 7
140	*Renibacterium*	0.002 2	0.000 0	0.004 8
141	*Brachybacterium*	0.004 6	0.000 0	0.002 4
142	*Actinomyces*	0.000 0	0.000 0	0.006 8
143	*Kurthia*	0.004 8	0.000 0	0.002 0
144	*Desulfobacter*	0.000 0	0.000 0	0.006 7
145	*Helcococcus*	0.000 0	0.000 0	0.006 5
146	*Kaistia*	0.002 0	0.000 0	0.004 4
147	*Pseudochrobactrum*	0.005 5	0.000 0	0.000 9
148	*Sedimentibacter*	0.006 1	0.000 0	0.000 4
149	*Brevundimonas*	0.003 1	0.000 0	0.003 1
150	*Caulobacter*	0.003 3	0.000 0	0.003 0
151	*Opitutus*	0.000 2	0.000 0	0.005 9
152	*Fimbriimonas*	0.004 4	0.000 0	0.001 7
153	*Nocardioides*	0.000 7	0.000 0	0.005 2
154	*Methylibium*	0.004 6	0.000 0	0.001 1
155	*Leuconostoc*	0.002 0	0.000 0	0.003 1
156	*Novosphingobium*	0.003 3	0.000 0	0.001 9
157	*Azospira*	0.003 5	0.000 0	0.001 7
158	*Virgisporangium*	0.001 3	0.000 0	0.003 7
159	*Caldicoprobacter*	0.002 0	0.000 0	0.003 0
160	*Geobacillus*	0.004 2	0.000 0	0.000 6
161	*Victivallis*	0.000 0	0.001 3	0.003 3
162	*Gemmata*	0.003 5	0.000 0	0.001 1
163	*Pseudonocardia*	0.003 3	0.000 0	0.001 1
164	*Arenimonas*	0.000 0	0.000 0	0.004 3
165	*Microlunatus*	0.001 5	0.000 0	0.002 8
166	*Beijerinckia*	0.003 5	0.000 0	0.000 7

（续）

序号	属（genus）	回肠（%）	盲肠（%）	直肠（%）
167	*Robiginitalea*	0.000 0	0.002 8	0.001 3
168	*Rubrivivax*	0.000 0	0.000 0	0.004 1
169	*Nonomuraea*	0.000 9	0.000 0	0.003 1
170	*Cryocola*	0.000 6	0.000 0	0.003 3
171	*Cellvibrio*	0.003 9	0.000 0	0.000 0
172	*Caloramator*	0.000 2	0.000 0	0.003 5
173	*Thiobacillus*	0.003 1	0.000 0	0.000 6
174	*Paenisporosarcina*	0.000 7	0.000 0	0.002 8
175	*Cohnella*	0.002 6	0.000 0	0.000 9
176	*Edwardsiella*	0.003 1	0.000 0	0.000 4
177	*Adhaeribacter*	0.000 0	0.000 0	0.003 3
178	*Clostridium*	0.000 0	0.000 0	0.003 1
179	*Sorangium*	0.000 9	0.000 0	0.002 2
180	*Balneimonas*	0.000 6	0.000 0	0.002 4
181	*Afifella*	0.001 5	0.000 0	0.001 5
182	*Gordonia*	0.000 6	0.000 0	0.002 2
183	*Nesterenkonia*	0.000 9	0.000 0	0.001 9
184	*Xanthobacter*	0.002 2	0.000 0	0.000 6
185	*Chryseobacterium*	0.002 4	0.000 0	0.000 4
186	*Sporanaerobacter*	0.000 9	0.000 0	0.001 7
187	*Arsenicicoccus*	0.001 1	0.000 0	0.001 5
188	*Ureibacillus*	0.001 3	0.000 0	0.001 3
189	*Mycoplana*	0.000 4	0.000 0	0.002 0
190	*Syntrophomonas*	0.002 4	0.000 0	0.000 0
191	*Trichococcus*	0.000 2	0.001 7	0.000 4
192	*Erwinia*	0.000 4	0.000 0	0.001 9
193	*Microbacterium*	0.001 5	0.000 0	0.000 4
	合计	85.12	42.69	65.17

彩图 2-1　父本贵妃鸡公鸡

彩图 2-2　父本贵妃鸡母鸡

彩图 2-3　母本洛岛红鸡公鸡

彩图 2-4　母本洛岛红鸡母鸡

彩图 2-5　父母代群体

彩图 2-6　商品代母鸡

彩图 2-7　福利饲养群体

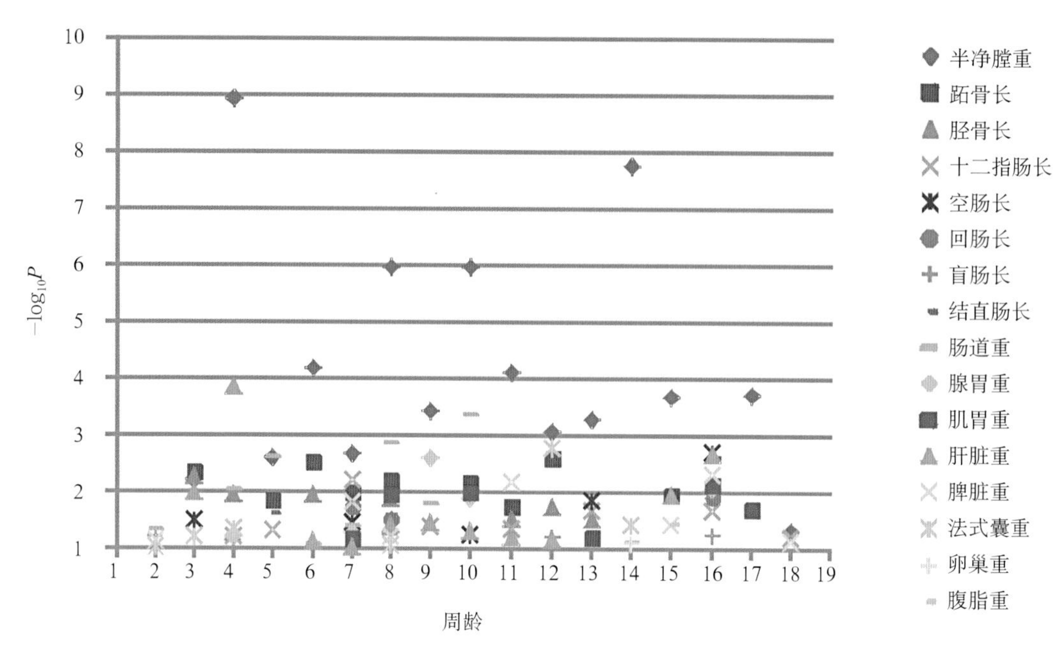

彩图3-1　体重与其他性状相关系数显著性检验

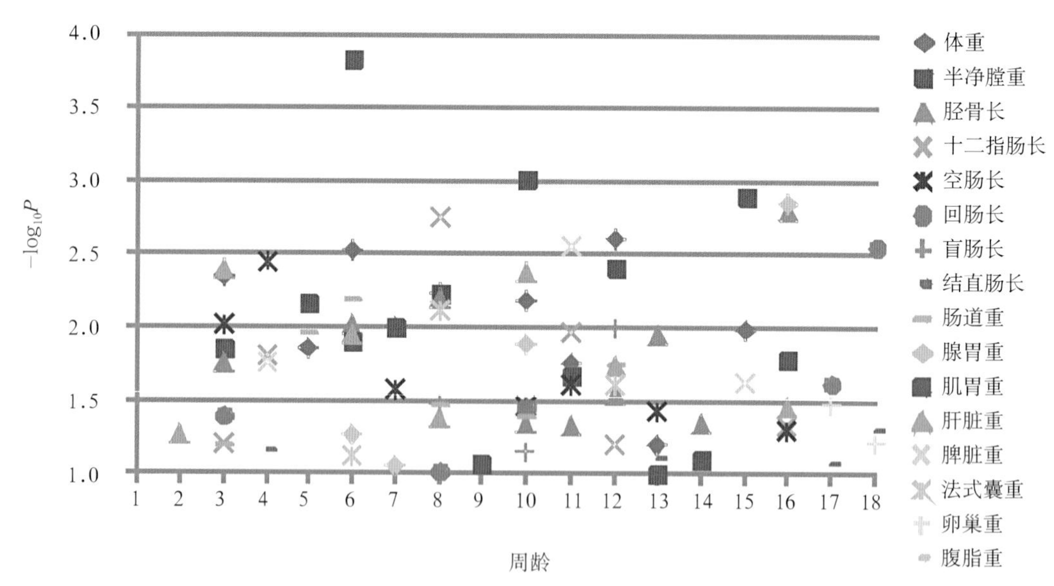

彩图3-2　趾骨长与其他性状相关显著性检验

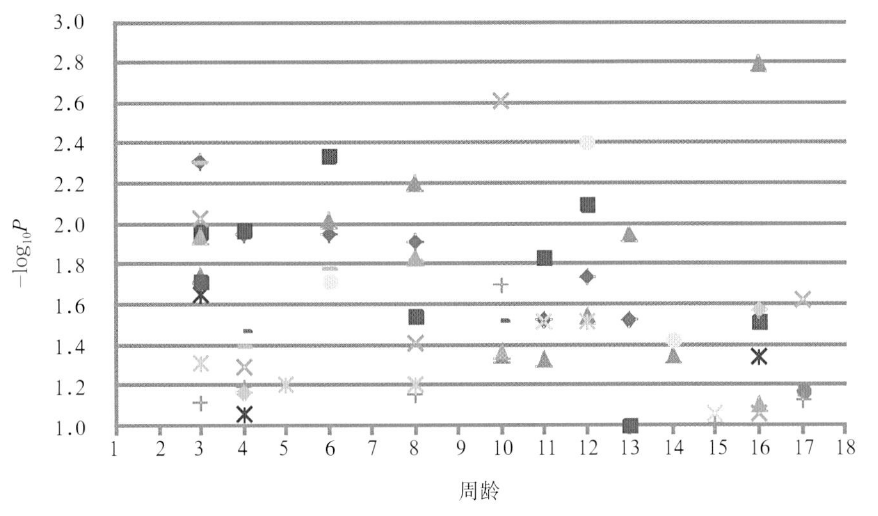

彩图3-3 胫骨长与其他性状相关显著性检验

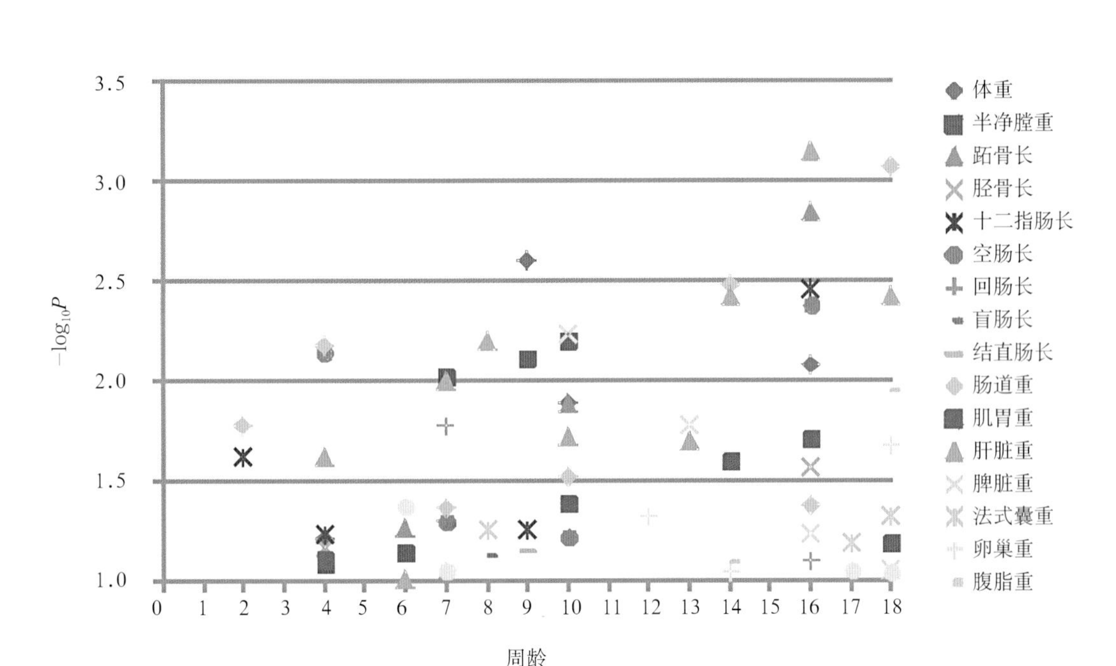

彩图3-4 腺胃重与其他性状相关显著性检验

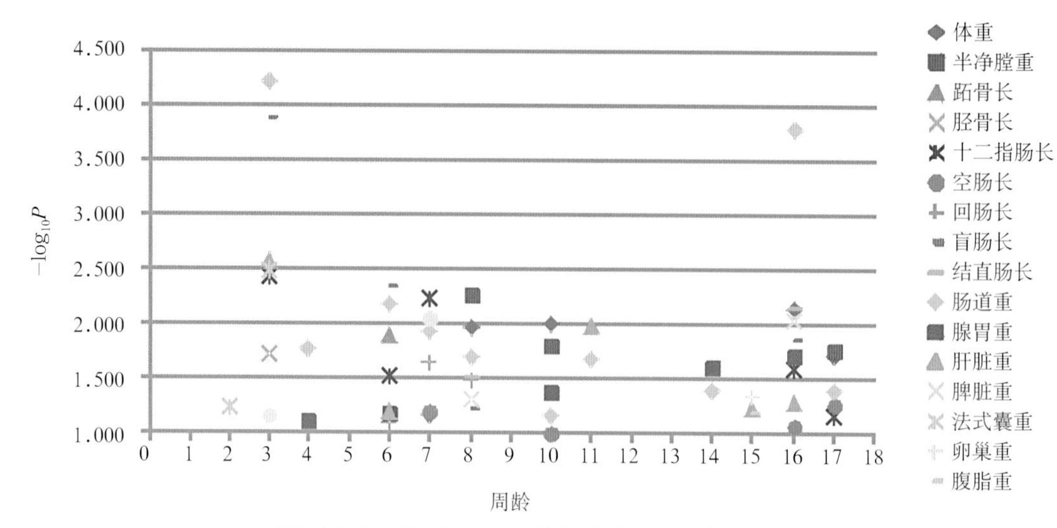

彩图3-5　肌胃重与其他性状相关显著性检验

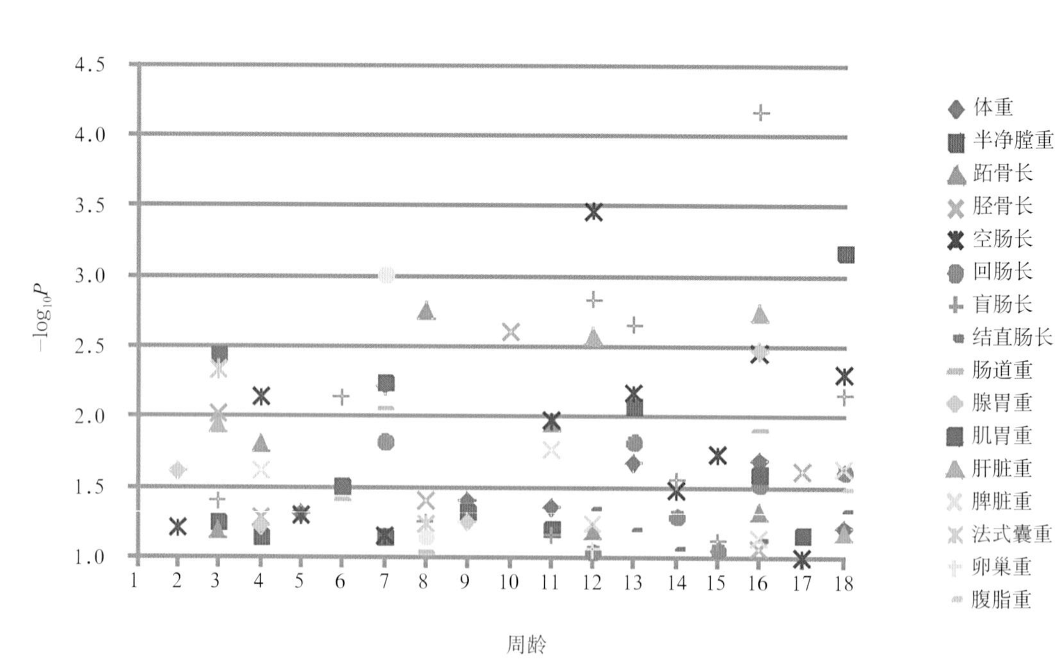

彩图3-6　十二指肠长度与其他性状相关显著性检验

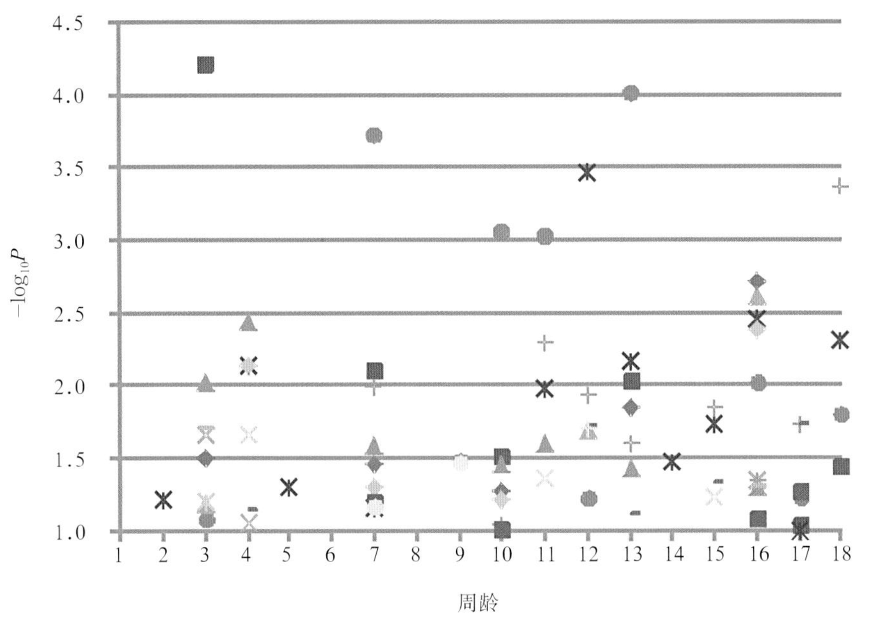

彩图3-7　空肠长度与其他性状相关显著性检验

彩图3-8　回肠长度与其他性状相关显著性检验

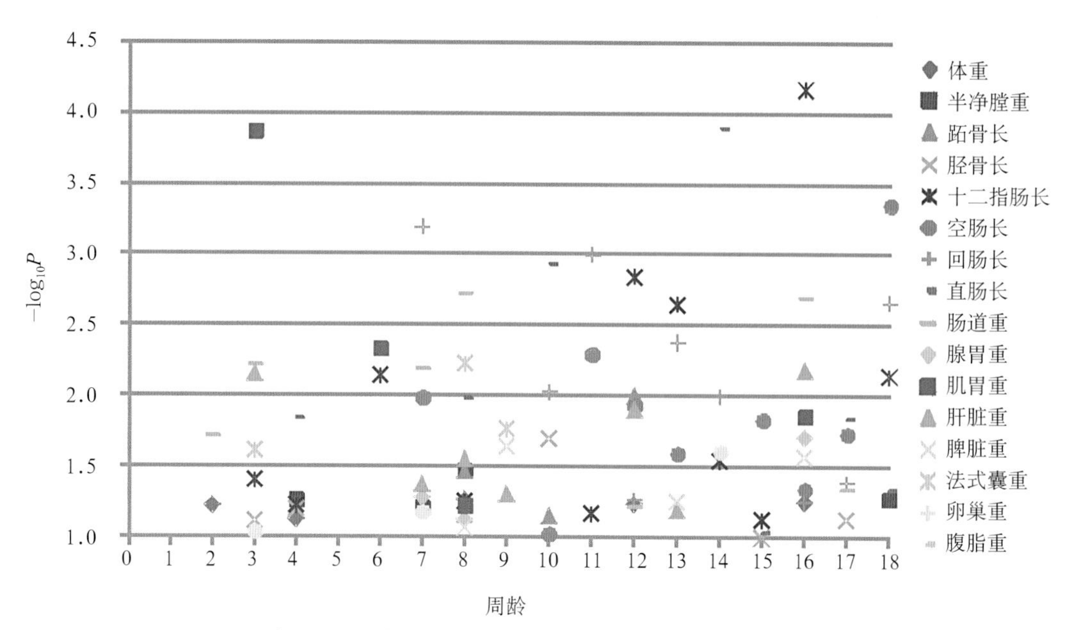

彩图3-9　盲肠长度与其他性状相关显著性检验

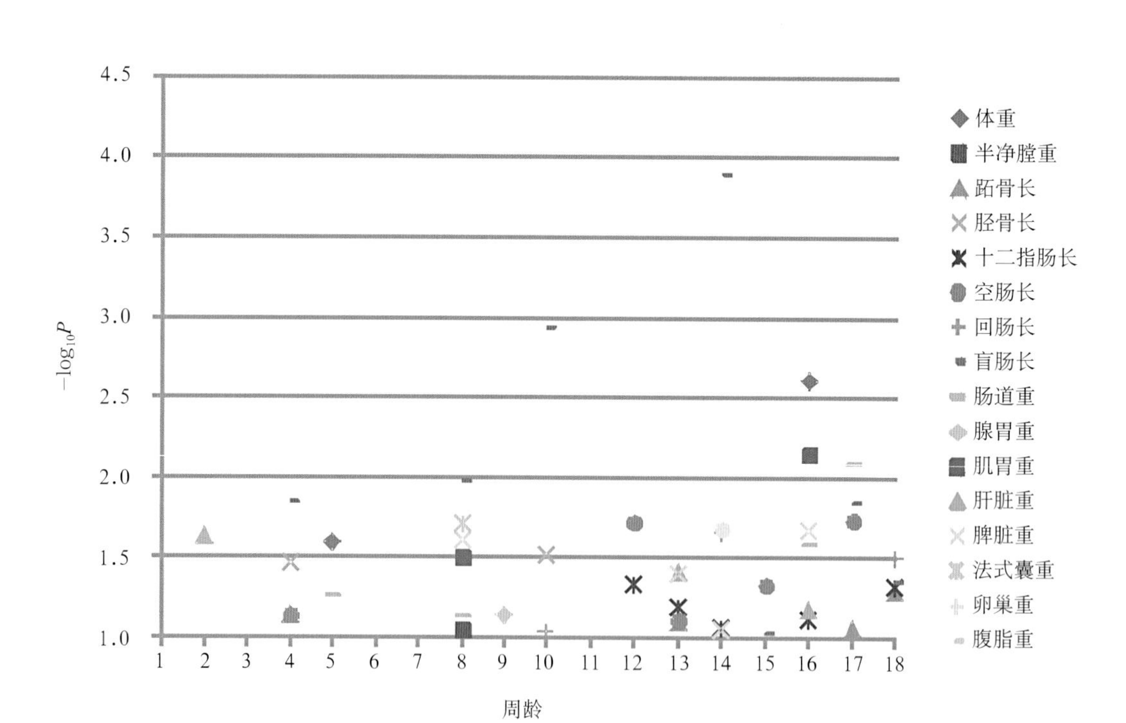

彩图3-10　直肠长度与其他性状相关显著性检验

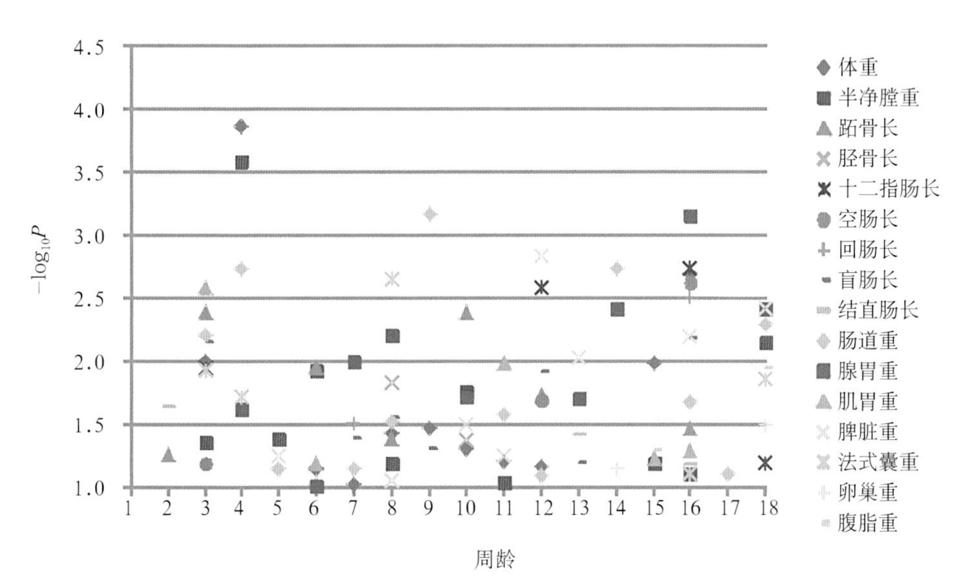

彩图3-11　肝胆重与其他性状显著性检验

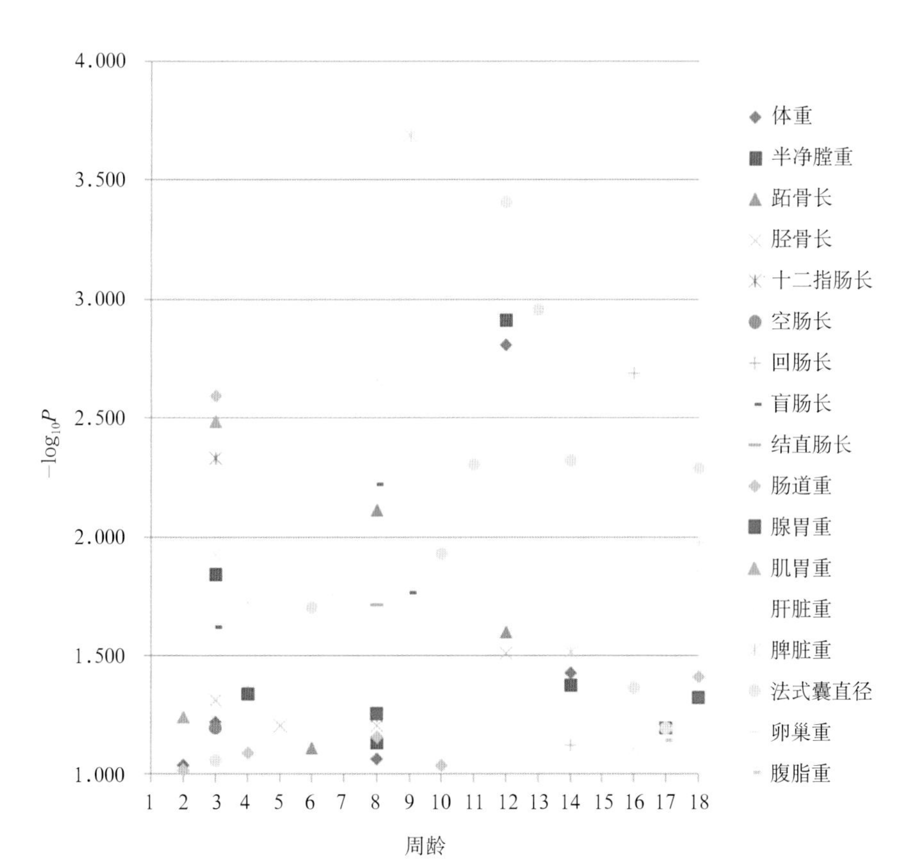

彩图3-12　法氏囊重与其他性状相关显著性检验

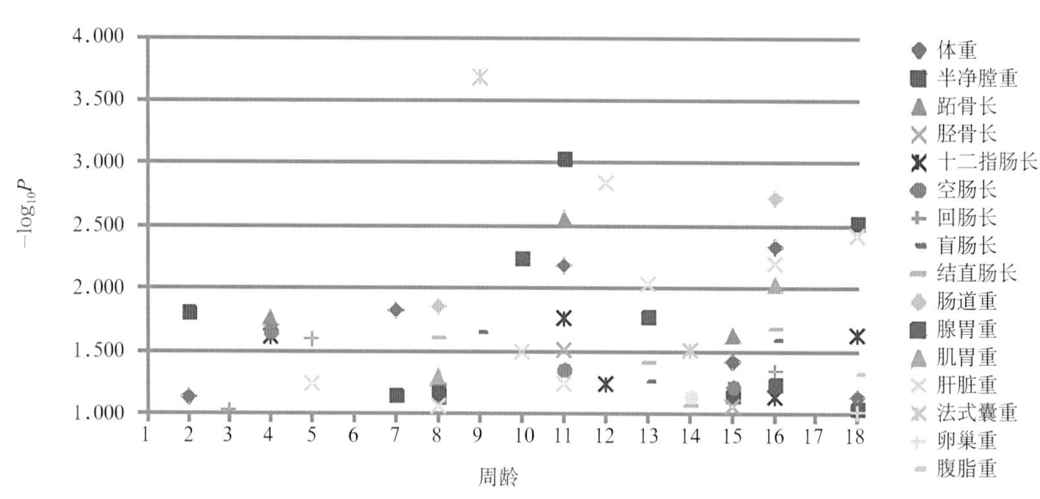

彩图3-13　脾脏重与其他性状相关显著性检验